应用心理学丛书

PSYCHOLOGY

# 健康与人格

教育部哲学社会科学研究重大课题委托研究项目资助
广东省高校人文社会科学重点研究基地重大研究项目资助

著 者：郑 雪 王 玲 许思安 严标宾 陈筱洁
田丽丽 余欣欣 宛 燕 邱碧青 金 辉
蔡琼华 李艳红 胡佳磊

HEALTH AND PERSONALITY

暨南大学出版社
JINAN UNIVERSITY PRESS
中国·广州

图书在版编目（CIP）数据

健康与人格/郑雪等著. —广州：暨南大学出版社，2007.9
（应用心理学丛书）
ISBN 978-7-81079-870-9

Ⅰ. 健… Ⅱ. 郑… Ⅲ. 人格心理学 Ⅳ. B848

中国版本图书馆 CIP 数据核字（2007）第 079748 号

出版发行：暨南大学出版社

---

地　址：中国广州暨南大学
电　话：总编室（8620）85221601
营销部（8620）85225284　85228291　85220693（邮购）
传　真：（8620）85221583（办公室）　85223774（营销部）
邮　编：510630
网　址：http：//www. jnupress. com　http：//press. jnu. edu. cn

---

排　版：暨南大学出版社照排中心
印　刷：暨南大学印刷厂

---

开　本：787mm×960mm　1/16
印　张：18.125
字　数：345 千
版　次：2007 年 9 月第 1 版
印　次：2007 年 9 月第 1 次
印　数：1—3000 册

---

定　价：33.00 元

---

# 序：和谐社会呼唤和谐统合的健康人格

我赞同“人格决定一个人的命运”这句话。的确，在某种程度上，人格决定一个人是否幸福、是否有创造性、是否适应、是否成功、是否自信自强、是否善于竞争、是否乐于合作、是否健康长寿。健康的人格是人生最宝贵的财富。什么样的人格才称得上健康的人格？健康人格的结构是怎样的？健康人格是如何形成的？采用什么方法与途径培养青少年健康的人格？

古往今来，中外不少哲学家、心理学家探讨过健康人格的问题。早在两千多年前，中国古代的儒家思想家孔子、孟子等人就探讨过理想的和健康的人格的问题，他们采用托古立言的方法，把古人理想化，利用人们贵远贱近的心理，赋予尧、舜、禹、汤、文、武、周公等古人许多功绩、才能和较高的人品，诸如仁人、克己、公正、谦恭好学、治国平天下等，以此来传播自己的思想。在他们看来，理想的和健康的人格关键在于积极进取，通过积极的修养，培养良好的道德品质，通过积极向外拓展，为社会作出贡献，达到所谓的“内圣外王”的境界。孔子还强调中庸之道，即不偏不倚或不走极端才是理想的健康之道。先秦道家学派的老子和庄子所讲的理想人格与孔孟儒家的理想人格相去甚远。他们虽然也讲圣人的品格，但是与儒家所倡导的非常不同。儒家讲积极进取，而道家主张清静无为。在老子的健康理想的人格中，无为是首要内容。无为并不等于什么事都不做，而是指一切顺其自然，遵循自然规律，不强求，过自然而然的生活，这就是健康人格的关键所在。

在西方世界，古希腊时期的苏格拉底就强调人的理性在健康人格中的关键作用，认为美德就是知识，善出于知，恶出于无知。一个人有理性，才会具有知识；有了知识，这个人才能完善自我。柏拉图进一步发扬其老师的观点，认为理想的和健康的人格应该包含四种美德，即智慧、勇敢、节制与正义。每个人的灵魂都有理性、意志与欲望三个部分，相应于这三个部分有智慧、勇敢与节制三种美德。当一个人的灵魂的三个部分各司其职，和谐结合，则产生第四种美德，即“正义”。在亚里士多德那里，人既是理性的动物，也是政治动物。作为政治动物的人的美德就是行德，作为理性动物的人的美德就是知德。知德与行德的完美结合就是人格高尚的人。一切美德都处于过分与不足两者之间，即中庸状态，因此，美德的核心是适中或中庸，这也就是一个人格健康完善者的根本特征。在这点上，亚里士多德的看法与孔子的中庸之道是相通的。

马克思在其人的自由全面发展的学说中指出，健康的人格首先表现为人的活动能力的全面性，全面发展的人多才多艺。其次是人格自身内部及外部的多方面的和谐，做到真善美的统一。人的知识水平与事业的目标取向、动机需要、态度意志和情感体验的协调，以及人和社会的和谐等。第三是具有自身的独特的统一性和完整性。健康人格提供给人一种自我意象，形成个人内在恒常性和同一感，使人能认识到他的自我，达到一种熟悉和理解自身的体验。马克思还指出，人只有在追求自己与自然、自己与社会、自己与自己平衡和谐的社会实践活动中才能达到自我肯定、自我完善和自我实现，才能真正实现人格的健康。马克思的观点为我们构建健康人格模式指明了方向。

自从冯特开创科学心理学这一学科以来，不少心理学家关注过健康人格的问题。精神分析学派的创始人弗洛伊德虽然主要探讨变态人格、变态心理的发生与矫治问题，没有专门讨论健康人格的问题，但他的理论之中还是包含了不少关于健康人格的真知灼见。例如，在其人格结构论中，他主张人格健康的关键因素是自我，强大而充满理性的自我才能平衡协调本我与超我的对立，本我与现实的矛盾，寻找到满足矛盾各方要求的最佳行为路线。只有和谐统一的人格才是健康的人格。弗洛伊德在其人格发展论中认为一个人如果能很好地解决人生早期各个发展阶段的心理矛盾和冲突，顺利地达到人格发展的最高阶段——生殖阶段，那他就会获得健康人格，即所谓“生殖型人格”。这是弗洛伊德最推崇的健康理想的人格，具有这种人格的人能够消除本能力量的破坏作用，使之富于建设性，不仅在性方面，而且在心理和社会方面都达到完美的境界。

弗洛伊德的后继者阿德勒、荣格、埃里克森等人都有关于健康人格的论述。在阿德勒看来，我们每个人都受“克服自卑、追求优越”的向上动力所驱使。克服自卑，追求优越是一种生活风格。因为生活风格具有相对稳定性，所以，可将之看做一个人的人格。健康的生活风格（也即健康的人格）只有一种，而不健康的生活风格或人格则有多种。健康与不健康的分野就是社会兴趣，因为社会兴趣可以使人获得美满的爱情生活、热爱自己的工作且取得成就、发展和保持良好的社会关系。那些缺乏社会兴趣的人不可能获得美满的爱情和婚姻，在工作上不能尽心尽力，无所作为，在社会上难得有真正的朋友。

阿德勒指出，所有失败者——神经症患者、精神病人、罪犯、酗酒者、堕落者、娼妓之所以失败，就是因为他们缺乏从属感和社会兴趣。荣格提出了健康人格是统合（integration）人格的思想。他强调人格的统一性与整体性：个体一生中都在力求保持人格的统合，并在此基础上最大限度地发展其多样性、连贯性、和谐性，小心地不让人格分裂为彼此分割的和相互冲突的系统，因为分裂的人格就是变态的人格、不健康的人格。作为心理分析家的荣格，其首要任务就是帮助那些人格分裂的病人恢复失去的统合人格，强化其心灵以抵制未来可能产生的分裂。可以说，心理分析的终极目的不是精神分析，而是人格的统合。埃里克森进一步论述了人格结构中的关键因素——自我的统合问题，提出自我同一性及其形成的理论，对我们的研究大有启示。

除精神分析学派外，特质论、人本主义等心理学派也探讨过健康人格的问题。特质论的创始人奥尔波特主张健康人格不能从动物行为与变态心理的研究中引申出来，他从健康的成人人格的研究中发现健康的人格应该具有六个特征：自我拓展的能力、与他人热情交往的能力、情绪上的安全感与自我认同感、现实性的认知、正确把握自我以及具有一致性的人生信念。人本主义心理学的代表人物马斯洛从人的积极向上的本质方面进行研究，提出了“自我实现者”的模式，他认为自我实现使个人潜能和价值都得到最有效的挖掘和使用，从而获得健康人格。他概括出自我实现者人格或健康人格的15个特征，如准确地知觉现实、自我认同和接纳、关注社会、意志自由、民主精神、高峰体验、鉴赏力、创造性等等。

在前人探索的基础上，我们主张健康的人格是和谐统合的人格，是个体内部关系与外部关系的协调和统合。在人生发展过程中，个体在与他人、与社会的互动变化过程中，实现自我认识、自我调控与协调发展，实现自我的认同、社会的认同，从而实现个体的个性化与社会化。我们认为，在统合人格形成过程中，自我是核心，它通过主动的评价、协调与认同实现自身的和谐发展。自我统合包括自我在认知、情感与行为方面的协调与整合，也包括自我在过去、现在与将来的协调与整合，同一个体自我内在一致的感受，即个体产生一种个人自我一致的心理感受。在自我与社会的互动过程中，自我在不同的层面上进行统合，统合的内在心理机制是认同；统合的结果最终在个体各种心理与行为方面表现出来。

当今，党和国家大力推进和谐社会的建立，而和谐社会是由和谐的个人所组成的，因此，发展和培养青少年和谐统合的人格适应当前社会发展的需要。随着我国现代化进程的加快，我国社会、经济与文化正发生着巨大的变化，青少年的人格发展出现了新的特点与新的问题，有必要作全面深入的研究，以便为我国青少年心理健康教育与健康人格培养的实践提供科学依据。为此，我们申报了两项研究课题：教育部哲学社会科学研究重大课题委托项目“大学生心理健康教育理论与实践研究”与广东省高校人文社会科学重点研究基地重大研究项目“青少年健康人格研究”，并获得批准。经过课题组成员多年的研究，我们取得了一批重要的研究成果，初步形成了关于青少年健康人格发展与培养的理论构想与实践方法。在此研究的基础上，我们编写了这本《健康与人格》。

本书共分八章：第一章，健康人格理论的探索与构建。本章阐述了中外思想家对理想人格的哲学思辨，心理学家对变态人格和健康人格的研究，在此基础上初步构建了自我和谐统合的健康人格理论。本章由许思安、郑雪撰写。第二章，健康人格的评估方法与测量量表。本章不仅介绍了人格评估的一般性问题，而且重点介绍了基于和谐统合人格理论所编制的大学生和中学生健康人格量表。本章由严标宾、蔡琼华、李艳红撰写。第三章，学生健康人格的发展。本章介绍了采用健康人格量表对大学生和中学生的健康人格及其相关因素所进行的调查研究的结果。本章由严标宾、邱碧青、胡佳磊撰写。第四章，学生健康人格的个案分析。本章基于和谐统合的健康人格理论，对人格统合良好与统合不良的大学生和中学生进行了个案分析，包括个案的表现与原因，以及如何培养与应对等。本章由宛燕撰写。第五章，学生健康人格的培养与训练。本章不仅阐述了人格教育的途径与方法，而且重点介绍了基于健康人格理论的学生健康人格培养方案，以及学科渗透的教学实验研究结果。本章由王玲撰写。第六章，学生心理健康问题的预警与干预。本章阐述了大学生和中学生中常见的心理健康问题，以及预警和干预的措施与方法。本章由田丽丽、金辉撰写。第七章，学生心理健康的网络教育。本章阐述了网络心理健康教育的概念、网络心理健康教育资源与师资队伍建设、网络心理咨询，以及学生网络心理问题与对策等诸多问题。本章由余欣欣撰写。第八章，健康理念、健康行为与健康人格。本章阐述了健康理念、健康行为、健康人格及其相互之间的关系，以及如何发展学生的健康理念和塑造学生的健康行为。本章由陈筱洁撰写。全书由郑雪提出构想并统稿。

在本书的写作过程中，作者力求突出以下几个特点：

第一，突出积极心理学的特点。自从20世纪50年代以来，在格兰特、马斯洛以及马丁、西里格曼等人的倡导下，心理学界开始了积极心理学运动。该运动针对过去心理学研究多关注人的心理和行为的消极方面，提出心理学研究应更多地关注人的心理和行为的积极方面。至今，西方心理学界在积极心理学方面一直处在世界的前列。我国积极心理学的研究起步比较晚，在这方面相对滞后。本书着重阐述中外特别是我们自己对常态的和健康的青少年心理研究的成果，力求从健康心理而不是病态心理视角探讨当代青少年的健康人格，关注当代青少年的适应、健康与幸福等积极心理，以推进我国积极心理学的发展。

第二，国际化与本土化相结合。目前国内关于青少年健康人格的研究仍未形成系统的理论建构，仍是零散地应用西方心理学的理论成果，而未能形成针对我国青少年人格发展的理论。在研究中，我们不仅全面阐述西方的有关研究成果，而且在此基础上，初步构建了适应我国心理健康教育实践的和具有一定中国本土特色的理论模式。自埃里克森开始，人们开始高度关注自我的问题。目前国内大都参照国外的自我理论开展有关自我概念、自我结构、自我的发展历程、自我与人格其他因素的关系、自我调节等方面的探讨，这些自我心理研究不仅缺乏在本国本民族文化基础上建立起来的本土理论的指导，而且也比较零散，缺乏系统性。另外，这些研究都偏重于个体自我，而忽视了群体社会。因此，我们的研究力求把个体自我与群体社会联系起来，提出自我和谐统合、自我与社会和谐统合的概念与理论，并在这个理论的指导下进行系统的研究。

第三，历史性与时代性相结合。本书不仅介绍历史上中外思想家有关健康人格的思想观点与理论，而且面对当前网络时代，考察中国现代化进程中青少年心理健康教育的现状与问题，分析其未来发展的趋势，并针对这种趋势提出青少年健康人格塑造以及心理健康教育的指导意见。因此，本书具有鲜明的时代感与前瞻性。

第四，理论性与实践性相结合。目前国内有关健康人格及其培养的多数研究还停留在思辨阶段，缺乏系统的实证研究，而且未能做到健康人格理论与教育实践的有机结合。因此，我们试图构建自己的健康人格理论，并将之应用于青少年健康人格塑造的教育实践，以促进心理学理论的发展，同时也为学生健康人格的教育实践提供新的框架。我们还将系统的理论分析与严密的教育实验研究结合起来，并运用心理测量、心理档案和计算机与信息技术等科学的方法和应用技术，因此，研究成果具有科学性、先进性与应用性。在本书的内容选择、写作风格，以及编排体例上，我们也力求做到科学系统性与可读性、实用性的结合。

本书是我们多年来在健康人格问题上的研究成果的总结，同时也反映了古今中外学者对健康人格及其培养的思考与实践。我们希望本书的出版能为广大心理健康教育工作者、青年学生及家长和老师们提供理论的指导与实践的启示，引导广大青少年积极向上发展，形成良好的、健全的人格。在本书的写作过程中，我们参考了国内外同行的大量研究成果；本书的出版得到了暨南大学出版社领导与编辑们的大力支持。在这里，我们一并致谢。由于我们水平与经验的限制，书中难免有错误和不足之处，敬请读者与同行批评指正。

郑 雪

2007 年春于广州番禺山语轩

# 目录

# 第一章　理想人格、变态人格与健康人格

“人格决定一个人的命运。”这句话虽然并不完全正确，但存在一定的合理性。在某种程度上，人格的健康与否，确实影响到人的身心健康、生活幸福与事业成功。通常认为人格是一个人相对持久、稳定的心理行为特征的总和。人格有变态人格和健康人格之分。奥尔波特很早就提出了健康人格（healthy personality）的概念。从其英文的含义看健康人格是指健康的人格，而不是指健康人的人格或促进健康的人格。当然，健康人格与健康个体的人格密切联系，也能增进人的健康，但它们之间并不等同。健康人格是一种理论上的抽象概括，这种抽象概括来自于对许多健康个体人格的研究，来自于对许多心理变态者人格的研究，也来自于对社会上杰出和理想人士人格的研究。

健康人格是人格心理学、健康心理学、临床心理学和心理健康教育等多门学科中的一个重要的理论问题，但国际国内对其的研究相对较少（相对于变态人格），还存在不少需要深入研究的理论问题，诸如健康人格的本质特征、结构、形成与发展等。健康的人格是一个人人生最宝贵的财富，培养健康人格是我们教育的基本出发点。随着我国青少年心理健康教育的实践与研究的深入开展，心理健康教育的实践者与研究者都普遍感到健康人格理论研究的不足。过去，心理健康教育的研究与实践大多以西方的人格理论，如精神分析和人本主义的理论为理论依据，缺乏适合中国社会文化与当前心理健康教育实际的本土化的健康人格理论。我们试图通过思考中西思想史上关于理想人格的论述，分析现代心理学家们有关变态人格和健康人格的理论观点，在此基础上归纳出较为一致和整合的理论观点，初步构建统合人格的理论模式，以期为国内心理健康教育的实践提供理论上的指导。

# 第一节 理想人格的哲学思辨

## 一、中国古代思想家对理想人格的描述

早在两千多年前，从《周易》开始，中国古代的思想家如孔子、老子、孟子等人就在对理想人格的探索中涉及到健康人格的问题。他们采用托古立言的方式，把古人理想化，利用人们贵远贱近的心理，赋予尧、舜、禹、汤、文、武、周公等古人许多功绩、才能和较高的人品，以此来传播自己的思想。

### （一）《周易》与理想人格

《周易》是我国古代重要的文献，也是中国古代许多重要学术思想的来源之一。《周易》开启了中国理想人格探索的先河。《周易》里的“天人合一”和“阴阳观”对中国古代心理学思想的产生与发展起了非常重要的作用。

《周易》的《干卦·文言》里有这样一段话：“夫‘大人’者，与天地合其德，与日月合其明，与四时合其序，与鬼神合其吉凶。先天而天弗违，后天而奉天时。”其意是指“大人”的德行必须与天地、日月、四时等大自然的规律相符合。《周易》的天人合一的思想强调了自然的运行有一定的规律性，人的活动也有一定的规律性，在不违背自然规律的前提下，应发挥人的主观能动性，以保持人与大自然的和谐统一。《周易》从复杂多样的自然现象和社会现象中抽象出阴和阳两个基本范畴，由阴阳生八卦，然后演化出六十四卦以及万事万物。阳代表积极、进取、兴奋、刚强、阳性等特性和具有这些特性的事物；阴代表消极、退守、抑制和阴性等特性和具有这些特性的事物。在《周易》看来，阴阳的矛盾统一是宇宙的普遍规律。我国最早的医书《黄帝内经》，基于阴阳学说对人的气质进行了分类。由于每个人具有的阳性和阴性特点的不同，人的气质可以分为五种类型，即太阳之人、少阳之人、阴阳和平之人、太阴之人、少阴之人。在这五种气质类型中，阴阳和平之人是最好的，因为体内阴与阳的特性达到了平衡统一。

基于“天人合一”和“阴阳”的思想，《周易》里描述了理想人格的心理特征。中国心理学史学家燕国材先生曾将《周易》中对理想人格的描述进行了概括，得到18项心理特征：

①天人合一的主客观念；

②奋发有为的积极态度；
③自强不息的进取精神；
④仁义礼智信的完整道德；
⑤谦虚逊让的美好德行；
⑥诚信不欺的正直精神；
⑦不怕困难的坚强意志；
⑧自我节制的调控能力；
⑨持之以恒的坚持精神；
⑩与人和乐的待人态度；
⑪与人和乐的积极情感；
⑫光明磊落的宽广胸怀；
⑬认真负责的工作态度；
⑭刚柔并济的处事方式；
⑮胜不骄，败不馁的正确态度；
⑯趋时守中的处世原则；
⑰革新创造的变革精神；
⑱特立独行的完善人格。

从以上可以看出《周易》对理想人格的描述十分全面，包括积极进取的精神取向、仁义礼智信等道德品质、积极情感与坚强意志以及人际交往的原则和待人处世的态度等等。

**（二）儒家与理想人格**

儒家学派中，“圣人”与“君子”一直被视为儒家理想人格的代称。儒家推崇的理想人格模式是“内圣外王”，诸如仁人、克己、公正、谦恭好学、治国平天下等。在他们看来，理想人格的关键在于积极进取，通过积极的修养，培养良好的道德品质，通过积极向外拓展，为社会作出贡献，达到所谓的“内圣外王”的境界。

“圣也者，尽伦者也；王也者，尽制者也。两尽者，足以为天下极矣。故学者以圣王为师”（《荀子·解蔽篇》）。能达到这一境界的人格就是“圣人”，“圣人”是理想人格的最高典范。如孟子所说“圣人，人伦之至也”（《孟子·离娄上》）；荀子所说“圣也者，尽伦者也”（《荀子·解蔽篇》）。但是，“圣人”的境界往往给人以至高无上、只可顶礼膜拜的感觉，是普通人难以达到的，因此缺乏实际的感召力和吸引力。于是，一个世俗化的、易于为大众所接受的、人们经过主观努力可以达到的理想人格“君子”就出现了。且看看儒家经典作品中对“君子”的描述与要求：“君子喻于义，小人喻于利”（《论语·里仁》）；“君子谋道不谋食”（《论语·卫灵公》）；“君子义以为质，礼以行之，孙以出之，信以成之。君子哉”（《论语·卫灵公》）；“君子必慎其独也”（《大学》）；“君子不可以不修身”（《中庸》）；“君子周而不比，小人比而不周”（《论语·为政》）；“君子成人之美，不成人之恶，小人反是”（《论语·颜渊》）；“君子敬而不失，与人恭而有礼，四海之内皆兄弟也”（《论语·里仁》）；“不知命，无以为君子也”（《论语·尧也》）等。由此可见，儒家中的“君子”应是这样的一个（类）人：总的来说，他是道德高尚、精神境界不俗的人。分而言之，君子是有坚定信念的人，而且为了实现自己的信念而不懈努力、奋斗终生；在追求理想的过程中，君子以对自身道德的培养来作为实现目标的手段；此外君子还对不同的人与物持有不同的态度。

儒家理想人格的关键特征是中庸之道，即在具体的行为情景中避免“过”与“不及”。在中国儒家经典《尚书》中提出的所谓九德都可用“中庸”一词来贯穿：“宽而栗，柔而立，愿而恭，乱而敬，扰而毅，直而温，简而廉，刚而塞，强而义。”（《尚书·皋陶谟》）杨中芳指出，作为一个有德之人，必须在两两对立的行为特性中取得一个均衡点。这个均衡点既非两者的中点，也不是一个定点。如一个宽而栗的人并不是以宽与栗的中点作为行事的准则，而是在具体行为中，根据自我要达成的目标以及情景的要求，在宽与栗之间拿捏分寸，以致被评价为“既宽且栗”的人。儒家哲学思想中最重要的概念是“仁”，“仁”者二人，即人与人之间的社会关系。因此，儒家强调理想人格的核心是处理好人与人之间的关系，以达到社会的和谐统一。

### （三）道家与理想人格

先秦道家学派的老子和庄子所讲的理想人格与孔孟儒家的理想人格相去甚远。他们虽然也讲圣人的品格，但是与儒家所倡导的非常不同。儒家讲积极进取，而道家主张清静无为；儒家强调人与社会的和谐，而道家重视人与自然的和谐。在老子的理想人格中，无为是首要内容。无为并不等于什么事都不做，而是指一切顺其自然，遵循自然规律，不强求，过自然而然的生活，这就是健康人格的关键所在。老子主张淡泊名利，平和心性，主张“轻利寡欲”、“致虚守静”、“无私不争”，强调弃智，崇尚无为，提倡无欲，“是以圣人不行而智，不见而明，不为而成”（《老子·第四十七章》）。老子还强调人从“道”那里获得的自然本性是天纯未散、元气充足的，是最完美的。所以，他常常以婴儿、赤子作比喻。但是，人这种完美的朴素之性，由于后天的圣智、仁义、巧利的影响，会变得性亏德离。所以，要得到理想的人格，必须“绝圣弃智，民利百倍；绝仁弃义，民复孝慈；绝巧弃利，盗贼无有”（《老子·第十九章》），从而“复归于朴”。

庄子也提出了与老子思想类似的“反真去伪”说。在他看来，人的本性自然朴素，然而人为的一切属于后天社会加工的“伪”，要保持人的纯朴本性，必须去掉“伪”，抛弃名利欲求，以达到“恬淡、寂寞、虚无、无为”（《庄子·刻意》）的理想境界。他强调人的精神自由和意志独立，即“道通为一”（《庄子·齐物论》）。庄子对理想人格的界定可概括为：第一，无情。即不动感情，保持心境平和，不为喜怒哀乐等情绪所困扰。他说：“且夫得者，时也；失者，顺也；安时而处顺，哀乐不能入也。此古之所谓悬解也。”（《庄子·大宗师》）第二，无己。理想的人格应是“至人无己，神人无功，圣人无名”（《庄子·逍遥游》）。其中，“无己”即不考虑自己，“无功”是说不追求功绩，“无名”是说不追求名誉。这三种人中，无己的境界最高，因为做到了无己，才能视功名为粪土。第三，无所待。庄子说：“若夫乘天地之正，而御六气之辩而游无穷者，彼且恶乎待哉！”（《庄子·逍遥游》）第四，无用。如其所言，“人知有用之用，而莫知无用之用也”（《庄子·大宗师》）。无用反而有大用，这就是保存自己，享受“逍遥游”的生活。第五，不以人助天。即不要从事人为的努力，不从事任何人的变革。如《庄子·大宗师》中所言：“古之真人，不知说生，不知恶死；其出不䜣，其人不距；倏然而往，倏然而来而已矣。不忘其所始，不求其所终；受而喜之，忘而复之，是之谓不以心捐道，不以人助天。是之为真人。”

可见，在道家看来，现实的个人在社会中是极其渺小的，人所要做的是保持其自然本性，不为物欲蒙蔽，不为他物牵累，致虚极，守笃静，“依德而行，循道而渔”（《庄子·天道》），纵情于山水间，逍遥于天地之外，做到不辨物我，不执是非，不论善恶，安时处顺，全真保性，从而达到本性与大道的统一。

道家与儒家在理想人格设计与描述上虽然有很大的不同，一阴一阳，道家强调无为和顺其自然，而儒家强调有为和积极进取。但是，两者互为补充，共同构建了中国古代理想的人格。两种思想中都包含了和谐的观念，在道家，重点是人与自然的和谐，在儒家，人与人之间的和谐是重点。

## 二、西方思想家关于理想人格的思辨

### (一) 西方古代近代思想家的人格和谐观

1. 苏格拉底的西方理性主义

与古希腊早期的自然哲学家不同，苏格拉底不太关心自然的知识，而是重视人类本身及社会道德的研究。他开创了西方理性主义的传统。他教人要“认识自己”，也就是要认识“真正的我”。这个我是指我的灵魂，也就是心灵或“理智”。他强调人的理性在健康人格中起着关键作用，认为美德就是知识，善出于知，恶出于无知。一个人有理性，才会具有知识；有了知识，才能完善自我。

2. 柏拉图的人格和谐论

柏拉图进一步发扬苏格拉底的观点，认为在理想人格中应该包含四种美德，即智慧、勇敢、节制与正义。每个人的灵魂都有理性、意志与欲望三个部分，相应于这三个部分有智慧、勇敢与节制三种美德。当一个人在理性的调节控制下时，各部分会各司其职，和谐统一，也就会产生第四种美德，即“正义”。相反，若是灵魂各部分不服从理性的支配，相互矛盾冲突，破坏了灵魂的和谐秩序，就会导致无知、懦弱与放荡。这表明理想的人格是在理性的统帅下精神各个部分的和谐统一。

柏拉图对幸福人生的论述中也体现出了和谐的思想，他曾指出：“生活中有两道泉在我们心中涌流着，一道是快乐，可以比作蜜泉，另一道是智慧，可以比作清凉剂，我们必须设法将这两种东西配成可口的合剂。”可见，在柏拉图看来，所谓幸福的人生就是“蜜泉”与“清凉剂”的融合，即感性与理性的和谐状态。

3. 亚里士多德的中庸论与幸福论

在亚里士多德那里，人既是理性的动物，也是政治的动物。作为政治动物的人的美德就是行德，作为理性动物的人的美德就是知德。知德与行德的完美结合就是人格高尚的人。亚里士多德指出：“过度和不足是恶行的特性，而适中则是美德的特性。”一切美德都处于过分与不足两者之间，即中庸状态，因此，美德的核心是适中或中庸，这也就是一个人格完善者的根本特征。在这点上，亚里士多德的看法与孔子的中庸之道是相通的。要掌握这种“中庸之道”，决不是机械地确定两个极端之间的一个算术中项，如确定5为1与9之间的中项。中庸适度是相对的，要受时间、地点和条件的制约，因人因环境的差异而有所不同。因此，要掌握中庸之道必须依靠个人的经验和智慧，亚里士多德称之为“实践智慧”。此外，亚里士多德还强调，至善即幸福，幸福生活是理性指导下的感性活动，身心协调、理性与感性的和谐发展。人类最崇高的、最优良的和最幸福的生活包括外物诸善、躯体诸善和灵魂诸善，特别是自然赋予的心理潜能的实现所产生的幸福感。这里，似乎包含了当代心理幸福感的意义，强调了个人现实自我与潜在自我的和谐一致。

4. 伊壁鸠鲁的快乐主义

伊壁鸠鲁是快乐主义的创始人。他认为，人的本性就是趋乐避苦；理想的人是追求快乐且获得快乐的人，因为幸福生活是天生的最高的善，而快乐又是幸福生活的具体内容和目的，所以快乐是天生的最高的善。快乐和幸福是一种精神上的安宁的感觉。他说“当我们说快乐是一个主要的善时，我们并不是指放荡者的快乐或肉体享受的快乐”，“我们所谓的快乐，是指身体的无痛苦和灵魂的无纷扰”。这里包含了个人与自己本性的协调和精神内部和谐的思想。

5. 爱尔维修的利己与利人统一论

爱尔维修认为，人一方面是具有感性的肉体的人，因而趋乐避苦、自爱自保是人的本性之一；另一方面又是社会的人，每个人追求自己的幸福不能离开别人，别人是自己存在和幸福的最重要的条件，因此，爱他人是人本性中不可缺少的东西。人既自爱，也爱人，是两者的和谐统一。他说过公共幸福是由所有个人幸福组成的，社会利益是个人利益的总和，因此，个人幸福与社会幸福并不矛盾，而应该相辅相成，相互促进。在这里，爱尔维修从人的本性出发，强调了个人与社会和谐统一的重要意义。

### （二）马克思的人格全面和谐发展观

1. 人的社会属性

马克思认为：人既是自然存在物（人不仅要靠自然生活，他自身就是自然界的一部分），又是社会存在物，这就是人的两重性，即自然属性和社会属性。而人的根本属性则是社会实践性，人的生存和发展不能离开以特定的社会关系为前提和基础的社会实践活动。因此，必须把人放在“他所生活的那个社会”中、放在一定性质的生产过程中去考察和认识。他强调，人的本质“在其现实上，它是一切社会关系的总和”。这一结论对我们探索健康人格的机制有着重要的指导意义，它告诉我们除了要研究人的意识的物质本体和人的自然属性外，还必须在一定的历史条件下、一定的阶级背景和复杂的社会关系中研究人格。

2. 全面发展观

马克思认为“全面发展”包含了三个特点：第一，人的体力和智力的充分统一和发展。马克思设想：“我们把劳动或劳动能力，理解为人的身体即活的人体中存在的、每当人生产某种使用价值时所运用的体力和智力的总和。”第二，人的才能和志趣的多方面发展。马克思强调，只有既能从事物质活动、又能从事精神活动的人，才是全面发展的人。第三，共产主义道德的发展。马克思在分析人的对象性关系时，不仅注重人与自然的关系，同时也强调人与人的社会关系。他认为“社会关系的含义就是指多个人的合作”。为了进行合作，社会就必须建立一定的行为规范，而道德正是调节人们相互关系的一种重要手段。

3. 人的全面和谐发展论

马克思在其人的自由全面发展的学说中指出，理想的人格首先表现为人的活动能力的全面性，全面发展的人多才多艺。其次是人格自身内部及外部的多方面的和谐，做到真善美的统一。人的知识水平与事业的目标取向、动机需要、态度意志和情感体验的协调，以及人和社会的和谐等。第三是具有自身的独特的统一性和完整性。理想和健康的人格赋予人一种自我意象，形成个人内在的恒常性和同一感，使人能认识到他的自我，获得一种熟悉和理解自身的体验。马克思主义还指出，人只有在追求自己与自然、自己与社会、自己与自己平衡适应的社会实践活动中才能实现自我肯定、自我完善和自我实现，才能真正实现人格的完美。马克思的观点为构建科学的健康人格模式指明了方向。

中西方古代和近代有不少思想家从人生哲学和伦理学的角度对理想人格进行过探讨，留下了许多闪光的思想，对健康人格的研究奠定了一定的理论基础。这些对于我们理解健康人格有重要的启示，诸如人与自己自然本性、与社会的和谐，人格内部知、情、意诸因素的整合，以及对理性和中庸思维的强调等都是留给我们的宝贵遗产。如中国古代思想家对理想人格的思辨启迪我们对健康人格理论的构建：理想人格应是和谐的人格（包括人与自然的和谐、人与社会的和谐），其核心特征是有为与无为的统一。西方哲学家对理想人格的观点启发我们从“和谐”的角度看待人格（包括人格内部的和谐统一、理性与感性的和谐统一、人与社会的和谐统一等），从理性主义与快乐主义考察人性。但是，由于社会与科学发展的限制，他们的探索还停留在哲学思辨和经验总结的层面，缺乏实证科学研究的支持。

# 第二节　心理学视角的变态人格与健康人格

前人对健康个体和杰出人士的人格，以及心理变态者的人格进行过长期的研究，已经获得了丰硕成果，形成了诸多关于健康人格和变态人格的观点或理论，现择其要点介绍如下：

## 一、精神分析学派与变态人格

自从冯特开创科学心理学以来，不少心理学家关注人格的变态与健康问题。特别是精神分析学派的学者通过对变态人格的研究，揭示了健康人格的某些本质特征。

### （一）弗洛伊德对变态人格的探讨

精神分析学派的创始人弗洛伊德虽然主要探讨变态人格、变态心理的发生与矫治问题，没有专门讨论健康人格的问题，但他的理论之中还是包含了不少关于健康人格的真知灼见。在其人格结构论中，弗洛伊德认为人格是由本我、自我与超我等因素构成。本我代表人身上的动物性，由种种本能所组成，其活动目的是通过发泄而获得快乐。自我代表人的理性，由各种认知功能组成，通过自我的活动与现实相适应，并为本我服务。超我代表人的社会性，由各种内化的道德规范组成，其作用是限制个体活动以符合社会道德规范。由于人格三因素各自的组成不同，目标不同，活动原则不同，人格内部自然会产生种种矛盾与冲突。如果防御不适当，会导致各种心理障碍。弗洛伊德认为人格健康的关键因素是自我，强大而充满理性的自我才能平衡协调本我与超我的对立、本我与现实的矛盾，寻找到满足矛盾各方要求的最佳行为路线。人格的变态在于自我不能有效地应对人格内部的各种冲突，从而导致人格的分裂。因此，只有和谐统一的人格才是健康的人格。弗洛伊德在其人格发展论中认为，一个人如果能很好地解决人生早期各个发展阶段的心理矛盾和冲突，顺利地达到人格发展最高阶段——生殖阶段，那他就会获得健康人格，即所谓“生殖型人格”。这是弗洛伊德最推崇的健康理想的人格，具有这种人格的人能够消除本能力量的破坏作用，使之富于建设性，不仅在性方面，而且在心理和社会方面都达到完美的境界。

### （二）阿德勒的社会兴趣与生活风格论

弗洛伊德的后继者阿德勒、荣格等人都有关于健康人格的论述。在阿德勒看来，我们每个人都受“克服自卑、追求优越”的向上动力驱使。克服自卑，追求优越是一种生活风格。因为生活风格具有相对稳定性，所以可看作一个人的人格特征。健康的生活风格（即健康的人格）只有一种，而不健康的生活风格或人格则有多种。健康与不健康的分野就是社会兴趣，因为社会兴趣可以使人获得美满的爱情和婚姻，热爱自己的工作且取得成就，发展和保持良好的社会关系。那些缺乏社会兴趣的人不可能获得美满的爱情和婚姻，在工作上不能尽心尽力，无所作为，在社会上难得有真正的朋友。阿德勒指出，所有失败者——神经症患者、精神病人、罪犯、酗酒者、堕落者、娼妓之所以失败，就是因为他们缺乏从属感和社会兴趣。阿德勒的健康人格理论强调了个人与社会的和谐统一。

### （三）弗洛姆关于生产性取向的人格论述

弗洛姆是精神分析社会文化学派中对现代人的精神生活影响最大的人物。他把文化与经济、政治、社会意识形态等结合起来，强调这些社会因素对人格的影响作用。他根据同化过程中的取向是否具有生产性，将人分为两大基本类型：生产性取向和非生产性取向。他认为生产性取向是人类发展的一种理想境界或目标，在任何社会都还没有达到，获得它的唯一方法就是生活在健全的社会中，生活在促进创造性的社会中。他强调，只有生产性取向才是人格健康的表现。具有生产性取向的人关心的是人的潜能的实现，他们可以充分发挥自己的潜能成为创造者，从而对社会作出创造性的贡献。弗洛姆提出健康人格（即生产性取向的人）具有五种特征：

第一，创造性的自我。生产性取向的人依靠他们天生的全部潜能，创造了自我，成为对社会有贡献的创造者。

第二，创造性的爱。这是指给予他人爱、关心、责任、尊重和了解，同时他人也自爱。然而，创造性的爱是难以达到的。

第三，创造性思维。这是指能如实地了解客观世界、反映客观世界；从整体上把握客体，而不是集中于一点或一面，保持客观性与主观性之间的同一性。

第四，幸福。生产性取向的人是愉快的人。这种愉快的感觉和状态能给人以活力，促进身体健康和个人潜能的实现。

第五，道德心。生产性取向的人完全依靠内在自我指导调节、支配自己的行为，产生内部的赞同和幸福感。

### （四）埃里克森的人格发展论与积极的人格品质

埃里克森批判地吸收了弗洛伊德的理论，站在遗传和社会文化二因素相互作用的角度分析了人格的形成和发展，并提出了人格发展的阶段理论。他强调社会环境对自我适应的作用，从生物、心理、社会环境三方面考察自我的发展。他认为，人格的发展包括了机体成熟、自我成长和社会关系这三个不可分割的过程；一个完整的人生周期共分八个阶段；每一个阶段都由一对冲突或两极对立的矛盾组成，并形成一种危机；危机的解决标志着前一阶段向后一阶段的转化，顺利地度过危机是一种积极的解决，反之是一种消极的解决。积极解决危机，会增强自我的力量，形成某种良好的自我品格；反之，消极地解决危机，则会形成消极的自我品格。而健康人格是以人格心理发展八个阶段中各危机的积极解决而形成的八种品质为特征的，它包括：

第一，希望的品质。指敢于冒险，不怕挫折和失败。

第二，意志品质。埃里克森把意志解释为“进行自由选择和自我抑制的不屈不挠的决心，尽管在幼儿期不可避免地要体验到羞怯和疑虑”。

第三，目的品质。埃里克森把目的定义为“正视和追求有价值的目标的勇气，尽管这种目的曾被幼儿期的幻想、被罪疚、被惩罚的失魂落魄的恐惧所阻止”。

第四，能力品质。埃里克森说“能力……就是灵巧和智力在完成任务时的自如运用，它不为儿童时期的自卑感所削弱”。

第五，忠诚的品质。忠诚就是“尽管价值体系有着不可避免的矛盾，仍能效忠发自内心的誓言的能力”。

第六，爱的品质。爱就是一种“永远抑制内在分裂机能的互相献身”。

第七，关心的品质。具有这种品质的人，能自觉自愿地关心他人的疾苦和需要，能给人以温暖和爱。

第八，智慧的品质。所谓智慧，也就是“以超脱的态度对待生活和死亡”。

埃里克森的理论强调人格发展中自我的自主性和独立性以及与社会的相互作用，同时也指出，健康人格的发展必须结合每一次危机的正反两个方面，否则就会有弱点。

### （五）荣格的心理分析论

荣格提出了健康人格是统合（integration）人格的思想，他强调人格的统一性与整体性。个体一生中都在力求保持人格的统合，并在此基础上最大限度地发展其多样性、连贯性、和谐性，小心地不让人格分裂为彼此分割的和相互冲突的系统，因为分裂的人格就是变态的人格、不健康的人格。作为心理分析家的荣格，其首要任务就是帮助那些人格分裂的病人恢复失去的统合人格，强化其心灵以抵制未来可能产生的分裂。可以说，心理分析的终极目的不是精神分析，而是人格的统合。荣格还从人格结构上探讨了维持人格统合的关键因素。他认为在意识层面上，高度发展的自我，即自觉的自我意识组织，是保证人格的统一性和连贯性的关键因素。同时，荣格还指出了人格统合的更深层的遗传进化根源，即在集体潜意识中存在的自我原型，这种原型是统一、组织和秩序的原型，它把人格的其他因素或部分吸引在自己的周围，使它们统一起来，达到和谐的状态。自我原型的作用就像太阳对太阳系所起的核心作用一样。荣格认为人格的最终目标，就是充分地发挥自我原型的作用，使之自我完善，自我实现。荣格的理论突出了人与自身的和谐统一。

纵观精神分析学派关于健康人格的论述可以发现，他们有一个共同之处，即强调人格各成分间的和谐统一是健康人格的重要标志，而人格结构间的相互冲突是导致人格失调的根源。这一点有一定的可取价值。但是，他们的健康人格观一般是从精神变态者的研究中得到的启示，而对人格健康者缺乏直接研究；其次，他们一般都从心理动力的角度看待人格的健康与否，人格内部各种动力因素的平衡、协调和统一是人格健康的本质特征；最后，他们一般都强调自我的作用，成熟的和理性的自我是人格内部各因素之间动力平衡的基本保障。

## 二、人本主义与健康人格

人本主义心理学以精神分析学派的对立面出现，认为精神分析学派对精神变态者的研究不能真正揭示出健康人格的本质，因此，人本主义心理学家也强调要以健康人为研究对象，来发现健康人格的本质特质。

### （一）奥尔波特与健康人格

人本主义心理学的先驱奥尔波特承认弗洛伊德对变态人格的研究是一种贡献，但他极力主张健康的成人人格原则上不能由动物、儿童、神经症的研究引申而来，而只有通过对健康人的研究才能发现。他从健康的成人人格的研究中发现，成人成熟的人格，即健康人格首先是统一整合的，即具有统我或自我统一体，个人所意识到的包括其身心一切特征的自我，体现了意识性、一致性、统合性和独特性。他提出，健康人格具有六个特点：

第一，自我广延的能力。健康成人参加活动的范围极广，他们不仅积极参与交际，结识许多朋友，而且他们有许多爱好；他们积极地投入到有意义的工作中，包括参与政治、社会、宗教等活动。

第二，与他人热情交往的能力。健康成人与他人的关系融洽，能够容忍他人的缺点和不足，容忍自己与别人在价值观和信念上的差别，且具有同情心，没有嫉妒心理和占有欲。

第三，情绪上的安全感和自我认同感。健康成人能够忍受生活中不可避免的冲突和挫折，经得起一切不幸。他们对自己具有积极的意象，即良好的自我形象和对自己乐观的态度。

第四，具有现实性知觉。健康成人能够准确、客观地知觉周围现实，能够正确看待情境和顺应情境，而不是根据自己希望的那样来看待事物。

第五，具有自我客观化。健康成人对自己的所有和所缺都十分清楚和准确。他们理解真正的自我与理想的自我之间的差别，知道自己如何看待自己与别人如何看待自己的差别。

第六，有一致的人生哲学。健康成人具有统一的人生观和价值观，并且能够把它应用到生活的各个方面。他们面向未来，其行为的动力来自长期的目标和计划。

其中，健康人格的核心特征是有意识的目标或抱负。奥尔波特指出，有无长远的目标，是区别人类和动物、成人和儿童、健康人格和病态人格的一个主要标志。有长远目标并能为实现目标而努力的人，就不易受问题和冲突的干扰，而能把人格的各个方面整合起来。相反，缺乏长远目标的人，往往受到潜意识力量或外界情境因素的左右，使完整的人格化为一些互不联系的亚系统。这就是神经症人格的主要特征。

### （二）马斯洛与健康人格

人本主义心理学的代表人物马斯洛从人的积极向上的本质，即人的潜能具有建设性的成长和实现的倾向出发，提出了“自我实现者”的模式，他认为自我实现使个人潜能和价值都得到最有效的挖掘和使用，从而成为自我实现者，具有健康的人格。他概括出自我实现者人格或健康人格的15个特征：

（1）能准确而客观地知觉现实，对事物具有正确的判断力和较强的推理能力。

（2）能接纳自己和他人，不会为自己或他人的缺点所困扰或感到内窘与不安；能坦然地接受自己的现状，包括自己的需要、水平、愿望，同样也宽容地对待他人的弱点和问题，从容地生活，很少使用防御机制。

（3）自发、坦率、真实，他们能真实地对待自己的感情，并坦诚地说出自己的感受，不掩饰自己，自然而单纯地表现自己。

（4）倾向于关心问题而不是自己，专注于某项工作，热情地献身于自己的工作，把谋生与实现自我融合为一，以努力工作为快乐。

（5）有独立和自立的需要，不回避与人接触，不依赖他人为自己拿主意、作决断。

（6）自主性，能独立于所处的环境中，不受所谓尊重、地位、报答、金钱、名望、爱等需要的影响。他们的满足来自于自身内部，可以不受环境影响而自主生存。

（7）能欣赏生活，有持续的新鲜感。

（8）和一般人比有较经常的“高峰体验”——进入一种天人合一，物我两忘的境界，沉浸在一片纯净而完善的幸福之中。高峰体验的重要性不仅在于它能给人带来欢乐与喜悦，更重要的是它具有改变人格的伟大力量，能使人得到一种启示、一种觉醒，使人性趋向完善，而减少忧虑和焦虑。

（9）对人有同情心，能关心他人，帮助他人。

（10）能发展与他人深刻的交往关系，具有很强的交往能力。但这种交往关系是以共同的价值观念为基础的，因此，他们与人交往是有选择的，数量上是有限的。

（11）具有民主的思想倾向，能以平等的态度待人，随时准备听取别人的意见，虚心向任何有见识的人学习。

（12）具有创造性，在所从事的工作中，时常体现创新精神。

（13）有明确的伦理道德标准，并能信守不渝。

（14）具有富于哲理性的幽默感。

（15）不盲从。在遵守社会的习俗与规范的同时，能坚守自己的价值体系和行为方式，保持内在的超脱，能抵制现实的压力和束缚，是内引导性的人格特征。

此外，他还指出了通向自我实现的健康人格的八条途径：

第一，无我地体验生活，全身心地投入工作；

第二，做出成长的选择，而不是退缩的选择；

第三，肯定自我，显露自我；

第四，坦诚和承担责任；

第五，听从自己的志趣和爱好；

第六，志向高远，但要从小处做起，要经历勤奋的和付出精力的准备阶段；

第七，感受高峰体验，即自我实现的短暂时刻；

第八，发现自己的先天本性，使之不断成长。

马斯洛的自我实现论比较全面地探讨了健康人格的特征以及形成的途径，其思想的核心就是个人自身潜能的实现，自我与其本性的和谐统一。

#### （三）罗杰斯与健康人格

著名人本主义心理学家罗杰斯提出了充分发挥机能者（或机能完善者）的健康人格模式。在他看来，充分发挥机能的人就是具有健康人格的人，这种人不会做假，他们展现真实的自我。这种人很像一个小孩，因为他们按照自己的机体评估过程，评判个体经验是否同自我实现倾向一致，而不依赖外在的价值条件来生活。自我是自己的主人，目标方向的选择，行为表现不是依赖他人的规范和习俗的约束，而是完全由自己独立决策。充分发挥机能者具有五个主要的人格特征：

第一，经验的开放性；

第二，自我与经验的和谐一致；

第三，信任机体评估过程；

第四，富于自由感；

第五，高度创造性。

不同人本主义心理学家的健康人格观虽然各有差异，但也具有一些共同的特点：首先，他们都是从成熟健康的成人，甚至是杰出人士的研究中归纳出健康人格的基本特征；其次，他们都强调了健康人格的内部协调和统一性；最后，他们都列举了健康人格的一系列特征，但其本质特征是个体与自己本性的协调统一，即按照自我实现倾向去体验和生活。人本主义心理学家强调人与自己自然本性的和谐统一有其合理性，但对个人与社会的和谐统一有所忽视。

## 第三节　自我和谐统合的人格理论构建

马斯洛曾经写过一篇没有公开发表的文章《和尚能够自我实现吗?》，文中指出："我们面临的一个巨大挑战就是如何把西方文明中关于自我实现的观念和东方文明中关于内在和谐的观念结合起来。"基于哲学视角、心理学视角对"健康人格"有诸多讨论，我们对其进行了梳理，选择并整合其精华，初步构建了和谐统合人格的理论模式。

## 一、自我统合的概念

### （一）统合的内涵

1. “统合”的治疗学与社会学定义

“统合”一词，原主要应用于治疗学与社会学。在治疗学上，特指“感觉统合”，指大脑不同部位必须经过统一协调的工作才能完成人类高级而复杂的认知活动，包括注意力、组织能力、自我控制、概括和理解能力，才能协调好身体对外界的各种刺激，从而做出适当的反应。这里的“统合”指统一、协调。在社会学上，“统合”一词多指一种趋势或需要。如寻求建立一种能统一、联合各领域各学派的理论，把各个理论学派都团结在某种理论框架之下，从而推动学科的前进与发展。这里的“统合”指统一、联合。

2. 自我统合人格理论提出的依据

（1）荣格与“统合人格”。

我们选择和整合的主要依据之一来自心理分析学创始人荣格提出的统合人格的概念。正如前文中所介绍的，荣格认为统合人格就是健康的人格。他强调个体一生都在力求保持人格的统合，并在此基础上最大限度地发展其多样性、连贯性、和谐性。荣格认为，心理分析家的首要任务就是帮助那些人格分裂的患者恢复失去的统合人格，强化其心灵以抵制未来可能产生的分裂。因此，心理分析的终极目的就是为了人格的统合。其中，自觉的自我意识组织，是保证人格的统一性和连贯性的关键因素。他提出，人格的最终目标就是充分地发挥自我原型的作用，使之自我完善，自我实现。

（2）“和谐”与理想人格。

前述中西方古代和近代思想家、哲学家、心理学家对理想人格的探讨中，相当一部分学者提及“和谐”对于天、地、人的重要价值，这引起我们对这一理念的重视。此外，党的“十六大”明确提出把“社会更加和谐”作为党的一个重要奋斗目标，可见“和谐”这一理念在今天的社会中仍具有强大的生命力。那么什么是“和谐”？它与理想人格的关系如何？

“和谐”一词，与中国传统哲学的一个重要概念有着密切的关系。在中国传统哲学中，“中”与“和”是其中颇为重要的概念。在此，“中”是不偏不倚、无过不及的意思，“和”即指和谐；“中和”是我国古代理想人格理论化、哲学化的表述；“致中和”是我国古代心理教育的目标。最早用中和的概念来描述人格的是《易经》，书中有“圣人感人心而天下和平”、“与天地相似，故不违；知周乎万物而道济天下，故不过；旁行而不流，乐知天命，故不忧”等语。而把“中”与“和”合在一起，明确提出“中和”概念，并把它作为理想人格的则是《中庸》。《中庸》指出：“喜怒哀乐之未发，谓之中；发而皆中节，谓之和。”“致中和，天地位焉，万物育焉。”即喜怒哀乐这些情绪存在于人内心时能够做到不偏不倚，就可以称为“中”；表达这些情绪能够做到合乎节度，达到和谐，就可以称为“和”。天地若能达到中和，万物就能各得其所；人若能达到中和，就能形成完美人格。“中和”思想以“人自我身心内外的和谐”为起点，通过道德修养达到自身的和谐，进而推广到“人与社会的和谐”。《黄帝内经》也按照阴阳学说把人分为五种类型，其中“阴阳和平”型的人具有“举止稳重、临危不惧、遇喜不狂、位尊不傲、位卑不自卑”等人格特点。在最近一项采用自由分类的方法对汉族、壮族、蒙族、纳西族人格结构的比较中，四个民族的被试均把“淳朴、温和、诚实、随和、自制力强、脾气好、优雅、善解人意、宽宏大量、温文儒雅、成熟”11个词聚类为一类，它们正是描述了一种理想人格，正是“中和的人格特征”的现实体现。可见，“中和”的思想源远流长，影响至今。因此，和谐的人格也应是现代理想人格的重要特征，它包括了人与自然的和谐、人与社会的和谐。

3. 自我统合人格理论中的“统合”内涵

我们将整合人格的概念进一步扩展和具体化，认为“统合”是健康人格的本质特征，人格变态与人格健康的根本区别在于分与合。如果一个人的人格是冲突的、不和谐的和分裂的，则其人格是变态的；反之，若人格是和谐的、完整的和统合的，则其人格是健康的，或者说他具有健康人格。

在此，“统合”包含两层含义：其一，是指自我内部的统合，包括自我在认知、情感与行为方面的协调、认同，也包括自我在过去、现在与将来的协调、统一；其二，是指自我与社会的互动过程中的平衡、协调与认同。可见，这里的“统合”是作为自我这个整体的各组成部分的聚合方式，它并非一种完全的同一，而是寻求一种多元化的统一。

**（二）“自我内部统合”、“自我与实践统合”及“自我与外部统合”的内涵**

我们认为：在人生发展过程中，个体在生活、学习和工作实践活动中，通过与他人、与社会的互动，实现自我认识、自我调控与协调发展，获得自我认同和社会认同，从而实现个体的个性化与社会化。因此，人格统合包含三个方面的统合，即自我内部的统合、自我与实践的统合以及自我与外部的统合(对学生来说主要是学习活动)。如下图。

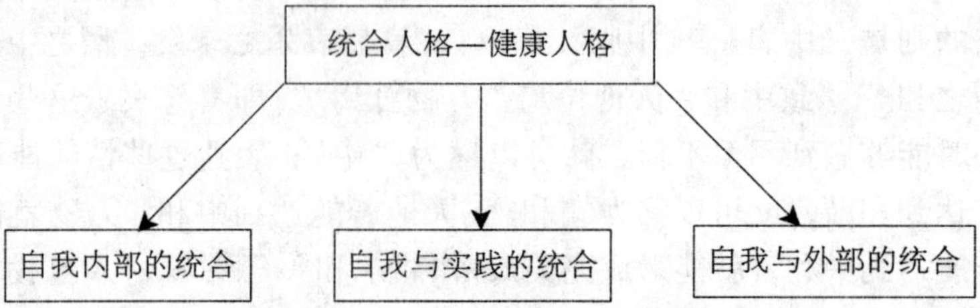


**图 1－1 统合人格的理论框架示意图**

(1) 自我内部的统合。

自我内部统合包括：自我在认知、情感与行为方面的协调与整合；潜在自我、现实自我与理想自我的统合；也包括自我在过去、现在与将来的协调与整合，形成个体自我内在一致的感受，即使个体产生一种个人自我一致的心理感受。

(2) 自我与实践的统合。

自我与实践的统合指个体潜能在活动中得以实现和展示，获得活动的效能感，是目标任务与能力的统合。

(3) 自我与外部的统合。

自我与外部的统合包括与自然的和谐、与社会文化的和谐、人际的和谐等三个方面。

## 二、自我统合的表现

我们从以下几个方面综合衡量自我统合的表现：客观把握现实的认知能力与较强的创造力；情绪智力高与幸福感强；良好的意志品质；知、情、意全面平衡协调发展；乐观向上，有人生理想与追求；良好的自我意识、自尊与自信；良好的人际关系与社会适应能力等。

### (一) 人格统合良好的特征

我们认为，人格统合良好的个体主要有以下几个方面的特征：

1. 客观的认知与正确的自我意识

他们能够采用客观的态度去认识自己、认识他人、认识周围世界，不带任何主观偏见地去看待现实，能够按照事物的本来面目来认识，更能发现事实真相。自我意识是指个体对自己身心状态特征以及所作所为的觉察、评价和态度，包括对自己的存在以及对周围的人或物的关系的意识。正确的自我意识表现在认识过程中就是客观、全面地认识自我、评价自我、悦纳自我；表现在情感过程就是自尊、自爱；表现在意志过程就是努力发展身心潜能，提高抗挫折能力，自信、自强。具有健康人格的个体能够正确认识自己并能接纳自己，对自己有合理的期望，而且知道自己为什么活着，并且善于利用每个成长机会改进自己、完善自己。缺乏正确自我意识的人常常表现出自我冲突、自我矛盾，或者自视清高、妄自尊大，或者自轻自贱、妄自菲薄，从而放弃了一切可以努力的机会。

2. 乐观向上的生活态度与积极的情绪体验

乐观不仅是我们每个人所应有的生活态度，也是我们每个人人格健康的前提。乐观的人常常能看到生活的光明面，对前途充满希望和信心，他们从来不会被眼前的困境吓倒。相反，悲观的人常常看到生活的阴暗面，对任何事物都没兴趣，心情沉重，遇到一点挫折就情绪低落，怨天尤人，甚至自暴自弃。乐观开朗的人比悲观者更幸福、更有成就。积极的和良好的情绪有益于人的身心健康，它是人格成熟的标志。人格健康的青少年情绪反应适度，具有调节和控制情绪的能力，能够经常保持愉快、满意、开朗的心境，并富有幽默感。当消极情绪出现时，能合情合理地宣泄、排解、转移和升华。他们消极情绪较少，而积极情绪较多，因而具有较高的主观幸福感。

3. 和谐的人际关系与良好的社会适应

人际关系是指人际交往中由于相互认识和相互体验而形成的以感情亲疏为特征的直接心理关系，它表现为交往双方心理相容或心理冲突的主观体验状况，构成了人类社会最普遍、最直接的关系。人际关系形成的必要前提是社会交往。社会交往可以促进人与人之间相互沟通理解、调节身心状态、增强人的责任感。人际关系最能体现一个人人格健康的程度。一个具有健康人格的青少年应当拥有亲密的同学或朋友，参加范围较广的活动，正确处理人际竞争与合作的问题。与人相处时诚恳、热情、尊敬、信任等正面态度多于嫉妒、怀疑等消极态度，而且能够尽力遵循理性和公正的原则，正确认识自己和他人的情绪，能营造和谐的群体气氛。和谐的人际关系既是人格健康水平的反映，同时又影响着健康人格的形成发展。社会适应反映了人与社会的协调程度。人格健康的人对社会表示极大的关注，愿意同外界密切接触，具有较强的社会责任感和道德原则。他们不把眼光仅仅局限在与本人有直接关系的事物上，对广泛的公共事务都有兴趣，能够以一种开放的态度，主动关心社会、了解社会，看到社会发展的积极面和主流。在认识社会的同时，他们的思想、信念、目标和行为能跟上时代的发展步伐，与社会的要求相符合。当发现自己的需要和愿望与社会的要求或他人的利益发生冲突时，能迅速进行自我调整以达到和社会需要相协调。

4. 实践活动的积极主动性、创造性与自我效能感

人格健全者能够积极主动地投入到学习、生活和工作等各种实践活动中，在活动中展现和发展自己的潜能，获得学习能力、工作能力和生活能力，具有实践活动的自我效能感。他们在学习、工作和生活中有很强的动力和热情，并与自己的智慧和能力和谐配合，勇于开拓，有所建树。他们敢于接受各种挑战，在困难面前不屈不挠，坚持到底，具有应付挫折的能力。中国传统文化专注于人与人、人与社会的协调，对人的独立人格、个性与创造性有所忽视。随着社会的不断进步和发展，创造性人格受到越来越普遍的重视。为了适应日益发展的创新型社会，培养青少年的创造性是一项重要任务。我们要引导青少年树立创造的意识与信念，自觉摆脱思维习惯的束缚，充分挖掘自己的创造潜能，塑造自身的创造性人格。

### （二）统合不良的表现

1. 消极的自我观念

统合不良者具有消极的自我体验，有自我满意度低与自卑、自我认识评价偏差等表现。他们不能悦纳自己，难以体验到自我存在的价值，不能很好地面对日常生活中遇到的各种挑战。

2. 社会适应不良

这是指就社会而言，个体需求的满足方法出现了社会所不认可的现象。具体表现为缺乏正确的观察，不关心社会变化发展，对新环境缺乏适应能力；社会责任感的缺乏、社会兴趣的缺乏、敌对、对人持消极的态度、道德观念薄弱、人际关系敏感以及反社会倾向等。

社会适应能力反映了人与社会的协调程度。人的社会适应能力是在社会化过程中不断发展的。人格健康的人对社会表示极大的关注，愿意同外界密切接触，对社会发展有较强的责任感。他们不把眼光仅仅局限在与本人有直接关系的事物上，对广泛的公共事务都有兴趣，能够以一种开放的态度，主动关心社

会、了解社会，看到社会发展的积极面和主流。在认识社会的同时，他们的思想、信念、目标和行为能跟上时代的发展步伐，与社会的要求相符合。当发现自己的需要和愿望与社会的要求或他人的利益发生冲突时，能迅速进行自我调整以达到和社会需要相协调。

3. 消极的情绪体验与悲观的生活态度

统合不良者多存在不同程度的焦虑、情绪消极、主观幸福感低落、意志薄弱、承受挫折能力弱、否定现实、消极对抗等情况。对生活和前途缺乏希望和信心，对学习和工作缺少兴趣，不能充分发挥自身潜能，难以正确面对困难和挫折。心境消极而悲观，难以正确处理和消除不良情绪，缺乏幽默感。

悲观的人常常看到生活的阴暗面，对任何事物都没兴趣，心情沉重，遇到点挫折就情绪低落，怨天尤人，甚至自暴自弃。

4. 人格障碍

统合不良情况较严重者，往往伴有不同程度的认可障碍，甚至是人格分裂等。

## 三、统合人格的发展

自我统合人格理论的核心在于自我，因此统合人格的发展过程就是自我的发展历程。奥尔波特、埃里克森等人的自我发展观为我们的理论构想提供了重要的启示。

### （一）奥尔波特的统我发展观

奥尔波特提出“统我”的概念，用以描述个体自我发展的内容与历程。奥尔波特认为，儿童出生之时，并没有将自己与环境进行区分的概念，他们在后来才逐渐意识到自己的身体与周围的其他事物并不一样。婴儿能够控制自身的运动，而且当身体的某一部位受刺激时能够感觉到。由此，儿童形成了一种身体的自我认同感，直至最后自我认同感完全形成。在这个过程中，他主张人格发展在经历最初几年后将贯穿于人的一生。他提出，完善的统我只有从出生到成年，经过躯体自我感觉（1 岁）、自我同一性的感觉（2 岁）、自尊的感觉（3 岁）、自我扩展的感觉（4 岁）、自我意向的感觉（4 ~ 6 岁）、理性运用者的自我形成（6 ~ 12 岁）、追求统我的形成（12 岁至青春期）、作为理解者自我的形成（成年）等八个阶段的发展才能达成。

### （二）埃里克森的发展阶段理论

埃里克森人格发展的阶段理论提出，一个完整的人生周期共分八个阶段；每一个阶段都由一对冲突或两极对立的矛盾组成，并形成一种危机；危机的解决标志着前一阶段向后一阶段的转化，顺利地度过危机是一种积极的解决，反之是一种消极的解决。这八个阶段分别是：

第一阶段，信任对不信任（0至一岁半）。埃里克森认为，自我同一性的最初形成是儿童内心记忆中的、可预见到的感觉和心象，与外界已熟悉的、可预见到的事物及人物的统合。在这一阶段，婴儿既产生信任感也产生不信任感。

第二阶段，自主性对羞怯和疑虑（一岁半至三岁）。这一时期的儿童反复用“我”、“我的”和“不”等词来表示自己的自主性。但父母不允许自己的孩子为所欲为，而要按照社会的要求来训练他们，控制他们的行为。

第三阶段，主动性对罪疚感（三岁至六岁）。埃里克森认为，顺利度过前两个阶段的儿童已认识到自己是人，在这一阶段中，他们面临的问题是他们能成为什么样的人。他们检验各种限制，以便确定什么是允许的，什么是不允许的。

第四阶段，勤奋对自卑（六岁至十二岁）。在本阶段，儿童转向学习各种必要的谋生技能和使自己成为社会生产者所具备的专业技能。

第五阶段，同一性对角色混淆（十二岁至十八岁）。埃里克森强调，青春期的主要任务是建立一种新的自我同一性，其发展危机是同一性对角色混淆。

第六阶段，亲密对孤独（十八岁至二十四岁），也称为成年早期。埃里克森指出，只有具有自我同一性的人才能勇于与异性建立稳定的爱情关系。

第七阶段，繁殖对停滞（二十四岁至六十五岁），即成年中期。这一阶段的男女成人已建立了家庭，他们的兴趣开始扩展到下一代，生儿育女，关心下一代的健康发展。

第八阶段，自我整合对失望（六十五岁直至死亡），即老年期。人在这一阶段回首往事时，若自我是整合的，则怀着充实的感情准备告别人间。而回首以往的失败人生者则体验到失望感。

### （三）统合人格的发展观

从上述关于自我发展的理论中，我们得到以下启示：

1. 自我的发展贯穿于人的一生

发展的重要阶段正是学生在校学习的整个时间历程，包括了从小学到中学，乃至大学的整个过程。

2. 发展的核心在于形成自我同一性或认同

在人生发展过程中，个体通过与社会的互动，不断地分化与整合，增进自我意识、自我调控与协调发展，实现自身的个性化与社会化，从而获得自我的同一性与社会的同一性或认同，达到自我内部的和谐与外部的和谐。

3. 发展的关键期在于青年期（12～25岁）

奥尔波特、埃里克森认为，自我同一性在婴儿期就开始出现并逐渐形成，而且是贯穿在人的一生；它在青年期的发展对个体的一生发展有着最为重要的意义。这是因为步入青年期的个体只有把过去的经验和对未来的预期、把个人的理想和社会的要求更自觉地加以整合，从而对自己的本质、能力、理想等方面形成一种前后一致的意识，才能在青年期结束的时候建立起一种稳定的自我同一性，为更加完善地解决先前各阶段遗而未决的问题，为有效地实现学业、生活预定目标做好心理上的准备。

## 四、统合人格发展的影响因素

### （一）内源性因素

1. 生物基础

（1）人格发展的遗传与进化论。

进化理论认为，人类与其他生物都遵循着生物进化的法则，物竞天择，适者生存。人格特征正如其他生理特征一样也是经世代发展进化而来的，人类的个体差异源于遗传素质和生理过程的不同。在人格的生理机制上，巴甫洛夫等曾论证了神经系统的类型特点是人格的生物学基础，人格特征与个体的大脑皮质细胞群配置特点以及细胞层结构的个体特点有关；而艾森克也曾推断，在网状结构乃至大脑皮层上有一种先天激活的最佳水平：在外倾型的人身上激活的最佳水平往往较低，而在内倾型的人身上激活的最佳水平往往较高。因此，这两种类型的人有着不同的行为举止。可见，脑与人格之间存在着密切关系确实是不争的事实。从物种发展的角度看，人格特征是进化的结果，它与生理特征一样遵循着自然选择的规律。

（2）行为遗传学的观点。

行为遗传学所研究的是人格特质和行为方式受遗传影响的程度，其目的是为了分析遗传力。所谓遗传力是用来测量在人格特质的全部个体差异中能够分别用遗传因素和环境因素差异来解释的程度。这方面的经典研究，是对孪生子遗传力的研究，大量的研究有着惊人相似的结果，那就是同卵孪生子比异卵孪生子在人格特征上有更高的遗传力；此外，已有研究表明，通常在智力、气质这些与生物因素相关较大的特质上遗传因素的作用较为突出，而在价值观、信念、性格等与社会因素关系紧密的特质上，遗传影响甚小。可见，遗传与进化是人格形成和发展不可缺少的影响因素，它们对人格的影响程度随人格特质不同而异。

2. 人格智能

我们认为，统合人格形成过程中，自我是核心，它通过主动的评价、协调与认同实现自身的和谐发展。由于个体内外关系的复杂多样性，随时可能出现各种矛盾、对立和冲突，以致人格的分离。因此，获得和保持人格统合需要自我具有高度的理性和智慧。这里我们借用美国心理学家加登纳的人格智能概念来表示这种智慧。

多元智能理论由霍华德·加登纳于 1983 年首先提出，他认为智力应该是指在某种文化环境的价值标准之下，个体用以解决问题或生产创造时所需的能力。他认为，人类的智力应该至少包括七种类型，即语言智力、逻辑—数学智力、空间智力、音乐智力、技能智力、人际智力、自知智力等。多元智能理论的提出，拓展了传统智力理论对智力的理解，提倡人有多种潜能，而这些潜能“可以被文化环境激活以解决实际问题和创造该文化所珍惜的产品”。加登纳的“人格智能”主要是指一种信息加工的能力，包括两种形式：一种是指向个体内部的内省智能，即个体对自己经验感受的省察和认知；另一种是指向外部的人际智能，即认知和评价他人的情感、欲求和行为目标。

加登纳的多元智力说从成分的角度对智力的结构进行了分析，强调平衡地建构智力，为智力结构的研究开创了一个新的方向，而且也为理解人类的本质提供了一个更为广阔的途径。但同时我们也发现，这种理论仍旧是从特质的角度对智力进行分析，与以往的智力因素说并没有本质差异。

斯腾伯格试图从智慧行为的机能本质上更深入地把握智力的精髓，他强调：“成功智力才是对现实生活真正起到举足轻重影响的智力。”所谓“成功智力”就是用以达成人生中主要目标的智力，它能导致个体以目标为导向而采取相应的行动。具体而言，成功智力就是为了达到个人、群体和文化的目标而去适应、选择和塑造环境的能力。斯腾伯格将分析性智力、创造性智力、实践性智力列为成功智力的三个关键，并赋予它们不同的功能。“分析性智力”是一种分析和评价各种思想、解决问题和制定决策的能力，可用于解决问题并判定思想成果的质量；“创造性智力”是一种能超越已知给定的内容，产生新异有趣思想的能力，它有利于人们从一开始就形成好的问题和想法；“实践性智力”是一种可在日常生活中将思想及其分析的结果以一种行之有效的方法来加以使用的能力，它有利于将思维的结果以一种行之有效的方法来予以实施。斯腾伯格强调，智力问题的关键不在于数量，而在于平衡，在于什么时候，如何运用分析能力、创造能力和实践能力。他认为，如果分析、创造和实践智力这三个方面能互相协调与平衡，那么，此时的成功智力才最为有效。因此，具有成功智力的人不仅具备这三方面的能力，而且还会思考在什么时候、以何种方式来有效地运用这些能力。

斯腾伯格的三元智力理论超越了传统狭隘的门户之见，从文化、经验及个体的内部等多个角度全面阐述了智力的内涵，极大地丰富和拓展了人们对智力概念的理解。这对我们如何看待人格智能有很大的指导意义：它触发我们以多视角综合看待人格智能的内在因素；分析、创造和实践智力作为成功智力的三要素之间的动态平衡关系引发我们思考人格智能诸因素之间的动力性与协调性；斯腾伯格强调智力的可培养性，尤其是实践智力可以在人的一生中都不断有所提高的观点，激发我们去分析培养人格智能的可能性和可持续性；斯腾伯格将非智力因素引入智力范畴，肯定人自身思维过程的元认知能力对智力的重要影响，启发我们应重视自我在人格智能中的价值和作用。

我们认为加登纳把人格智能局限于信息加工的能力是不全面的，也没有抓住人格智能的本质特征。受到斯腾伯格的三元智力理论中多角度整合等的启发，我们认为人格智能不仅是一种信息加工的能力，而且是整合了认知、情感和行为意志等多种因素的综合能力。人格智能是通过认知自己、他人和社会环境，调整和控制自己的心理和行为来实现自己目标的能力。具体分析这种能力，它应该包括以下三个方面的能力因素：

第一，自我统合能力。即通过对自我的知觉、反思、评价和体验、决策、控制和调节等操作实现自我和谐的能力。这种能力具体包括以下多种因素：自我知觉、反思和评价；自我接纳和自尊；情绪的认知与调节，提升幸福感；确立自我理想与人生目标等。

第二，人际社会适应能力。具体包括对人际社会的认知能力；人际沟通交往的能力；人际互动（合作与竞争）的能力；认知和遵守组织规范和社会道德，获得诚信和社会适应性的能力。

第三，实践活动的能力。包括活动的积极主动性、目的性、计划性、方法与策略、灵活性与创造性，以及坚持性和应对挫折的能力。

以上是把各种人格智能因素分开来阐述，实际上，在现实生活中，人格智能的各种因素是相互联系起来共同发挥作用的。人格智能的整合作用特别表现在处理个体与社会的关系上，一方面，个体要客观地认清自己，确定好自己的目标，另一方面也要清楚他人的情感、需要和利益，而且还要找到一种双赢乃至三赢（对自己、他人和社会均有利）的方法或途径，既能达成自己的个人目标，又不损害他人利益，维持和谐人际关系。这种在“自我和谐”与“人际和谐”之间寻找到均衡点，不迷失自我，不亏待自我，根据现实情景考虑最佳后果来决定有所为，有所不为，这就是人格智能的最好体现。这也是东方思想家孔子和西方思想家亚里士多德所推崇的中庸之道。

3. 自我实现倾向

如何解释人的行为？或者说，人的行为的目的是什么？不同的理论，对这个问题的解释也各有特色。人本主义心理学家马斯洛把人类的动机称为需要，提出了需要层次理论。就上述问题，他提出以下假设：第一，他认为个人是一个统一的、有组织的整体，主张以整体动力观来揭示动机的性质；第二，人类的需要是一种似本能的需要，需要的产生既有遗传的基础，也受后天环境教育等因素的共同影响；第三，人类动机的终极目标是基本需要。

根据这些假设，他认为人格的动力在于人类是由一系列具有生命意义的和满足内在的需要所驱动。他提出，人类的价值体系中有两类需要，一是沿生物进化逐渐变弱的本能需要，称低级需要或生理需要；一是随生物的进化逐渐显示出来的潜能，称高级需要或心理需要。这两类需要分五个层次，以金字塔的结构形式排列。金字塔的最底部是生理需要，上面是安全需要、归属与爱的需要、自尊需要，最顶端是自我实现需要。马斯洛认为，这五种需要使人处于不满足的状态；低一层次需要获得满足之后，才能升上高一层次需要；需要的发展是一种连续、重叠和波浪式的向前推进。在五种需要层次中，个别差异最为明显的就是自我实现需要。它的产生有赖于前述四种需要的满足，它是人类需要发展的高峰。所谓“自我实现”就是要求充分发挥个人的潜力和才能，对自身内在本性的更充分的把握和认可，是朝向个人自身的统一、完整和协调的一种倾向。简而言之，就是一个人自我进步的愿望，希望自己逐渐成为自己所期望的人物，完成与自己的能力相称的一切的趋势。

前述中，我们也提到了自我实现者及其十五个基本人格特征，这与自我实现的需要之间是何关系？我们必须先区分马斯洛自我实现概念的两层含义：前者是作为一种人格的自我实现，这只有少数的人才能够做到，这种人可以被称为“自我实现的人”，有十五种基本特征；后者是作为一种基本需要或动力的自我实现，是人潜能的实现，是人的高层次需要，是任何人都有可能体验得到的，包括认知、审美和创造需要。

由马斯洛的理论可见，自我实现的需要是任何人都有可能出现的一种基本需要，是个人实现潜能的过程，也是人的行为的基本动力因素。这意味着，任何人都有自我实现的倾向。从个人主观内部条件来看，该倾向不能得以实现的缘由与个体的自我概念有着密切的关系。这表现在：

第一，缩减了的自我概念。个体没有得到很好的发展与其自我概念的缩减有关。这意味着我们对自己是谁以及自己能成为什么样的人的看法比较保守，从而使得我们的潜力未能得到充分的体现。皮格马利翁效应，这一心理学的经典效应向我们揭示了心理暗示的积极作用，即从某种意义上来说，任何人都会成为他所设想的那个样子。而事实上，在我们对自己的理想目标的定位上，往往倾向于保守。

第二，自我概念的固着。这意味着个体习惯于固着在现有的自我概念，认为“我一直就是这样”；往往会有一种宿命论的想法，认为一切似乎都是“命中注定”的。

第三，安全需要与自我实现需要的冲突。马斯洛认为，每个人不仅有自我实现的需要，也有安全的需要。当这两种需要相互牵制和发生冲突时，会阻碍个人的发展。这表现在个体的心目中既倾向于指向安全和得到保护、追溯过去、害怕尝试、害怕自由和分离，又希望独立、追求完善、渴望潜能得以发挥。

第四，成功恐惧。自我实现的阻力还源于对成功的惧怕。一方面，个体往往倾向于安于现状的选择。这与成功会带来许多未知的变化有关，我们天生对未知的东西有一种畏惧的心理，因此使得我们回避变化而选择我们所熟悉的现状。另一方面，与成功后我们要面对的责任、压力等有关。因为如果我们取得了成功，别人对我们的期望会更高，而我们会怀疑自己是否有实现这种期望的能力，因此，我们往往告诫自己“爬得越高，摔得越重”。

### （二）外源性因素

环境在个体人格的形成中具有重要作用，这已经得到学术界的广泛认同。在传统观念中，环境是一个广义的概念，它不仅包括胎儿环境、家庭和学校等微观环境，而且包括生态环境、生产经济活动、社会结构、文化传统等宏观环境。这样看来，环境对个体人格的形成似乎就变得甚为宏大，似乎是无所不在，又令人难以把握。其实，就每一个独立的个体而言，这种传统意义上的环境作用是以对个体的生活、生存、发展产生直接作用的具体环境因素的方式发挥影响力。心理学者 C. M. Super 和 Sara Harkness 由此提出了“发展的小生境”

这一概念，用以解释和分析微观环境对个体或不同文化群体的生活、生存的影响作用。在其理论中，“发展的小生境”是一个系统，它涵盖了影响个体发展的三个子系统，它们是：①儿童生活的自然环境和社会环境；②由文化决定的抚养和教育儿童的主流方式；③父母的心理特征。这三大子系统共同作用于个体，它们包围着、促进着、滋养着、约束着个体的身心发展、成熟。具体表现在：

1. 自然环境的影响

人作为一个生命有机体，必然和自然环境发生这样或那样的联系，自然界是个体生存的先决条件。在“发展的小生境”理论中，自然环境特指个体生活在其中的具体、实在的自然生态环境。例如，地处热带非洲地区的土著家庭，生存环境条件极为恶劣。在这样的近乎原始的生存模式之下，人们过着群居生活。儿童自幼被要求参加氏族家庭的日常活动，从而与家族的大多数成员互动交往。而欧美发达国家的城市婴儿则生活在现代化程度极高、注重个人隐私权的维护、生活层面的交流不畅、人际互动资源非常有限的微型家庭之中。这样两种反差巨大的生态环境决定了儿童在成长中能得到与成年人交往、互动的机会和频率是截然不同的，各自培养和塑造的个体人格也因此而各具特色。

2. 社会环境的影响

人的重要属性是其社会性。社会是个非常宏大的世界，它有着颇为复杂的结构和运行规律。生活在社会中的个体，必然会受到来自社会的影响。从微观角度而言，社会作用于人的具体的影响程度、方式、内容是因人而异的。这种差异性体现为真正对个体直接发生作用的社会环境，如同自然环境一样，也是具体化为特定的对个体直接发生作用的社会环境，包括家庭、学校、社区等。大量研究表明，不良家庭环境容易造成家庭成员的心理行为异常：家庭结构改变，如父母死亡、父母离异、父母再婚等；家庭气氛紧张，如家庭成员之间情感冷漠、矛盾冲突频繁、父母关系紧张等。学校是成长中的青少年学生学习、生活的主要场所，学生的大部分时间是在学校中度过的。因此，学校生活对学生的身心健康影响也很大。学校因素主要有学校教育条件、生活条件、教师的素质和教学水平、班风、师生关系、同伴关系等。个体正是在这样的具体客观的社会环境中，与他人进行人际互动，从而塑造出独特的态度和行为方式，所谓个性正是由此而逐渐生成和发展。

3. 由文化决定的抚养和教育儿童的主流方式的影响

家庭是儿童接受社会影响的第一场所，是认识社会准则和建立行为规范的第一课堂。儿童的很多态度与行为都打上家庭的印记。这其中，父母扮演了儿童的第一任老师的角色，父母如何抚养儿童，如何对其进行初期教育，都将直接影响儿童的认知、情感和行为。而父母抚养教育儿童的方式具有典型的文化传承规律。例如，中国南方妇女由于一年四季都适宜于从事下田或上山劳动，通常会把婴儿捆在背上，而北方妇女由于农闲时节充裕，通常会把婴儿抱在怀中或者置于身边。这种不同的携儿方式，不仅决定了母子身体接触的类型和频繁程度，而且还会影响母子相互作用的方式、儿童感觉运动的发展，甚至独立性或依赖性的发展。

4. 父母心理特征的影响

"发展的小生境"理论所指的"父母的心理特征"主要包括父母的教育水平、信念和价值观等心理因素，它们在亲子关系的形成和发展、育儿方式、价值观念的启蒙等亲子互动活动中发挥作用，从而影响儿童的心理发展。在国外，有学者把父母的这些心理特点都统称为"养育风格"。父母的养育风格带来的是特定的家庭情绪气氛，其养育的态度、信念、价值观、行为就在这种情绪气氛中表达出来，而儿童就是在这种情绪气氛中成长。国内外大量研究表明：父母的这些养育风格影响儿童发展的诸多方面，包括学习动机、学业成绩、推理能力、情绪、心理健康、价值观等，这一切都影响着个体人格的形成与塑造。例如，在个体的早期发展中，父母对子女的态度，如充满爱，能给予信任、鼓励和支持则容易使个体在与人初次接触时产生信任感、安全感，而这种情感的产生有助于个体与人的顺利交往。相反，缺乏父母的疼爱、关怀、照顾、信任、鼓励与支持，不仅会在儿童智力发育方面造成一些难以挽回的不良后果，还会使儿童形成孤独、无助的性格特征，甚至导致难于与人相处等人际交往方面的障碍。

需要强调的是，"发展的小生境"是一个各个构成部分彼此关联互动、共同作用的系统。同时又是一个开放系统，其中每一部分均与更加广泛的外部环境的大系统相联系。例如，携儿方式往往与气候水土有关，而社会习俗化则与社会的物质生产和富裕水平有关等。

综上所述，"发展的小生境"作为一个系统，对个体人格的培养和塑造发挥重要作用，归纳起来，主要表现在以下两个方面：第一，小生境为人格的培养和塑造提供了最直接的"心理资源"。人格的形成是在个体与所处的特定"发展的小生境"的互动中，在不断吸收小生境所提供的一切资源的前提下，逐渐从幼稚走向成熟。第二，小生境"催化"了人格的形成和发展。不同养育风格的父母，就会培养出具有不同个性的儿童。有研究表明：起始没有什么差别的同质个体，处在不同的环境中，由于各自对环境的评价不同，各自产生了程度不同的舒适感、压抑感，个体应对由此带来的压力的策略也不一样，从而导致了差异悬殊的个性特点。

此外，在与小生境的互动过程中，个体并非消极被动地接受来自小生境施加的影响，而是主观、能动地应对小生境的作用，两者的互动是一个同步演化的过程。一方面，小生境为儿童人格的发展提供了刺激和催化作用，另一方面，儿童这些方面的逐渐成熟也会作用于小生境，如在与成人的交往中，儿童也在不断改变着成人对他们的信念、期待和互动方式，这意味着发展的小生境在个体发育过程中也在发生着某些顺应性改变。

总之，在儿童成长的生态系统中，系统内的三个子系统互相作用，共同构成了一个紧密结合的个性发展生态圈；在这个生态圈里的各个子系统共同作用于个体，而个体也同样作用于各个子系统，从而形成了个体适应环境，小生境也适应个体的互动模式。正是在两者的相互适应的过程中，实现了个体人格与“发展的小生境”之间的同步演化。

## 五、统合人格的培养与塑造

健康人格的培养与塑造的过程，其实就是对个体实施人格教育的过程。所谓人格教育，是一种发展学生心理素质，培养健康的和适应现代社会需要的人格为目的的教育。人格教育就是要采用观察和评定方法了解学生的人格特点，包括它的长处和局限性；采用各种教育、心理学手段和措施改进或补救其人格的缺陷，促进其人格的长处或优势，并培养现代社会发展所需要的人格特征，使学生的人格平衡、和谐地发展。

人格教育的途径大致可分为两类：一类是专门的途径，另一类是非专门的途径。人格教育的专门途径是指那些为了实现人格教育的专门目的，并且依靠专门人才来实施的各种途径，如心理咨询、心理治疗、人格辅导活动课程等。而非专门的途径是指那些在达到别的教育目的的同时，又实现人格教育目的的，并不需要专门人才来实施的种种途径，如在学科教学中渗透人格教育，结合班级活动、团队活动开展人格辅导，以及人格的环境熏陶等。

在“自我统合人格理论”中，我们认为自我是人格健康的关键因素。因此，人格培养与塑造的过程，应关注自我教育。我们特别强调培养学生自尊、自爱、自重、自我完善的精神和积极乐观的生活态度。因为只有这样，他们才会根据人类社会发展的要求，自觉进行观念更新、知识更新、态度更新，更好地为社会的进步、科学的发展、民族的昌盛而奋斗。关注自我教育，应注意以下环节：

**（一）正确的自我认识**

认识自己是每个人的心理需要，是一个人心理健康的基本原则和要求。不少学生在学习、生活中产生各种困惑、压力，正是由于对自己缺乏了解，缺乏正确的自我观念所致。正确的自我认识，可以使个体对自己有一个客观的、恰如其分的估价，既不妄自尊大，又不自卑丧志。然而，一个人认识自己比认识别人更为困难。正所谓："人贵有自知之明。"人要能清醒地认识自己，正确地评价自己，是件十分不容易的事。心理学研究发现，尽管许多人认为对自己是了解的，但事实上他们并没有很好地了解自己。这是由于人们在认识自我时，除了受认识对象因素的影响外，还受到其动机、需要、愿望等其他心理因素的影响。特别是青年人，由于各种原因，他们或是自我感觉太好，对自己估计过高，过于自信，结果视而不见、听而不闻，再好的意见、经验，都会从眼皮底下溜走，以致自己裹足不前；或是对自己估计过低，缺少自信，过于自卑。这两个方面都会使人丧失适合自我发展与成功的机会。因此，学生应努力从多侧面、多渠道了解自己，要积极从周围的环境中提取有关自我的真实反馈，形成良好的自我认知。

从内容上而言，正确的自我认识应注意以下几个方面：

1. 给自己确定恰当的位置

首先，形成合理的期望。有的学生由于自我评价得不到肯定，某些需求得不到满足，又没有进行必要的反思，调整自我与客观之间的距离，因而心境始终处于郁闷或怨恨状态，甚至悲观厌世，最后走上绝路。由此可见，学生一定要正确估量自己，对事情的期望值不能过分高于现实值。当某些期望不能得到满足时，要善于劝慰和说服自己。要懂得，没有遗憾的生活是平淡而缺少活力的。

其次，要把自己定位在与他人平等的位置上，既不自负又不自卑。在此，学生应自觉地消除"自我中心倾向"。心理学家皮亚杰认为，自儿童期开始，人就产生了顽固的自我中心倾向。该倾向把个体的注意力集中在"自我"的角度，束缚了人的认识能力，阻碍了人们从更广阔的角度去考虑问题。

最后，还要确定自己的角色，即能够在各种角色中自然转换。

2. 要了解自己的"长处"与"短处"，知道自己的优点与缺点

"人非圣贤，孰能无过。"但有过而不知其过，或者故意文过饰非，将很难与他人善处，因此，正确的做法是了解自己的短处，再尽力克服改正它，或

者发扬长处，避开短处。

3. 要了解自己的性格

性格有时会成为人际交往的障碍，不了解自己的性格，负气使性，只能做性格的奴隶。

**（二）积极的自我概念**

许多个体的心理问题，在很大程度上与其自我概念有关。例如，有人认为现实中的自我不完美，因此，讨厌它、拒绝接受它，而想创造一个虚幻的理想自我来代替它；结果自己贬低自己，使自己的心理受到更大的伤害。又如，有人过分夸大自我形象，认为自己非常了不起，高高在上，目空一切，狂妄自大，这样在现实生活中就会遭人厌烦，到处碰壁，因而造成更深的自我伤害。因此，要努力改善自我观念，建立良好的自我意识，这是个体保持心理健康的重要条件。自我概念积极的个体，在人群中感到安全自信，能以“真实的我”的面目出现，能够正确地认识自己，并以肯定的态度接纳自己。他们既能接纳自己的长处与发展自身潜力，也能接纳自己的缺陷、不完美和“有限制”，欣赏“我就是这个样子”。

要形成积极的自我概念，需要关注自己存在的意义。弗兰克尔的意义治疗学说中提倡个体必须寻找生命的意义。他强调，追求人生的意义是人的本性，如果个体没有对人生的意义予以思考，那么这就不是人的真正生活。在弗兰克尔的理论中，他强调，当个体找到和实现了自己生命的意义的时候，他不仅会变得很开心，而且还会面对生命的苦难……甚至准备付出他的生命。从弗兰克尔的角度，我们可以看到人在生存状态下的主动性和能动性。这体现在个体对自己的处境和现状的认知与评价，往往引入了价值与潜能的层次，这使得个体在环境面前总是自由地对自己的心理过程采取某一“精神立场”，从而选择自己对环境的态度。而这种立场就是其生命意义或价值的体现。弗兰克尔指出，当一个个体的精神立场是“寻找并实现生命的意义”时，那么该个体就可以超越自己的躯体和环境的冲突，能够在所经受的一切中超越自我，对自己的想法采取一种积极的态度。此时，个体内心的满足来自他做了自己想做的事，在这一过程中，他也实现了他自己。因此，我们必须思考与关注自己存在的意义与价值，这样将有利于我们形成积极的自我概念。

此外，要形成积极的自我概念，还需要成功的体验。成功可以增强人的自我效能感和提高自信心，是获取更大成功的条件。为了取得成功的经验体验，个体可以尝试：①对成功抱有积极的希望；②建立多方面的价值追求，积极寻找多方面的成功机会；③适当培养冒险精神，增加成功机会；④取得成功后充分体验成功所带来的快乐，失败后不放弃对成功的追求。对于较少取得成功经验的人来说，一个重要的方法是：先从一件事情上获得成功、先从小事上获得成功、先从一个不太难的事情上获得成功，这样可以为获得更多方面的成功、更高目标上的成功创造条件。

### （三）妥善处理理想自我与现实自我的关系

要改善自我观念、确立良好的自我意象、改变对自我的不恰当的认识，必须处理好现实自我与理想自我的关系。人本主义心理学家罗杰斯提出了自我的另外一种分类，即把“我”分为“现实自我”与“理想自我”。现实自我是指人对自己当前状况的评价，即“我”的现实。理想自我是指个体设想的“我”，包括对自己应该怎么样，将来怎么样，希望自己怎么样的认识。在罗杰斯的自我理论中，他提出：理想自我与现实自我之间的差距可作为心理健康的指标；现实自我与理想自我的和谐统一就是自我实现。而事实上，任何人的自我认识与自我期望总是不平衡的，有时甚至是矛盾的。对于个体而言，现实自我与理想自我之间的矛盾，对个体的自我意识既有积极的一面，同时也存在着消极的一面。

1. 冲突的积极作用

现实的自我属于现在，而理想的自我属于未来，个体在两者的认识上不会等同，总是存在着一定的差距，这个差距是大一些好还是小一些好，一般有以下的规律可循：若两者认识的差距过小，理想自我的激励作用就减弱，人的前进动力不足，虽然有可能出现实事求是、脚踏实地的生活态度，但是个体很可能是一个缺乏理想、平平庸庸的人；如果两者认识差距过大，人总是要追求完美，总是给自己设置过高的、力所不能及的目标，此时，不管他已经取得多大的成功，他总是不满足，总认为自己做得不够好，所以，他总是有失败和挫折的感觉，总是使自己陷入自卑和焦虑之中。

而现实自我和理想自我距离适当的人，能根据自身的实际情况，来确立恰当的、力所能及的目标。所以，他能够体验到成功的快乐，不断地增强自信和自尊，从而使自己已有的良好的自我意象更加巩固、深化，而良好的自我意象又能促进个体才能的充分发挥，从而形成良性循环，促进个体心理的健康发展。这些个体对现实自我和理想自我之间的认识比较统一，比较符合自己的实际情况，只要经过一定的努力，理想自我的计划就能够付诸实施并且能取得令人满意的结果。因此，客观、清晰、深刻地认识现实自我，全面、合理、严格地制定进取计划，积极完善自我，可使现实自我与理想自我在冲突中发挥积极作用，最终达到理想化的境界。

2. 冲突的消极作用

现实自我与理想自我冲突的消极作用，主要发生在两者认识的不切实际上。将理想自我的标准定得过高，好高骛远，认为自己什么都行，这是一种表现。产生这种认识的个体有两类：一类是不能客观地认识自我，对现实自我作出不适当的评价；另一类是那些智力发展不错，有一个比较理想的学习环境，曾经有过一段刻苦学习的经历，在成绩方面曾经领先，得到过同学的好评、教师的称赞。他们在赞扬声中不能很好地认识自己，把握自己，忘乎所以，往往过高估价自我。

在现实自我和理想自我的冲突中，消极作用的另一种表现是，个体的内心冲突在外界压力下严重不安、焦虑和痛苦，个体的自尊屡遭挫折，羞辱感一再受到强化，从而导致自我意识的否定，个体总感到自己低人一等，认为自己什么都不行，自暴自弃。

自我冲突消极作用的两种表现的根源是一样的，都是现实自我与理想自我之间的失调。两种表现对心理活动的影响也是一样的，都是自我意识的不完善而产生的消极作用。

因此，自我教育中应关注并妥善协调个体现实自我与理想自我之间的冲突与矛盾。

**参考文献**

1. 张公社．中国心理健康教育理论研究的几种取向．教育科学，2003（3）
2. 郑雪．人格心理学．广州：广东高等教育出版社，2004
3. 燕国材．中国心理学史．杭州：浙江教育出版社，1998. 29～31
4. 杨中芳．中国人的世界观：中庸实践思维初探．见：杨中芳．如何理解中国人．台北：远流出版社，2001. 269～287
5. 全增嘏．西方哲学史（上册）．上海：上海人民出版社，1994. 156
6. 亚里士多德．尼各马可伦理学（第2卷第6章）．西方哲学原著选读（上卷）．商务印书馆，1982. 156
7. 袁贵仁．论马克思人的全面发展观．高等师范教育研究，1992（3）
8. 弗洛伊德．自我与本我．见：贺明明译．弗洛伊德著作选．成都：四川人民出版社，1986. 275～304
9. 阿德勒．自卑与超越．黄光国译．北京：作家出版社，1986. 213～222
10. 霍尔．荣格心理学入门．冯川译．北京：三联书店，1987. 29～30
11. 车文博．人本主义心理学．杭州：浙江教育出版社，2003. 89～97

12. 车文博．人本主义心理学．杭州：浙江教育出版社，2003. 133～141
13. 车文博．人本主义心理学．杭州：浙江教育出版社，2003. 183～185
14. 马斯洛．和尚能够自我实现吗？见：许金声．人格三要素改变命运．北京：华文出版社，2003. 298
15. 加登纳．智能的结构．兰金仁译．北京：光明日报出版社，1990. 275～281
16. 魏光峰．论孔子的理想人格及其特点．殷都学刊，1998. 98～100
17. 岑贤安，徐荪铭，蔡方鹿．性．北京：中国人民大学出版社，1996
18. 张积家．我国古代心理教育思想论要．教育研究，2000（4）：70～75
19. 许思安．汉族、壮族、蒙族、纳西族人格结构的比较研究：[学位论文]．广州：华南师范大学心理学系，2006
20. 许波，都增花．儒家理想人格的心理学解析．阜阳师范学院学报（社会科学版），2000（6）：18～20
21. 周义龙．儒、释、道家理想人格模式的差异比较．江西省团校学报，2004（2）：32～33
22. 李桂兰．试析西方人格理论中的健康人格模式．唐都学刊，1995（2）：46～49
23. 黄希庭．人格心理学．杭州：浙江教育出版社，2002
24. 卜长莉．自我实现的人——马斯洛的健康人格模型．北华大学学报（社会科学版），2002（4）：36～39
25. 莫坚义，罗国斌．浅谈健康人格及其标准．广西大学学报（哲学社会科学版），1999（6）：263～266
26. 黄荣怀，郑兰琴．解读“多元”智力：多元智力理论与智力三元论述评．中国电化教育，2004（3）：25～28
27. 聂衍刚．智力与人格协调发展的教育．广州：广东高等教育出版社，2005
28. 孙慧．教师职业压力的负面影响及其自我调适：[学位论文]．长沙：湖南师范大学，2003
29. 黄伟民，许思安．思想品德（七年级上册）教师教学用书．广州：广东教育出版社，2003
30. 余祖伟．从埃里克森的青年期人格理论探讨大学生健康人格的培养．广西高教研究，2001（3）：25～28
31. 郑雪．跨文化智力心理学研究．广州：广州出版社，1994. 99～101
32. Super, C. M., and S. Harkness, The Developmental Niche: A Conceptualization at the Interface of Child and Culure. *Internatinal Journal of Behavioral Development.* 1986, 9545～69
33. Harkness. Sara. and Marcia Hughes. *Entering the Developmental Niche: Mixed Methods in an Intervention Program for Inner-city Children.* US: University of Chicago Press, 2005, 443
34. 孙殿凤，刘金兰，李建．家长育儿方式对学龄前儿童行为问题的影响．滨州医学院学报，2003（1）：77～78
35. 全国 22 个城市协作调查组．儿童行为问题影响因素．中国心理卫生杂志，1993

(1): 13

36. Baumrind D. , Child Care Practices Anteceding Three Patterns of Preschool Behavior. *Genetic Psychology Monographs*, 1967 (75): 43 ~ 48

37. 王俊红，王欣. 中学生父母养育方式与心理健康状况的研究. 健康心理学杂志，2004 (2): 135 ~ 136

38. Baumrind D. , The Influence of Parenting Style on Adolescent Conmpetence and Substance use. *Journal of Early Adolescence*, 1991 (11): 56 ~ 95

39. Chapell M S, and W F Overton, Development of Logical Reasoning in the Context of Parental Style and Test Anxiety. *Merrill-Palmer Quarterly*, 1998, 44 (2): 141 ~ 156

40. Dai Yun. , Relationships Among Parenting Styles, Parental Expectations and Attitudeds, and Adolescents'School Functioning: Across-Cultural Study. *Dissertation Abstracts International, A Humanities and Social Sciences*, 1999, 59 (12 - A)

41. 中国共产主义青年团编著. 聚焦新生代——第一次未成年人现状调查报告. 北京：北方交通大学出版社，2001. 282 ~ 329

42. 许思安，郑雪，高宝梅. 论“发展的小生境”与人格的关系. 华南师范大学学报（社会科学版），2005 (6): 146 ~ 153

# 第二章　健康人格的评估方法与测量量表

人格不仅仅是一个狭义的心理学概念，同时也是个体适应环境时表现出来的一种整体统合状态。它的形成有两大基础：一是遗传生物基础，包括基因遗传、人脑、内分泌、激素、个体体质等的影响；二是社会基础，包括家庭、学校教育、社会文化和社会价值引导等。人格的形成就是个体与环境不断作用而形成各种心理特征的社会化过程。相应地，人格评估就是把握个体在这一社会化过程中形成的某种人格特征。这一特征可能是某个个体所独有，也可能是某一群体所特有。那么，人们感兴趣的一个问题是，我们如何能知道不同个体和不同人群的人格状况呢？了解这些人格状况的依据和途径是什么呢？本章试图对这些问题作出回答。

## 第一节　人格评估的一般问题

### 一、人格评估的可行性

由人格的定义可知，人格一方面是一种稳定的结构，另一方面是个体在行为上的一种内部倾向，它表现为个体适应环境时在能力、情绪、需要、动机、价值观、气质、性格和体质等方面的整合。既然是稳定，那就说明经由不同方式和时间评估到的人格应该具有相同或相似的一致性，即可表现为跨时间和跨情境的一致性；既然有外在的表现形式，那就说明可以通过对个体能力、情绪、需要、动机、价值观、气质和性格等方面的测量，间接推测其人格状况，也可以用追踪研究等手段根据这些内容的变化推知人格状况的变化。

为了保证评估的有效性，一个重要的前提是保证测量样本抽取的科学性。我们都知道，理论上说，分析一种现象或事实应以全体为对象，因为我们的目的是探讨这个全体的共同特性。但是在实际的研究中，这往往是不可能的，也是没有必要的。只要我们抽取适当的有代表性的样本进行深入研究，然后在此基础上对全体进行科学的推论，研究结论也是非常有效的。这种从全体中抽出一小部分能代表全体的样本加以研究的方法，称为抽样（sampling）。

显然，一个重要的问题是如何保证所抽取的样本具有代表性。这涉及到抽样方法的问题。概括来说，根据调查研究目的、调查对象的性质、调查环境、调查能力等因素，人格评估中比较常用的方法一般有以下几种：

1. 简单随机抽样

所谓简单随机抽样，是在对某一特定总体抽取样本时，总体中每一个元素（或个体）被抽取的可能性是同等的，而且任务元素（或个体）之间被抽取的机会是独立的。常用的简单随机抽样方法有抽签法和随机数字表法。

抽签法的操作过程如下：先将总体中的每一个元素（或个体）都编上号码，然后把号码写在签上，把签充分混合后，从中随机抽取 n 个签，与签上号码相对应的 n 个元素（或个体）就组成了一个样本容量为 n 的样本。为了使每个元素（或个体）彼此独立的原则得到贯彻，对有限总体可以采用放回抽样法，即抽取一个签，登记号码后放回去，再随机抽取一个，记下号码又放回去……一直到记录下 n 个不同号码为止，这样也同样得到一个样本容量为 n 的样本。

随机数字表法也称为乱数表随机抽样法。这是运用乱数表进行随机抽样的一种方法。乱数表是利用概率原理编成的号码表。编制时，将 0 到 9 的十个数字重复以随机方式抽出，编成连续的号码，在号码的各个数字之间毫无规律可言。随机数字表的使用很方便，既可以从任意一个数字开始依次往下数，也可以随意在表中划定某部分进行使用。当然，由于目前计算技术的发展非常迅速，所以运用这种方法时可以不采用随机数字表，而在计算机上直接随机抽取。目前，后一种方法被采用得更多。

2. 等距抽样法

这种抽样方法一般在全体为已知数而且数量比较大时使用。使用时一般先把总体所包含的各个元素（或个体）都编上号码，然后随机确定一个起点，每隔相等若干个体抽取一个为样本。这一方法也被称为间隔抽样或系统抽样。

3. 分层抽样法

这种抽样方法是按照总体已有的某些特征，将总体分成几个不同的部分，每一部分称为一个层。在每一个层中实行简单随机的方法。它一般在全体差异很大而且分布不均匀时采用。分层抽样的总原则是：层内样本的变异要小，而层与层之间的变异要尽可能地大。另外，各层中抽出样本数所占全部样本数的比率，应该与每一层个体数所占全体中个体数的比率相同，因此这一方法又称为比率抽样法。

## 二、人格评估的信度与效度

在人格评估过程中，由于接受评估的被试可能会由于各种原因而产生变动，进而偏离其真实的人格特征，或者由于评估者的原因使评估结果出现误差，或者由于评估工具的不可靠性等诸多原因，都会影响评估的有效性和准确性。那么该如何避免或尽可能减少这种误差呢？一个重要的方面是必须保证评估手段满足高信度和高效度两个条件。

### （一）信度

1. 信度（reliability）概念

信度是指测验的可靠性、稳定性，即测验结果是否反映了被测者的稳定的、一贯性的真实特征。这种可靠性主要体现在三个方面：①测验结果跨时间的一致性，即被测者在不同时间所测结果应基本一致；②测验内容的一致性，即同一测验内的各部分题目所测的是同一种行为或行为特征；③不同评分者之间的一致性，即不同评分者对同一测验结果的评分一致性。

2. 如何评估影响人格评估的信度

针对不同的误差来源，信度可以有不同的确定方法，这里简单介绍几种主要的信度类型及其考察方法：重测信度、复本信度、内部一致性信度、评分者信度等。

（1）重测信度（test-retest reliability），又称为稳定性系数。它采用重测法进行计量，即指同一个测验，在第一次施测后经过一段时间后对同一对象群进行再测验，求两次测验分数的相关系数（采用积差相关系数），这一相关系数即为重测信度。如果这一重测信度越高，说明测量的结果越一致，越可靠。

重测信度所考察的误差来源主要是时间的变化带来的随机影响，如疲劳、疾病、焦虑、情绪波动等被试本身身心状态变化的影响，或者由于测量时外在的变量气候、噪声、灯光等对测量的影响。因此，重测信度代表了测量能用于不同时间的程度，即信度越高，测量就越稳定，不因时间的变化而变化。尽管如此，在评估测验的重测信度时，重测间隔的时间是必须注意的一个重要问题。如果间隔时间太短，被试对测验内容记忆犹新，必然会造成假性的高相关；而如果间隔时间过长，测量结果又可能会受到被试身心特质改变的影响，从而降低相关系数。一般而言，人格评估的重测间隔时间在2周到6个月之间比较合适。

（2）复本信度（alternative-form reliability），又称为等值性系数（coefficiency of equivalence）。它是指以两个测验复本来测量同一群体，然后求得被试在这两个测验上得分的相关系数（积差相关）。这两个复本必须是功能上等值但题目内容不同，即在难度、平均值、变异数、内容等方面应该非常近似。与重测信度类似，复本信度也要考虑两个复本实施的时间间隔。在实际评估中，为了避免时间的影响，通常是一半被试先做其中的一个复本，而另一半被试先做另一个复本。

复本信度具有几个显著的优点：①能够避免重测信度的一些问题，如练习效应、记忆效果等；②它适用于进行长期追踪研究或调查某些干涉变量对测验成绩的影响；③它减少了辅导或作弊的可能性。与此同时，它也有一些不容易克服的缺陷：①由于测验的反复，测验的性质也有可能改变；②如果测验的行为易受练习的影响，则复本信度只能减少而不是消除这种影响；③有些测验很难找到合适的复本。

（3）内部一致性信度（consistency reliability），它是同一测验量表的两个部分（例如分为奇数题和偶数题，或者量表的前一半和后一半）得分的相关系数。如果说重测信度和复本信度分别注重考虑测验的跨时间的一致性（稳定性）和跨形式的一致性（等值性），那么内部一致性信度则主要反映测验内部题目之间的关系，考察测验的各个题目是否测量了相同的内容或特质。它一般分为分半信度和同质性信度。

分半信度（split-half reliability）是把一个量表按题目番号分为两半，一半是奇数题，一半是偶数题。计算时先把每个人的奇数题、偶数题得分分别相加，得出一个奇数题总分，一个偶数题总分，然后求所有应试者奇数题总分与偶数题总分的相关系数。采用这种方法，只需要一种测验形式，实施一次测验，因而比较简单，容易操作。

计算分半信度仍可以采用常用的积差相关方法。但是由于折半，所以题目只是实际的一半，这就降低了信度，因而必须对其进行修正。常用的修正公式是斯皮尔曼——布朗公式。公式如下：

$$r_{tt} = \frac{2r_{x_1x_2}}{1 + r_{x_1x_2}}$$

式中 $r_{x_1x_2}$——两半测验的相关系数；$r_{tt}$——估计或修正后的信度。

同质性信度（homogeneity reliability）是指测验内部各题目在多大程度上考察了同一内容。因此，如果想在一个测验中测量不同的内容，理想的做法是将测验设计成几个分量表的测验。

（4）评分者信度（raters reliability），是指不同评分者对同样对象进行评定或相同评分者不同时间评定同样对象时的一致性。在一些人格评估（如投射测验、画树画人测验等）中，评分者的评判也是误差的重要来源之一，因此，也有必要考虑评分者信度。这种信度最简单的操作方法是随机抽取若干份已答问卷，由两个独立的评分者评估分数，再求每份答卷两个评判分数的相关系数。如果评判者是两人，那么这种相关系数的计算既可以用积差相关方法，也可以采用斯皮尔曼等级相关方法；如果评分者是三人以上，而且又采用等级记分时，那么就需要用肯德尔和谐系数来求评分者信度了。

3. 影响评估信度的因素

评估的信度会受到一些因素的影响，这里列举主要的几个方面，以便在测验的编制和使用过程中予以注意，也让评估者在解释信度系数时能够充分考虑这些因素：

（1）信度依赖于测验的长度（即题目的多少）。一般而言，测验越长，信度值越高。这是因为：一方面，测验越长，题目取样或内容取样就越充分，结果就越可靠；另一方面，较长的测验不容易受到被试猜测因素的影响。不过，在增加测验长度时要注意：只有当所增加题目和原题目在性质上相同时，才能真正提高测验的信度。

（2）信度受被试样本性质的影响，这种影响主要包括样本的分数分布和样本的异质性两方面。一般来说，分数分布越广，信度系数就相对越高，分数分布越窄，信度系数就会越低；取样团体的异质性越大，信度系数也相对越高。

（3）信度还受到测验难度的影响。如果一个测验的难度太低，测验分数就会非常集中在高分段，出现天花板效应；反之，如果难度太高，测验分数就会非常集中于低分段，出现地板效应。无论哪一种情况出现，都会使测量分数分布太窄，进而降低信度。因此，只有当测验的难度水平适中，能够使测验分数分布范围最大时，测验的信度才会比较理想。研究表明，当所有被试的平均分为测验总分的一半，并且分数从零分到满分分布时，测量的信度最高。

4. 提高测验信度的方法

为了提高测验的信度，尤其是在刚编制一个评估量表时，在考虑信度影响因素的基础上，应尽可能满足下面这些条件：①延长测验的长度；②测验的难度应适中；③测验的内容应尽量同质；④测验的时间要充分；⑤测验的程序应统一；⑥评分要客观；⑦加大应试者之间的差异。

### （二）效度（validity）

1. 效度的概念

效度（validity）是指评估时所测量到的结果反映所想要考察的内容或特性的程度。也就是说，效度是一个测验所要测量的某种行为特征的正确性或真确度。两者越吻合，则效度越高；反之，则效度越低。因此，可以说测验的效度是对测验本身进行测验，即测验的结果对其所要完成的目标达到何种有效的程度。

2. 效度的分类

根据评估方法的不同，效度可以分为内容效度、结构效度和效标关联效度三类，现在分别进行介绍。

（1）内容效度（content validity），是指测验目的代表所欲测量的内容和引起预期反应所达到的程度。较好的内容效度依赖于两个条件，即测验内容范围明确和测验内容的取样有代表性。

内容效度的确定一般没有可用的数量化指标，只能靠推理和判断来进行。其通常采用的估计方法是逻辑分析，它是指根据心理学理论，勾画出应掌握知识内容的范围和深度，提出应形成的技能名称等，然后以逻辑分析的方法估计测验题目在多大程度上代表这些内容，在多大程度上能够测量出所要测验的特性和功能。

不过，值得一提的是，内容效度最适合的是评估教育和成就测验，也适合于某些用于选拔和分类的人事测验，但一般不太适用于人格测验。

（2）结构效度（construct validity），亦称构想效度、构念效度和建构效度，是指测验分数能够说明心理学理论的某种结构或特征的程度，也可理解为测验实际测量了所欲测量的结构和特性所达到的程度。它也是一种内容效度。

一般而言，判断结构效度的步骤分为三步：首先，建立理论结构；其次，根据理论结构进行假设；最后，用逻辑的和实证的研究（包括测验）来验证假设。其中逻辑推论方法大概可分为以下几步：①分析某种结构和特性与测验题目的关系，看这些题目是否能测量该种结构和特性；②比较两组被试进行同一测验（如智力）的结果；③把自己所编制的测验的施测结果与另一性质相同而被公认具有较高结构效度的测验结果进行比较；④比较先后两次测量的结果；⑤用因素分析法判断结构效度；⑥用计算聚合效度（convergent validity）与区分效度（discriminant validity）的方法估计结构效度。

聚合效度和区分效度既是一种效度，也是检验结构效度的一种方法。聚合效度是指测量某种心理结构的测验分数，要与测量相同结构的其他测验的分数具有高相关。区分效度则是指测量某种心理结构的分数要和测量不同结构的测验分数具有低相关。

（3）效标关联效度（criterion-related validity），也称为效标效度（criterion validity），是指测验分数与作为效标的另一独立测验结果之间的一致程度（或者定义为测验分数和效标之间的相关）。效标实际上是衡量测量有效性的外在标准，即根据测验所要测量的特性和预测的行为所确定的参照标准。

根据效标收集时间的不同，可以将效标效度进一步区分为同时效度（concurrent validity）和预测效度（predictive validity）。同时效度即效标与测验分数同时获得，用两次测验结果的相关系数来估计；预测效度即效标在本测验之后相当时间获得。

3. 效度的影响因素

同信度一样，效度也受到许多因素的影响。大致来说，一般可分为以下几类：

（1）测验的因素。这些因素包括测验题目的质量（例如题目的指导语不明确、题目的表达不清晰、题目太难或太容易、题目中出现额外线索、题目的安排和组织不合理等）、测验时的干扰因素（如测验环境）、测验长度等。

（2）被试本身的影响。如测验动机、情绪和身心状态变化、出现反应定势等都会影响测验效度。

（3）进行效度化所依据的有关准则。一般来说，如果其他条件相同，所测量的心理特质与效标行为或特质越相似，效度系数就会越高。

（4）团体的性质对效度产生影响。这种影响体现在三个方面：首先，同一测验对不同的团体所测量的功能可能是不同的；其次，对于同一个测验，样本团体的性质不同，效度也会有较大的差别；再次，样本团体的异质性对效度也会有影响。

（5）信度对效度也会产生影响。

4. 提高效度的方法

为了提高测验的效度，可以通过以下途径：①控制系统误差；②精心编制量表（内容、题目、难度）；③妥善组织测验；④扩充样本的容量和代表性使随机误差趋于抵消；⑤合理处理效度与信度的关系（同质性测验信度高，非同质性测验效度高)；⑥适当增加实验的长度。

**(三) 信度与效度的关系**

信度和效度的差别在于所考虑的误差不同。信度考虑的是随机误差的影响，而效度的误差则还包括对测验目的来说无关的变量所引起的系统误差。这样，即使随机误差减少，也不一定能消除那些对测验目的来说无关变量引起的误差。因此，信度高不能保证效度也一定高；但是反过来，如果效度高的话，那么随机误差就自然降低，这样信度必然就高。因此可以说，信度是效度的必要条件而不是充分条件。

## 三、人格研究的主要途径

人格是多变量、多因素、多层次的复杂的和整体性的现象，要深刻认识它需要通过一定的研究方法和途径。虽然在 1937 年奥尔波特发表其名著《人格——一种心理学的解释》，开创了人格心理学这一分支学科，但人格的科学研究早在 20 世纪初就形成了三种主要途径，即临床研究、相关研究与实验研究。

**(一) 临床研究 (clinical studies)**

临床研究，又称为个案研究 (case studies)，这种方法着重从个体化和特征性方面去研究人格，以独特的个体为研究对象，通过谈话、观察、作品分析等方法广泛地收集材料，以便对个体的人格进行全面而准确的定性描述，进行系统而深入的研究。不难发现，如果个案是以群体为单位，则其与观察法有诸多相通之处。

临床研究较早源于精神病学领域，其代表人物是 19 世纪法国医生沙可 (Jean Charcot, 1825—1893)，他用这种方法对病人进行诊断和治疗。后来，这种方法被弗洛伊德及其追随者加以继承与发展，再后来人本主义学者进一步将其发扬光大。

临床研究具有一些突出的优点，这种方法提供了一个机会，使研究者可以了解到一个活生生个体的心理与行为活动，获得大量相关的信息资料。因此，它被许多人格理论家偏爱。正如特质理论的首创者奥尔波特指出的那样，如果不对单个人进行深入分析，我们就不可能理解整个人格的本质。尽管如此，它还是招致许多的质疑。首先就是它的推广性问题，因为临床研究以特殊的个体为研究对象，强调质的综合判断，弱于量的分析比较，因此难于直接引出普遍性的结论；其次，难于确定研究中的因果关系；再次，研究中研究者的观察缺乏客观性，研究者经常在观察中掺杂着自己的主观猜想和推论，妨碍了研究的客观性，同时研究中提出的理论与假设也难以通过操作性的研究来检验。

**（二）相关研究**（correlational method）

相关研究主要运用测量和统计的方法，在相同条件下考察一组被试的两个或多个变量之间的定量关系，由此来确定这些被试之间在某种人格特征上的差异，以及人格特征之间、人格特征与别的因素之间的相关情况。

相关研究的方法起源于英国学者高尔顿（Francis Calton, 1822—1911）的研究。他受达尔文进化论的影响，开创性地研究了人类个体的差异及其与遗传的关系。他强调了个体差异、测量与遗传素质三个因素，同时对大量的被试运用测验、评估和问卷，提出了相关系数的概念以确定成组数据之间的定量关系。这些因素至今仍然是人格的相关研究方法的主要特征。

相关研究之所以被广泛采用是因为它有一些明显的优点。第一，相关研究一般比临床研究和实验研究更容易操作，且更省时间，因为它可以通过同时测试或调查成批被试，在短时间内获得研究变量的大量数据；第二，由于相关研究无需严格控制与操纵变量，这就使得其结果比实验研究更可能符合研究对象的自然形态与实际的情况，减少研究的人为因素，提高其生态效度；第三，相关研究使研究者可以研究一些实际上或法律上无法控制或操纵的变量，如性别、年龄、家庭出身等；第四，在现实中存在着许多不同因素之间相互作用、互为因果的关系，对于这种情况我们没有必要通过实验法来确定它们之间谁是因或谁是果，并且如果我们一旦确定两个变量之间不存在显著的相关，我们也没有必要做进一步的实验研究来确定它们之间的因果关系。不过，相关研究也存在一个主要的局限性，即无法验证两个变量之间的因果关系。

**（三）实验研究**（experimental research）

实验法是指对变量作系统的操纵以建立起因果关系。实验者可以操纵一个变量（一般称为自变量），同时控制额外变量，借以考察这种变量的变化对其他变量所产生的影响，并在此基础上作出有效的预测。与强调个体的临床研究不同，实验研究一般要求有较多被试；与强调个体差异的相关研究不同，实验研究强调探讨对所有人都适用的规律；与临床和相关研究都不同，实验研究要求对自变量进行操纵，由此得出因果性的结论。

人格的实验研究传统源于冯特（Wilhelm Wundt, 1832—1920）、艾宾浩斯

（Ebbinghaus Hermann，1850—1909）和巴甫洛夫（Pavlov Ivan Petrovich，1849—1936）。1879 年，冯特建立世界上第一个实验心理学的实验室，他强调把心理学建成像物理学那样的自然科学，采用自然科学的实验研究方法来进行研究。之后，艾宾浩斯进行了记忆研究，巴甫洛夫进行了经典条件反射研究，这两个研究成为心理学实验研究的典范，对后来有关人格的实验研究产生了极大的影响。

实验研究具有临床研究不可比拟的优点，如它不依赖自陈报告材料，力求客观准确，对变量的控制严密，能够操纵变量，作出精确的定量分析和因果性的结论等。但是，也有许多人格心理学家对其提出质疑和批评。后者认为，在实验情境下研究的人格内容非常有限，同时要想将其研究结论推广到现实生活中也遇到非常大的挑战。换句话说，实验情境下的人格研究难以处理人格因素之间复杂的相互关系，即使能有效地将人格分解成不同部分进行研究，也难以解决怎样将分解后的部分加以复原的问题。正如卡特尔所言，实验方法既对其他学科领域，也对心理学领域如知觉和学习方面作出了重要贡献，但是它用于人格的研究是有缺陷的，因为它只考虑几个变量，不能对日常生活中出现的重要现象做即时的研究。因此，以客观性著称的实验研究，在以具有高度主观性、能动性和独特性的人作为对象的时候，其研究结论不可避免地会有些失之偏颇。

综上所述，人格研究的三种途径各有其优势与限制，我们不知道究竟哪一种更好，如表 2-1 所示。实际上，三种途径殊途同归，都是为了共同的科学目标，即发现事实，建立理论，揭示变量中的规律性的关系。正因为如此，一些人格心理学家试图把不同的研究方法结合起来，扬长避短，以取得更佳的研究成果。例如，特质理论家艾森克就力求把相关研究与实验研究结合起来。他在研究内外向特质时，不仅运用了问卷测验来获得大量数据，进行相关因素分析（典型的相关研究法），而且运用实验研究方法探讨特质与神经生理指标的联系。莫里也曾试图把精神分析的深度会谈法（典型的临床研究）与情景测验（实验方法）结合起来。可见，把不同的研究方法结合起来不仅可行，而且有效。当然，事实上多数人格心理学家宁愿使用某一种或另一种方法，也不愿意把它们结合起来运用。这个现象背后不仅有研究者训练背景、学派偏见等方面的因素在起作用，也可能与各种途径之间在理论基础和方法论上的冲突有关。例如，精神分析的临床研究基于无意识的理论，其方法论主张整体观和对个体的综合分析；而行为主义的实验研究方法基于操作主义、元素主义和还原论，强调因素的分析与操作。

表 2-1　各种研究方法潜在的长处和局限性概要

| 潜在长处 | 潜在局限性 |
|---|---|
| 个案研究和临床研究 | |
| 1. 避免实验室的人为性 | 1. 导致非系统观察 |
| 2. 研究人—环境关系的全面复杂性 | 2. 促使对资料的主观解释 |
| 3. 导向个体的深度研究 | 3. 变量间的关系纠缠不清 |
| 相关研究和问卷调查 | |
| 1. 研究众多变量 | 1. 建立的关系是联系性的而不是因果性的 |
| 2. 研究许多变量间的关系 | 2. 导致自我报告问卷的信度和效度问题 |
| 实验研究 | |
| 1. 操纵具体变量 | 1. 有很多现象不能在实验室研究 |
| 2. 客观记录资料 | 2. 人为情境限制了发现的推广性 |
| 3. 建立因果关系 | |

## 四、人格评估的资料来源

人格评估的真实性和可靠性关键取决于它所依赖的资料出自何处，即这些资料的获得途径是怎样的。表 2-2 从资料形式、获取途径和反应的客观性等三个角度出发，简要说明了十种人格评估的资料来源并作出了相关解释。资料形式依赖的是行为变量的意识表征（知觉、记忆和认知鉴定）、行为的同时性记录或心理生理的测量数据；获取途径是指所获资料是在人为的、标准化的、限制性的实验室条件下研究行为的变化，或是根据现场收集到的数据；反应的客观性是指所收集到的资料在客观性上是很满意的（+）、基本满意（+/-）、不够满意（-/+），或是缺乏客观性（-）。

表 2-2　十种人格评估的资料来源

| 资料来源 | 资料形式 | | | 获取途径 | | 反应的 |
|---|---|---|---|---|---|---|
| | 意识表征 | 行为 | 心理生理学 | 实验室 | 现场 | 客观性 |
| 传记性记录 | | × | | | × | + |
| 行为踪迹 | | × | | | × | + |
| 行为观察 | | × | | × | × | +/- |
| 行为等级评定 | × | | | × | × | +/- |
| 表现性行为 | | × | | × | × | +/- |
| 投射技术 | | × | | × | | +/- |
| 访谈 | × | (×) | | × | | - |
| 问卷 | × | (×) | | × | | - |
| 客观性测验 | | × | | × | × | + |
| 心理生理数据 | | (×) | × | × | × | + |

## 第二节 主要人格评估量表简介

到目前为止，人格研究已经形成了几类比较成熟的评估量表。大致可以分为：①问卷式人格测验量表，包括自陈式量表和评定量表。前者指一种自我报告式问卷，包括内容效度问卷（如爱德华个人偏好量表）、因素分析人格问卷（如16PF）、经验效标人格问卷（如MMPI）等，后者指以观察为基础，由他人对某个人的某种行为或特质作出评价。②投射测验。指让被试在不受限制的情境下对各种图形、墨迹或数字自由地作出反应，由其反应的结果来推断其人格，如罗夏墨迹测验、主题统觉测验、文字联想测验、画人或画树测验。③人格评估的其他方法。如人格的客观测量（包括人格的生理学测量、知觉和认知测量如场独立和场依存测量、认知风格测验等）、人格的行为观察法（包括特殊的观察技术、情境测验、非语言行为、晤谈法）等，如表2－3所示。本节择取几种主要的人格评估量表分别进行介绍。

**表2－3 常见的人格测验**

| 测验名称 | 测验类型 | 测验目的及使用范围 |
|---|---|---|
| 明尼苏达多相人格量表 | 自陈量表 | 适用于临床上对病态人格的诊断 |
| 卡特尔16种人格因素问卷 | 自陈量表 | 描绘个体的16种人格因素特征，适用于正常人 |
| 艾森克人格问卷 | 自陈量表 | 评价个体在内倾性、情绪性、精神质方面的特征 |
| 爱德华个性偏好量表 | 自陈量表 | 测量个体的需要、兴趣倾向 |
| 加州心理问卷 | 自陈量表 | 适用于评价正常个体人格特征 |
| 詹金斯活动性调查表 | 自陈量表 | 评价可导致冠心病的A型行为特征 |
| 控制点问卷 | 自陈量表 | 评价个体内控及外控特征 |
| 米伦临床多项问卷 | 自陈量表 | 临床精神病诊断 |
| 儿童人格问卷 | 评定量表 | 鉴别需要进行心理治疗的儿童 |
| 莱氏品质评定量表 | 评定量表 | 评定他人内外向特征 |
| 猜人测验 | 评定量表 | 教育情境中品质评定 |
| 形容词检核表 | 评定量表 | 评价他人人格特征 |

（续上表）

| 测验名称 | 测验类型 | 测验目的及使用范围 |
| --- | --- | --- |
| 罗夏墨迹测验 | 投射测验 | 临床精神病的人格评估 |
| 主题统觉测验 | 投射测验 | 临床精神病的人格评估 |
| 完成句子测验 | 投射测验 | 评价人格特征及适应状态 |
| 画树测验、画人测验、屋—树—人测验 | 投射测验 | 评价人格特征 |
| 品格教育测验 | 情境测验 | 中学生品格评估 |
| 情境压力测验 | 情境测验 | 军事或特殊人才选拔 |
| 镶嵌图形测验 | 客观测量方法 | 评价场独立性、依存性认知方式 |
| 社会关系图解法 | 社会计量法 | 评价团体中成员关系亲疏、远近 |
| 社会距离量表 | 社会计量法 | 评价团体中成员关系亲疏、远近 |
| 瑟斯顿量表 | 态度量表 | 对事物的态度评价 |
| Q 分类技术 | 评定量表 | 了解“自我”理解及一致性 |

（资料来源：郑日昌等著《心理测量》，第190页）

## 一、人格评估的问卷式测验

### （一）艾森克人格问卷

艾森克人格问卷（Eysenck Personality Questionnaire，EPQ）是艾森克教授编制的。EPQ有成人和青少年两种问卷，成人问卷有90题，青少年问卷有81题。我国的钱铭怡教授等修订了《艾森克人格问卷简式量表》（EPQ—RSC），由48题组成。每种问卷都包括4种量表：精神质量表（P）、内外体倾量表（E）、情绪稳定性量表（N）和效度量表（L）。量表采取是非题形式，被试的回答与规定的答案相符记1分，否则记0分。

四个分量表的具体描述如下：

P：精神质。并非有精神病，它在所有人身上都存在，只是程度不同而已。但如果某人表现明显，则易发展成行为异常。高分者可能孤独，不关心他人，难以适应外部环境，不近人情，感觉迟钝，与别人不友好，喜欢寻衅搅扰，喜欢干奇特的事情，且不顾安危。

E：内外倾性。高分表示人格外向，特点是好交际，渴望刺激和冒险，情感易于冲动。低分表示人格内向，特点是好静，富于内省，除了亲密的朋友外，对一般人缄默冷淡，不喜欢刺激，喜欢有秩序的生活方式，情绪比较稳定。

N：情绪稳定性。反映的是正常行为，并非病症。分数高者可能情绪焦虑，担忧，郁郁不乐，忧心忡忡，常有强烈的情绪反应，以至于出现不理智行为。分数低则可能情绪反应缓慢且轻微，易恢复平静，稳重，性情温和，善于自我控制。

L：测定被试的掩饰、假托或自身隐蔽，或者测定其社会性朴实幼稚水平。

EPQ 的重测信度在 0.58～0.86 之间，效度仍在考察之中。尽管如此，该问卷已在许多国家得到修订和应用，仅在我国就有陈仲庚和龚耀先等进行过修订，钱铭怡等还修订了其简式量表。

**（二）卡特尔 16 种人格因素问卷**

卡特尔 16 种人格因素问卷（Sixteen Personality Factor Questionnaire, 16PF）是美国伊利诺伊州立大学及能力测验研究所 R·B·卡特尔编制的。它主要是从 16 个方面对个体的人格特征进行分析，这 16 个因素分别是：乐群性（A）、聪慧性（B）、稳定性（C）、持强性（E）、兴奋性（F）、有恒性（G）、敢为性（H）、敏感性（I）、怀疑性（L）、幻想性（M）、世故性（N）、忧虑性（O）、实验性（Q1）、独立性（Q2）、自律性（Q3）、紧张性（Q4）。有关这 16 个因素的详细说明可见其测验指导书。

问卷中 16 个人格因素的题目按顺序轮流排列，便于记分并能保持被试作答的兴趣。作答时，每一题目有 a、b、c 三种答案，分别记为 0 分、1 分和 2 分。记分可用计算机或模板进行操作。模板共两张，每张包括 8 个因素。在得到各量表的原始分数后，还需要通过常模表将原始分数转化为标准拾分，并按标准拾分在剖析图上找到相应圆点，最后将各点连成曲线，即可得到一个人的人格轮廓图。（见下图）

| 人格因素 | 原始分 | 标准分 | 低分者特征 | 标准拾分<br>1 2 3 4 5 6 7 8 9 10<br>↓↓↓↓↓↓↓↓↓↓<br>↓ | 高分者特征 |
|---|---|---|---|---|---|
| A | | | 缄默孤独 | · · · · ·A· · · · · | 乐群外向 |
| B | | | 迟钝、常识浅薄 | · · · · ·B· · · · · | 聪慧、富有才识 |
| C | | | 情绪激动 | · · · · ·C· · · · · | 情绪稳定 |
| D | | | 谦逊顺从 | · · · · ·E· · · · · | 好强固执 |
| E | | | 严肃审慎 | · · · · ·F· · · · · | 轻松兴奋 |
| F | | | 权宜敷衍 | · · · · ·G· · · · · | 有恒负责 |
| G | | | 畏怯退缩 | · · · · ·H· · · · · | 冒险敢为 |
| H | | | 理智、着重实际 | · · · · ·I· · · · · | 敏感、感情用事 |
| I | | | 信赖随和 | · · · · ·L· · · · · | 怀疑、刚愎 |
| L | | | 现实、合乎成规 | · · · · ·M· · · · · | 幻想、狂放不羁 |
| M | | | 坦白直率、天真 | · · · · ·N· · · · · | 精明能干、世故 |
| O | | | 安详沉着、有自信心 | · · · · ·O· · · · · | 忧虑抑郁、烦恼多端 |
| $Q_1$ | | | 保守、服从传统 | · · · · ·$Q_1$· · · · · | 自由、批评激进 |
| $Q_2$ | | | 信赖、随群附众 | · · · · ·$Q_2$· · · · · | 自立、当机立断 |
| $Q_3$ | | | 矛盾冲突、不明大体 | · · · · ·$Q_3$· · · · · | 知己知彼、自律谨严 |
| $Q_4$ | | | 心平气和 | · · · · ·$Q_4$· · · · · | 紧张困扰 |
| | | | 标准分 1　2　3　4　5　6　7　8　9　10 依统计约<br>等于 2.3% 4.4% 9.2% 15.0% 19.1% 19.1% 15.0% 9.2% 4.4% 2.3% 之成人 | | |

**16PF 轮廓图**

（选自刘永和、梅吉瑞《16PF 测验指导说明书：卡氏 16PF，A、B 种修订合订本》）

16PF 适用于 16 岁以上的青年和成人，现有 5 种版本：A、B 本为全版本，各有 187 个项目；C、D 本为缩减本，各有 106 个项目；E 本适用于文化水平较低的被试，有 128 个项目。目前我国通用的版本是刘永和博士于 1970 年发表的修订本，其常模是由两千多名港台地区的中国学生得到的。

### （三）明尼苏达多相人格问卷

明尼苏达多相人格问卷（Minnesota Multiphasic Personality Inventory，MMPI）是由美国明尼苏达大学教授哈撒韦和心理治疗家麦金利在 20 世纪 40 年代共同编制的。该问卷可以同时测量多种特质，因此称为“多相”人格问卷。

MMPI 的主要功能是测查个体的人格特点，差别精神病患者和正常人。它涉及的范围很广，包括身体各方面的情况（如心血管系统、生殖泌尿系统、呼吸系统），精神状态以及个人对政治、法律、宗教、家庭、婚姻和社会的态度。测验时，被试对每一个问题选择“是”、“否”或“不能确定”三种答案中的一个。一般测试时间为45分钟，最多可达90分钟，文化水平低的被试所需时间将超过2小时，病人所需时间更长。

量表由566个项目组成，其中16个为重复项目（用于测查被试反应的一致性，看作答是否认真），因此实际项目只有550个。总项目中前399个项目分别分配在分量表中，其中包括10个临床量表和4个效度量表；其余的项目则与一些研究量表有关。通常在临床诊断中只使用前399个项目。量表中10个临床量表和4个效度量表的名称及典型题目简述如下：

（1）或疑病症：题目来自表现对自己身体功能异常关心的病人。如“我每周胸疼好几次”。

（2）或抑郁症：题目来自过分悲伤、远望，思想及行动迟缓的病人。

（3）或癔病：题目来自经常无意识运用身体或心理症状来回避困难的冲突和责任的神经症患者。如“我的心脏跳得厉害，我经常都能明显感觉到”。

（4）或精神病态：题目来自经常地和放肆地漠视社会习惯、情绪反应简单并且不能吸取教训的病人。如“我的行为和兴趣经常受到其他人的批评”。

（5）或男子气——女子气：题目来自有同性恋倾向的患者以及男性和女性反应的差别。例如“我喜欢摆弄花朵”。

（6）或妄想狂：题目来自表现出异常猜疑、夸大或被害妄想的患者。例如“有坏人想控制我的思想”。

（7）或精神衰弱：题目来自表现出着迷、强迫、变态恐怖以及内疚、优柔寡断的神经症患者。例如“我保存我买的所有东西，即使今后一点用也没有”。

（8）或精神分裂症：题目来自表现出稀奇古怪的思想或行为以及经常退缩，经历过幻觉的患者。例如“周围的事情对我来说都不是真实的”，“有人接近我会使我很不舒服”。

（9）或轻躁狂：题目来自具有情绪激动、过于兴奋和思想奔逸特征的患者。如“我经常无缘无故地感到特别高兴或特别悲哀”。

（10）或社会内向：题目来自表现出胆怯、不关心人或靠不住的人。

MMPI使用的4个效度量表，不是指心理测验的效度，只是反映被试掩饰、反应定势以及参加测验时的态度。这些量表是：①疑问分数（Q），指被试认为不能回答的题数，即被试未作回答的题数，一般限制在10题以内；②说谎分数（L），指一组过分好的自我报告的题目。被试若偏向选择讨人喜欢的报告，表明结果不可靠；③效度分数（F），指题目为标准化团体经常不回答的题目。高分数表示计分错误、反应时粗心、古怪回答或故意掩饰；④校正分数（K），它与L、F都有关，但更为巧妙，是测量被试做测验时的态度。高K值表示总是企图伪装成"好人"，低K值表示过分坦率与自我批评，或者故意伪装成"坏人"。四个量表中，L、F量表主要用于对测验记录作总评价，如果得分超过某个特殊值，测验将被认为是无效的；K分主要用于修正各种临床量表的分数，但使用时要谨慎，若K值过高，测验本身就值得怀疑，应该认真检查才行。

## 二、人格评估的投射测验

### （一）罗夏墨迹测验

罗夏墨迹测验是由瑞士精神病学家罗夏经过长期的试验和比较研究后创制的一种投射测验。该测验出版于1921年，曾一度在欧美流行，但目前应用已不那么广泛。它由10张图片组成，每张图片上的墨迹形状各异，内容毫无意义，其中5张是黑白的，5张是彩色的。这10张图片编有一定的次序，测验时要顺序呈现。测验开始之前，要给受测者一个标准的指导语，指导语不能提供任何暗示。指导语如下："你将要看到的是印着偶然形成的墨迹图案的卡片，请你将你看图时所想到的东西，无论什么，都原封不动地说出来，回答无所谓正确和错误，所以请你想到什么就说什么。"

正式测量过程可分为三个阶段：①自由联想阶段，被试根据材料自由地展开联想，主试只负责忠实地记录被试反应的内容和速度等特征，对被试提出的问题作模糊的回答，但可以鼓励被试联想；②提问阶段，在被试对10张图片自由联想之时，主试可从第一张图片开始询问被试，询问包括：反应是根据哪些部分做出的？引起反应的因素是什么（颜色、形状）？③极限试探阶段，确定被试能否从图片中看出具体的事物。

罗夏墨迹测验一般根据四个方面的内容进行计分，每个方面都有规定的符号和可能代表的意义。

1. 反应部位

部位指被试所注意到的墨迹部分，是整体或局部。它有5种类别：①整体反应（W），被试对墨迹的全部或几乎全部进行反应。W分数过高可能表示被试思维过分概括的倾向，或愿望过高。W分数过低或没有，表示被试缺乏综合能力；②普通局部反应（D），被试对墨迹图的空白、浓淡或色彩所隔开来的大部分进行反应。有较多数量D答案的被试，可能有良好的常识；③细微局部反应（d），被试对墨迹图的空白、浓淡或色彩所隔开来的部分进行反应；④特殊局部反应（Dd），被试对墨迹极小的或不同一般方式分割的一部分进行反应。分数过高者可能刻板或思维不依习俗；⑤空白反应（S），被试将墨迹部分作为背景，将空白部分作为对象，对白色空间进行反应。

2. 决定反应因素

这是被试反应的主要根据，即墨迹中的何种因素使被试产生了特定的反应，墨迹的形状还是颜色等。一般有4种因素：①形状反应（F），知觉的形状或者形式决定。相似程度可以分为F+、F、F-。F+是指被试的反应与墨迹形状甚为相似，被试通常被认为具有现实性思维；F-则相反，极差的外形相似性，可能意味着被试思维过程混乱。②运动反应（M），被试在墨迹中看到人或动物在运动。M多表示情感丰富，M少可能意味着人际关系差，M也是表示内向性的符号。③浓淡反应（K），被试的反应决定于墨迹的阴影部分，可被认为是焦虑的指标。④色彩反应（C），被试的反应由墨迹的色彩决定。C分高表示外向，情绪不稳定。

3. 反应内容

反应内容是指被试所联想到的具体形象，主要有以下几方面的反应内容：人（H）、动物（A）、解剖（At）、性（Sex）、自然（Na）、物体（Obj）等等。如果A分高，表示智力低下，思维刻板。

4. 普遍性反应

普遍性是指被试反应的内容是否具有独特性。有普通反应（P）和独创反应（O）两种情况。作出比较特殊反应的被试可能是富有创造性，也可能是病态思想的表示。这只有经验丰富的主试才能作出正确的区分。

不难发现，罗夏墨迹测验无论是计分还是解释都很费时、费力，而且结果的解释常常带有主观性，对主试的要求较高，非一般施测者所能为。另外，该测验的信度和效度也经常受到质疑。因此，该测验现在应用较少，在我国只有龚耀先在小范围内做过试用。

**（二）主题统觉测验**

主题统觉测验（Thematic Apperception Test，TAT）是投射测验中与罗夏墨迹测验齐名的人格测验，是莫瑞和摩根在1938年编制的，其主要任务是让被试根据所呈现的图片自己联想编造故事。其理论基础是莫瑞的需要——压力理论。TAT假定，个人面对图画情境所编造的故事与其生活经验有密切的关系。故事内容中有一部分固然受当时知觉的影响，但其想象部分却包含着个人有意识及潜意识的反应，即被试在编造故事时，常是不自觉地把隐藏在内心的冲突和欲望等穿插在故事的情节中，借故事中的人物的行为宣泄出来，亦即把个人的心理历程投射在故事之中。基于这一设想，主试便能够通过分析被试的故事，了解个人心理的需求。

TAT由30张内容暧昧不明的黑白图片组成，另附一张空白卡片。图片的内容多为人物，兼有部分影像。实施时，对每一被试只从30张图片中选取20张（包括一张空白的在内），选取标准依被试的性别及年龄而定（一般TAT包括成年男性、成年女性、男孩、女孩4类被试及图片组合）。每次给被试一张图片，要求他编一个故事，说明图中所表现的情景、事情发生的原因、可能的结果及个人的感想。要求故事越生动、越戏剧化越好。每张图片约5分钟，采用个别实施的方式。主试需详细记录被试的反应。一般而言，为节省时间，许多人都不使用整套TAT图片，而是依被试问题的性质选10至12张实施。

TAT的解释同所有投射测验一样，主观性很强，因此最好由两三位主试共同评估。主试需根据编故事的内容特质（故事格局、明确的内容、省略情节等）和形式特质（长度、种类、故事的组织、内容描述的恒定性）对被试的需要、情感、冲突、压力等作了解。

#### （三）文字联想测验

文字联想测验相对比较简单，测试时，主试念单词，被试讲出由此单词进行联想时最先想到的词。有些反应词具有诊断意义，通过分析反应词的范型、经常重复的话题及反应时间是否迟疑不决等，来推断被试的人格。测验也要求主试有比较丰富的经验。

### 三、人格评估的其他方法

#### （一）场独立和场依存测量

场独立和场依存实验是威特金（H. Vitkin）通过其编制的镶嵌图形测验进行测量的。镶嵌图形测验要求被试能够在复杂的整体图形中找出并描出小部分隐蔽于其中的图形。测验的分数反映被试克服隐蔽的知觉能力，即空间改组能力。因此，那些能够相当准确并迅速地发现镶嵌图形的被试，其认知方式属于场独立性强者，而比较困难的被试则属于场依存性强者。

早期的时候，威特金将场独立性、场依存性看做是一种认知能力，即从复杂的整体中区分部分的能力。场独立性的认知方式意味着个体能不依靠外界和环境的作用，根据自身的内在标准和绕过认知事物，而场依存性则恰恰相反。后来他发现，场独立、场依存性还反映了个体的人格特点。他发现，典型的场独立性的个体独立性强，心理更成熟，善于自我接纳，主动地应付环境，以理智思维作为防御机制，明了自己的内部经验；而典型的场依存性的个体则心理不成熟，信赖性强，内部经验不协调，被动，倾向于以压抑和否定作为防御机制。不难看出，场独立性、场依存性其实是一种人格特质。也正因为如此，隐蔽图形测验实质上是通过测量个体的认知特点来解释和评估个体的人格特性。

### （二）情境测验

情境测验就是指在控制情境下观察被试行为的评估方法。最早对人格进行情境测验的工作是1928年由哈特肖内等人开始的，当时它是作为性格教育的一部分。在这项调查中，实验者布置了一些看上去是一样的盒子，里面装有钱，让被试按某种要求摆弄这些盒子，并记住自己的操作成绩，他们并不知道盒子上全都标有记号。结果在还回盒子的时候，有的被试将某些钱装进了自己的钱包。当然，实验时的情境一定要使被试明确意识到他们的越轨行为是不可能被发现的。实验者的观察内容包括：测验中的欺骗行为，报告操作成绩是否属实，在家里是否诚实，以及其他与诚实有关的行为。用这种测验，调查者获得了数量化的、客观的某种人格特征指标。

在情境测验中，观察者和被观察者之间的关系通常有两种：一种是参与观察，另一种是非参与观察。观察者可以操纵情境并诱发被试自由地表现他的个性特征。这比在实际生活情境中的观察效果要好。但值得一提的是，情境测验所控制的情境都不可能与真实生活完全相同，尤其是在设计的情境中让被试意识不到自己正被观察是不大容易的，而且费用也很高。

## 第三节 健康人格评定量表的编制

经过多年的努力，研究者们已经研究出人格评估的若干方法，但是我们不难发现，这些评估方法表现出两种倾向：一是比较关注消极人格特质的测量，虽然能够比较好地考察个体的人格特征，但是对积极人格特征的关注程度不够；二是一些人格评估量表实际上大部分是心理健康测量量表，虽然可以比较好地把握心理健康状况，但又疏忽了对人格的关注。因而，研究出一份同时测量健康和人格的量表就显得非常必要。基于这样的设想，我们提出了健康人格的概念，并在此基础上编制了大、中学生健康人格量表，试图弥补已有人格量表的不足。

## 一、健康人格量表编制的理论基础

健康统合人格量表源自我们对人格健康统合的理论构想。我们认为：在人的发展过程中，个体在生活、学习和工作实践活动中，与他人和社会的互动有助于实现自我认识、自我调控与协调发展，获得自我认同和社会认同，从而实现个体的个性化与社会化。这种自我统合状态包括自我在认知、情感与行为方面的协调、认同，也包括自我在过去、现在与将来的协调，同一个体自我内在一致的感受等过程，使个体产生一种个体自我一致的心理感受。因此，人格统合包含三个方面的统合，即自我内部的统合、自我与外部的统合以及自我与自己实践活动的统合（具体内容在第一章中已经论述），我们分别将其命名为自我和谐、社会和谐以及实践活动能力。

自我和谐主要指自我统合能力，即通过对自我的知觉、反思、评价和体验、决策、控制和调节等操作实现自我和谐的能力。这种能力具体包括以下多种因素：自我知觉、反思和评价；自我接纳和自尊；情绪的认知与调节，提升幸福感；确立自我理想与人生目标等。

社会和谐主要指个体的人际社会适应能力，具体包括对人际社会的认知能力；人际沟通交往能力；人际互动（合作与竞争）的能力；认知和遵守组织规范和社会道德，获得诚信和社会适应性的能力。

实践活动的能力，包括活动的积极主动性、目的性、计划性、方法与策略、灵活性与创造性等，以及坚持性和应对挫折的能力。

在这一理论构想基础上，我们编制了大、中学生健康人格量表。

## 二、中学生健康人格量表的编制

### （一）前期调研

为了更好地贯彻上述统合人格理论思想，在编制测题本之前，我们进行了相关的文献调研，并选取部分中学生进行了访谈。了解他们理解的健康统合人格的特点和结构，并收集测验项目。访谈的内容包括：①你认为什么是健康的人格？②你意向中统合是一种怎样的状态？③你认为健康统合人格应包括哪些方面？④你认为自我和谐的人会有哪些表现？⑤你认为社会和谐的人会有哪些表现？⑥你认为怎样的人才算得上是自我与其实践活动是统合的？结合访谈的结果，在多名有关专家对项目内容逐一分析的基础上，我们确定了测验项目的选择范围。

### （二）初拟题目

根据前期文献调研的结果，在参考相关测验的基础上，初步撰写了测验题目。中学生量表的初拟题目是148题。采用Lickert五点量表，要求被试对每道题目的描述进行从“5 = 非常符合”到“1 = 非常不符合”的符合度判断。相应地，量表用五级累加计分模式，即选“非常符合”计5分；选“符合”计4分；选“说不清”计3分；选“不符合”计2分；选“非常不符合”计1分。

初步拟定的中学生健康统合人格量表包含三个分量表，共148个项目。其中，量表I包含31个题项，测量的是第一个维度自我和谐（F1）的5个小因素（F11、F12、F13、F14和F15）；量表II包含42个题项，测量的是第二个维度社会和谐（F2）的6个小因素（F21、F22、F23、F24、F25和F26）；量表III包含70个题项，测量的是第三个维度实践活动的能力（F3）的8个小因素（F31、F32、F33、F34、F35、F36、F37和F38）。另外，还有5个题目是测谎题。

### （三）项目的初步筛选

1. 被试

我们分两次对量表进行检测。第一次测试时分别对三个分量表施测，其被测情况如下：①量表I：475人，其中，初一158人，初二184人，高一133人；男生239人，女生236人。②量表II：351人，其中初一152人，初二118人，初三81人；男生165人，女生186人。③量表III：373人，其中初一148人，初二135人，初三90人；男生166人，女生207人。第二次测试的对象选取广东三所中学的学生共642人，其中初一232人，初二226人，高一184人；男生307人，女生335人。

2. 测试结果

采用 SPSS11.0 对第一次测试结果进行主成分因素分析，在以方差最大法进行旋转分析后，从碎石图和公因素的直观意义来看：F1 抽取五个因素比较合适，解释率为 39.52%；F2 抽取六个因素比较合适，解释率为 37.64%；F3 抽取 8 个因素比较合适，解释率为 38.72%。根据项目分析的结果筛选题目，主要依据的指标有：各题目在本类型上的负荷（小于 0.30）、各题目与本类型总分的相关（与本类型总分的相关低于与其他类型总分的相关）、各题目上选择“符合”的频数（频数≤15%或≥85%）、各题目上选择“符合”的性别差异（差异高于 30%）。此外，还召开了专家讨论会，针对题目内容进行修订，最后将总题目缩减到 139 题。其中，量表 I 自我和谐包含 29 个题目，量表 II 社会和谐包含 38 个题目；量表 III 包含 67 个题目。测谎题仍包含 5 个题目。

采用 SPSS11.0 对第二次测试结果进行主成分分析，在以方差最大法进行旋转分析后，根据所解释的方差百分比 32.4%，并参考碎石图拐点的位置，抽取三个因素是合理的。再次根据项目分析结果筛选题目，主要依据的指标有：各题目在本类型上的负荷（小于 0.30）、各题目与本类型总分的相关（$r<0.50$，或 $r>0.50$ 但 $p\leq 0.01$）、各题目上选择“符合”的频数（频数≤15%或≥85%）、各题目上选择“符合”的性别差异（差异高于 30%）。最后得到测验正式题本，共 102 个项目。经正交旋转，三个大因素上的项目数分别为 28（解释率为 39.65%）、27（解释率为 41.92%）、44（解释率为 42.35%），另有 3 个测谎题目。

### （四）中学生健康统合人格量表信、效度检验

1. 信度检验

采用折半信度（采用奇偶分半法）和 α 系数（同质性信度）作为信度指标，数据来自第三次收集（正式题本）的 1 118 份有效数据进行分析，结果见表 2－4。从表中可以看出，修订后的中学生健康统合人格量表的各分量表和总量表的同质性信度均在 0.7 以上，说明量表的同质性较好。分量表的折半信度系数在 0.3～0.4 之间，虽然不是很高，但是其相关达到了显著水平，总量表的折半信度系数为 0.851。这些指标，都说明修订后的量表具有良好的稳定性和一致性。

表 2-4 测验信度分析结果

| 分量表名称 | Cronbach α 系数 | 折半信度系数（N=559） |
| --- | --- | --- |
| 自我和谐 | 0.777 | 0.382 |
| 社会和谐 | 0.789 | 0.404 |
| 实践活动能力 | 0.842 | 0.451 |
| 总量表 | 0.919 | 0.851 |

注：所有系数都在 0.001 水平显著。

2. 效度检验

为进一步明晰各分量表的结构因子，对经过筛选的试用问卷进行了 KMO 和 Bartlett 球形检验，以验证量表的结构效度（结果见表 2-5）。数据同样来自第三次收集的 1 118 份有效数据。从表中可以看到，三个分量表的 KMO 值都在 0.8 以上，远大于 0.5，球形检验也达到了显著水平，表明三个分量表里面都有共同因素存在。同时经主成分分析提取因子，正交旋转后，三个分量表各得到一个主因子，其中自我和谐量表得到“良好的情绪与幸福感”（可解释方差 17.72%），社会和谐量表得到“合作能力”（可解释方差 17.66%），实践活动的能力得到“创造力”（可解释方差 13.62%）。而余下的每个因子解释的方差均不到 10%。这也说明，该量表具有较好的效度。

表 2-5 各分量表的 KMO 和 Bartlett 球形检验结果

| | KMO 值 | Bartlett 球形检验 | | |
| --- | --- | --- | --- | --- |
| | | $X^2$ | df | p |
| 分量表一：自我和谐 | 0.850 | 5 083.760 | 378 | .000 |
| 分量表二：社会和谐 | 0.921 | 5 118.653 | 351 | .000 |
| 分量表三：实践活动能力 | 0.822 | 959.676 | 990 | .000 |

**（五）中学生健康统合人格量表各大因素构成及其含义**

自我和谐分量表包括 5 个要素，共 28 个题项。各要素和所含题号如下：①总体自我知觉；②自我接纳；③情绪调节能力；④良好的情绪和幸福感；⑤生活目标。得分高者对自己有比较客观、全面的认识和评价，同时能悦纳自我；有较高的自尊、自信，能够自爱。生活有明确的目标和合理的期望，善于利用每个成长机会改进自己、完善自己；常常看到生活的光明面，对前途充满希望和信心。有较高的主观幸福感，经常体验到积极情感和较少的消极情感，有较强的情绪调控能力。得分低者常常表现出自我冲突、自我矛盾，或者自视清高、妄自尊大，或者自轻自贱、妄自菲薄，从而放弃了一切可以努力的机遇。

社会和谐分量表也包括5个要素，共27个题项。各要素和所含题号如下：①人际关系和谐；②社会知觉能力；③社会适应（环境适应）；④社会支持；⑤合作能力。得分高者拥有亲密的同学和朋友，经常参加范围较广的活动，并且在活动中较受欢迎。与人相处时诚恳、热情、尊敬和信任等正面态度多于嫉妒、怀疑等消极态度，并能够尽力遵循理性和公正的原则，正确认识自己和他人的情绪，能营造和谐的群体气氛。同时，他们对社会发展有较强的责任感，对广泛的公共事务较有兴趣，能够以一种开放的态度，主动关心社会、了解社会，看到社会发展的积极面和主流。他们的思想和观念较开放，能跟上时代的发展步伐，与社会的要求相符合。当发现自己的需要和愿望与社会的要求或他人的利益发生冲突时，能迅速进行自我调整以达到和社会需要相协调。

实践活动的能力分量表由8个要素构成，共44个题项。各要素和所含题号如下：①学习方法性、计划性；②良好的学习习惯；③意志；④进取心；⑤注意力；⑥应挫能力；⑦创造力，它包含三个子量表，包括独立创作实践部分、流畅性和信息敏感三部分；⑧自我效能。得分高者具有较好的社会实践能力。能有计划地完成既定的目标，有良好的习惯，学习具有主动性和独创性。对于既定的目标，能够克服各种困难，经受得住挫折，到达成功的彼岸。

另外，量表还包括一个效标量表，由三道测谎题组成，它是一个效度量表，用于测定被试的掩饰、假托或测量其社会性幼稚水平。

## 三、大学生健康人格量表的编制

### （一）前期调研

和中学生量表的制定程序相似，大学生健康统合人格量表编制前进行了前期调研。采用的程序和方法也与中学生的一致。在此基础上，确定了测验项目的选择范围。

### （二）初拟题目

根据前期文献调研的结果，在参考相关测验的基础上，初步撰写了测验题目。大学生量表的初拟题目是111题。采用Lickert五点量表，要求被试对每道题目的描述进行从“5＝非常符合”到“1＝非常不符合”的符合度判断。相应地，量表用五级累加计分模式，即选“非常符合”计5分；选“符合”

计4分；选“说不清”计3分；选“不符合”计2分；选“非常不符合”计1分。

初步拟定的大学生健康统合人格量表包含三个分量表，共111个项目。其中，量表I包含35个题项，测量的是第一个维度自我和谐（F1）的6个小因素（F11、F12、F13、F14、F15和F16）；量表II包含27个题项，测量的是第二个维度社会和谐（F2）的4个小因素（F21、F22、F23和F24）；量表III包含44个题项，测量的是第三个维度实践活动的能力（F3）的7个小因素（F31、F32、F33、F34、F35、F36和F37）。另外，还有5个题目是测谎题。

### （三）项目的初步筛选

1. 被试

我们对量表进行了两次测试，并根据分析结果筛选题目和确定维度。第一次测试的对象是陕西、广东、广西等地的763名大学生，其中，男生306人，女生457人；大一444人，大二211人，大三42人，大四66人。第二次测试的对象选取广东三所大学学生共487人，其中男生132人，女生355人；大一266人，大二13人，大三96人，大四112人。

2. 测试结果

采用SPSS11.0对第一次测试结果进行主成分因素分析，在以方差最大法进行旋转分析后，从碎石图和公因素的直观意义来看：F1抽取6个因素比较合适，解释率为19.42%；F2抽取4个因素比较合适，解释率为17.46%；F3抽取7个因素比较合适，解释率为13.52%。根据项目分析的结果筛选题目，主要依据的指标有：各题目在本类型上的负荷（小于0.30）、各题目与本类型总分的相关（与本类型总分的相关低于与其他类型总分的相关）、各题目上选择“符合”的频数（频数≤15%或≥85%）、各题目上选择“符合”的性别差异（差异高于30%）。虽然我们抽取的因素与理论设想比较吻合，但其解释率都非常低。同时，按要求删除后的量表题目数为81个。随后召开的专家讨论会认为，量表题目设计还存在一些缺陷。同时针对题目内容进行修订和补充，最后将总题目量增加至147题。其中，量表I自我和谐包含31个题目，由5个小要素构成；量表II社会和谐包含41个题目，包含6个小要素；量表III包含70个题目，包含8个小要素。测谎题仍包含5个题目。

采用SPSS11.0对第二次测试结果进行主成分分析，在以方差最大法进行旋转分析后，根据所解释的方差百分比34.3%，并参考碎石图拐点的位置，抽取三个因素是合理的。再次根据项目分析结果筛选题目，主要依据的指标有：各题目在本类型上的负荷（小于0.30）、各题目与本类型总分的相关（$r<0.50$，或$r>0.50$但$p\leqslant0.01$）、各题目上选择“符合”的频数（频数≤15%或≥85%）、各题目上选择“符合”的性别差异（差异高于30%）。最后得到测验正式题本，共142个项目。经正交旋转，三个大因素上的项目数分别为31、38和68，另有5个测谎题目。

**（四）大学生健康统合人格量表信、效度检验**

1. 信度检验

采用克隆巴赫（Cronbach α）一致性系数和折半信度系数检验了总量表的信度及各因素分量表的信度，结果如表2－6所示。根据心理测量学要求，信度分数达到0.70以上即可接受。而本量表的信度分数为0.86和0.90，表明量表的测量结果是可靠可信的。另外，在我们晚些进行的正式测试中，本量表的总量表的Alpha系数为0.920，三个分量表的Alpha系数分别为0.852、0.805、0.838。这也进一步证明量表具有较好的稳定性，信度较高。

**表2－6　大学生健康统合人格量表信度指标**

| 信度指标 | 自我和谐量表 | 社会和谐量表 | 实践活动的能力量表 | 总量表 |
|---|---|---|---|---|
| 一致性系数 | 0.87 | 0.78 | 0.84 | 0.86 |
| 分半信度 | | | | 0.90 |

2. 效度检验

我们参照陈国鹏（2003）的方法，分别从三个分量表中随机挑选两个项目，求它们与三个分量表总分的相关。结果发现，每个项目都与本分量表有较高的正相关，而与另两个分量表呈低相关，如表2－7所示。这表明量表具有较高的效度。

**表2－7　随机抽取的6个项目与分量表总分的相关**

| | 自我和谐题1 | 自我题2 | 社会和谐题1 | 社会题2 | 实践能力题1 | 实践题2 |
|---|---|---|---|---|---|---|
| 自我和谐 | 0.47 | 0.42 | 0.21 | 0.23 | 0.16 | 0.05 |
| 社会和谐 | 0.11 | 0.14 | 0.47 | 0.40 | 0.17 | 0.25 |
| 实践活动的能力 | 0.24 | 0.26 | 0.06 | 0.14 | 0.45 | 0.50 |

### （五）大学生健康统合人格量表各大因素构成及其含义

自我和谐分量表测查的是个体与自我的和谐水平，它包括五个分量表：①总体自我知觉：1＊、2、29、30、52、78、79＊、111＊；②自我接纳：3＊、31、32＊、53、80＊；③情绪调节能力：4、5＊、33＊、34、54＊、81、82；④良好的情绪和幸福感：6、7、55、83、112；⑤生活目标：8、9＊、35、56、84、85。得分高者对自己有比较客观、全面的认识和评价，同时能悦纳自我；有较高的自尊、自信，能够自爱。生活有明确的目标和合理的期望，善于利用每个成长机会改进自己、完善自己；常常看到生活的光明面，对前途充满希望和信心。有较高的主观幸福感，经常体验到积极情感和较少的消极情感，有较强的情绪调控能力。得分低者常常表现出自我冲突、自我矛盾，或者自视清高、妄自尊大，或者自轻自贱、妄自菲薄，从而放弃了一切可以努力的机遇。

社会和谐分量表主要由六个因素构成，分别是：①人际关系和谐；②人际策略；③社会知觉能力；④社会适应；⑤社会支持；⑥合作能力。得分高者拥有亲密的同学和朋友，经常参加范围较广的活动，并且在活动中较受欢迎。与人相处时诚恳、热情、尊敬和信任等正面态度多于嫉妒、怀疑等消极态度，并能够尽力遵循理性和公正的原则，正确认识自己和他人的情绪，能营造和谐的群体气氛。同时，他们对社会发展有较强的责任感，对广泛的公共事务较有兴趣，能够以一种开放的态度，主动关心社会、了解社会，看到社会发展的积极面和主流。他们的思想和观念较开放，能跟上时代的发展步伐，与社会的要求相符合。当发现自己的需要和愿望与社会的要求或他人的利益发生冲突时，能迅速进行自我调整以达到和社会需要相协调。

实践活动的能力分量表包括8个要素，共68个题项。各要素和所含题号如下：①学习方法性、计划性；②良好的学习习惯；③意志；④进取心；⑤注意力；⑥应挫能力；⑦创造力，它由4个子因素构成，分别是流畅性、变通性、独特性和精细性；⑧自我效能。得分高者具有较好的社会实践能力。能有计划地完成既定的目标，有良好的习惯，学习具有主动性和独创性。对于既定的目标，能够克服各种困难，经受得住挫折，达到成功的彼岸。

另外，5道测谎题，它是一个效度量表，用于测定被试的掩饰、假托或测量其社会性幼稚水平。

在理论建构的基础上，我们编制了大、中学生健康统合人格量表。尽管我们已经对量表进行了修订，并且取得了较理想的成效，但是由于被试量的有限，以及其他研究条件的限制，我们还有许多工作需要补充，后续工作主要包括如下几方面：①进一步完善量表，探讨能否在保持高信、效度的同时使量表进一步精简；②将人格变量和心理健康变量作为本研究量表的效标，进一步检验、修订和完善大、中学生健康统合人格量表；③能否建立大、中学生健康统合人格量表的全国常模？④能否将两份量表进行整合，从而编制一份大、中学生均适用的青少年健康统合人格量表？

**参考文献**

1. 黄希庭．人格心理学．杭州：浙江教育出版社，2002
2. 张积家．普通心理学．广州：广东高等教育出版社，2004
3. 凌文辁，方俐洛．心理与行为测量．北京：机械工业出版社，2003
4. 钱铭怡，张光健，罗珊红，张莘．大学生性别角色量表（CSRI）的编制．心理学报，2000（1）：99～104
5. 王登峰，崔红．中国人人格量表（QZPS）的编制过程与初步结果．心理学报，2003（1）：127～136
6. 张厚粲，冯伯麟，袁坤．我国中学生职业兴趣的特点与测验编制．心理学报，2004（1）：89～95
7. 陈国鹏，李鹃，陆芳．《竞争态度量表》中国版的修订．心理科学，2003（2）：332～333
8. 连榕，杨丽娴，吴兰花．大学生的专业承诺、学习倦怠的关系与量表编制．心理学报，2005（5）：632～636
9. L. A. 珀文．人格科学．周榕，陈红，杨炳钧等译．上海：华东师范大学出版社，2001
10. 郑雪．人格心理学．广州：广东高等教育出版社，2004

# 第三章 学生健康人格的发展

## 第一节 当代青少年人格发展状况

青少年（中学、大学）时期是个体人格发展的重要时期。在这一阶段，青少年正处于从生理成熟到心理成熟的人生发展阶段，其世界观、人生观逐渐形成，能自觉、自制、果断、主动地计划和决定自己的行为，同时自我评价的能力也日渐增强，能够自觉、主动、客观、全面地评价自己。在这一过程中，其人格特点也逐步形成并基本定型。

一直以来，对人格发展的独立性存在两种争论。一种观点认为，人格的发展受其他因素的影响。由于年龄和阅历的限制，青少年的心理尚未真正成熟，情绪容易波动，意志非常脆弱，认知容易扭曲，心理容易产生矛盾和冲突，思想容易片面或消沉。这些弱点如果不及时进行针对性干预，容易导致一系列的心理问题，进而对其人格发展产生消极的影响。另一种赞成人格特质论的观点则认为，人格是个体一种稳定的内在倾向，因此，人格的发展较少受诸如环境、情绪等其他因素的影响，而且相反的，人格会对这些因素产生更多的影响。

尽管对人格的发展存在这些争论，但一个不争的事实是，人格的发展在个体的人生发展过程中扮演着异常重要的角色，这也是它在发展和教育心理学中占有重要地位的原因。也正因为如此，人格发展，尤其是青少年的人格发展问题引起了大批研究者的热情。他们在理论构建的基础上进行了大量的实证研究，试图尽可能多地揭示青少年人格发展的真实面貌。归纳起来，这些研究主要涉及当代青少年人格的一般发展状况，以及人格发展的特点。为了阐述的方便，我们在介绍这些研究时，将青少年分为中学生和大学生两部分。

## 一、中学生人格发展

### （一）中学生的人格发展状况

对中学生人格发展状况的调查，不同研究者使用的研究工具不同，得出的结论也并非完全一致：

1.《中学生个性测验》的研究

聂衍刚和郑雪（2004）以此为研究工具，对广东省五所不同类型中学的2 816名初、高中学生进行考察后发现：①男生在稳定性、恃强性、轻松性和紧张性上的得分均高于女生，女生在兴奋性、有恒性、敏感性、充沛性、忧虑性和自律性上的得分高于男生，t检验差异性显著或极其显著，其余因素的差异不显著。②初中生在乐群性、稳定性、有恒性、敏感性、忧虑性和自律性等人格特质上的得分均高于高中生，而在聪慧性、兴奋性、恃强性、世故性和紧张性等人格特质上的得分均低于高中生，且差异达到显著性或极其显著性水平，但在轻松性、敢为性和充沛性等人格特质上的得分差异不显著。③不同类型学校之间在稳定性、兴奋性、恃强性、有恒性、忧虑性、自律性和紧张性上的差异达到0.01或0.05的显著性水平；在敢为性、充沛性和世故性上的差异达到0.1的显著性水平；在其他人格特质上的差异没有达到显著性水平。进一步比较发现，市一级中学在稳定性、有恒性和自律性上的得分比省一级中学和一般中学都高，在兴奋性上的得分比省一级中学和一般中学都低，且差异达到显著性水平；省一级中学和市一级中学在恃强性上的得分比一般中学高，在忧虑性上的得分比一般中学低，且差异达到显著性水平；省一级中学在紧张性上的得分最高，而一般中学的得分又比市一级中学高，且差异达到显著性水平。

2. 卡特尔十六种人格因素（16PF）的研究

苗军芙和王燕（2003）采用该测验对某城市重点高中高一学生的研究发现，高一学生与一般高中学生在人格上存在一定差异，有自己的独特性。高一男生乐群性、聪慧性、有恒性、怀疑性、忧虑性低；恃强性、兴奋性、敢为性、幻想性、实验性高。他们好强固执，独立积极，有主见，独立性强，活泼、愉快、健谈，对人对事热心而富有感情；冒险敢为，有敢作敢为的精神，有毅力；好幻想，狂放不羁，更可能富有创造力；有自信心，相信自己有应付问题的能力，有安全感；自由激进，不拘泥现实，喜欢考验一切现有的理论与事实，不轻易判断是非，对新的思想和行为有兴趣，可能广见多闻，愿意充实自己的生活经验；但同时，他们孤独，对人较冷漠，好吹毛求疵，对人不对事，不轻易放弃一己之见；抽象思维能力较弱，理解力不强，缺乏举一反三的能力；缺乏认真负责的精神，缺乏责任感，比较缺乏远大的目标和理想；目的性强，甚至有时不择手段来达到某一目的；无猜忌心，容易相信别人，不与人竞争；容易自高自大，自以为是，可能非常武断，对抗有权势者；有时会过分冲动，以致于行为变化莫测；有时也可能粗心大意，常常忽略生活细节，只以本身动机、当时的兴趣等主观因素为行为的出发点，过分不务实际，近乎冲动而被人误解；有时会由于缺乏同情而引发别人的反感。高一男女生在人格方面的差异不大。

3. 艾森克人格问卷（EPQ）的研究结果

周宇（2005）等采用龚耀先修订的 EPQ（成人版）对湖北省 5 个地区的 1 498名高中生调查发现，中学生在人格发展上存在着一定性别差异，男生较女生精神质倾向明显，女生较男生神经质、掩饰性强。与全国常模比较发现，该组中学生人格有以下特点：较外向、好动、自信、爱交际、喜冒险（E 分高），社会性纯朴（L 分低），男生情绪稳定与理智（N 分低），这与国内同龄人 EPQ 调查结果相似。

4.14PF 人格因素的研究结果

钟慧和范丰慧（2003）采用 Raymond · Bernard · Cattell 编制的 14PF 人格因素问卷对省重点、市重点和一般中学的三种类型中学生进行研究后发现，省重点的学生在乐群性、聪慧性、稳定性、恃强性、敢为性、敏感性、世故性和自律性上占优势，得分高于其他两类学校学生；市重点学校的学生在轻松性上占优势，得分高于其他两类学校学生；一般学校的学生在忧虑性、紧张性上得分高于其他两类学校学生。

### （二）中学生人格发展的特点及其影响因素

1. 人格发展的特点

中学生的人格发展最显著的特点是不稳定性。周慧娟（2003）认为，中学生的人格发展特点具体可表现为：①变幻躁动，具有不稳定性；②身心失衡，具有不平衡性；③渴望独立，具有自主性；④充满朝气，具有进取性；⑤文饰内隐，具有闭锁性；⑥逐渐成熟，具有社会性。

钦梅、李美玲、王守芹等（2004）采用 16PF 对职业高中学生人格状况的调查也证实了上述结论。他们发现：①职中生富于幻想，勇于创新；但有时脱离现实，以自我为主。活泼好动，容易兴奋，冒险敢为，少有顾及；但有时不够冷静，会惹是生非，爱走极端。②职中生的学习能力一般，依赖性强，对所处环境有一定生活适应能力，在专业方面有成就和适应新的环境的可能性处于平均水平。③职中生的创造力很强，应能有成就。

2. 人格发展的影响因素

中学生的人格发展除了受父母文化、家庭经济状况、社会环境、家庭环境、父母养育方式等人们比较公认的一些因素的影响（周宇，2005；黄西帆，2001）外，还有两个重要因素值得一提。

（1）校园环境的影响。

钟慧和范丰慧（2003）认为，良好的校园环境有助于学生人格的健康发展。他们研究发现省重点、市重点、一般中学三类型学校由于校园环境的不同，其学生人格发展特点也呈现差异。省重点的学生在乐群性、聪慧性、稳定性、恃强性、敢为性、敏感性、世故性和自律性占优势，得分高于其他两类学校的学生。究其原因，这类学校更重视学生的全面发展，注重校园文化建设，让学生进行各种丰富多彩的课外活动，为学生展示才华提供了较好的环境，使他们热情、活泼、敢于发表自己的意见，实干，愿意参加各种各样的集体活动，让学生们能充分体验自身价值；同时这类学校老师素质普遍较高，其人生观、价值观、教学水平都对学生的人格发展产生重要影响。加上学生群体的和谐，学生在紧张竞争中获得群体的爱，使得他们思维发展敏捷，社会意识相对成熟，更为独立，更为自信，更具有一种冒险创新的精神，为人处世较为得体，自我控制能力相对较强。市重点学校的学生在轻松性上占优势，得分高于其他两类学校学生。原因可能是在现行教育体制下校园环境好的学校的学生入校面临着日益激烈的升学竞争，而校园环境差的学校的学生在升学无望的情况下面对的是日趋白热化的求职竞争与就业压力，从而相对使得校园环境一般的学校的学生比这两类学校的学生在学习、生活中显得更为轻松一些。而一般学校的学生在忧虑性、紧张性上得分高于其他两类学校的学生，原因可能是现实社会的就业情况促使校园环境差的学校的学生缺乏自信心，做事也显得较为紧张，忧心忡忡，缺乏进取心。

（2）社会传统角色的期望与定型，以及传统文化的影响。

钟慧和范丰慧（2003）的研究还发现，男女中学生人格发展存在差异：男生在恃强性、轻松性两个因素上明显高于女生，女生则在聪慧性、敏感性、充沛性、忧虑性四个因素上显著高于男生。他们认为社会传统角色的期望与定型，以及传统文化在这里起了重要作用。虽然社会极力提倡男女平等，但传统的社会性别角色观念仍然难以完全消除，它仍然根深蒂固地影响着一代又一代的人。景怀斌（1995）也提出过类似的观点。他认为，男女人格发展的差异是伴随着角色社会化的过程而来的，在漫长的社会化过程中，不可避免要受到社会习惯、传统观念和社会行为规范的影响。

## 二、大学生人格发展

### （一）大学生的人格发展状况

同中学生人格发展的状况调查类似，研究者们对大学生人格发展的调查也因调查工具的不同而存在不完全一致的结果。

王弘和朱成全（2002）采用大学人格调查量表（University Personality Inventory，UPI）对安徽机电学院199名新生的测试结果发现：大学新生人格健康状况总体较差，有1/3的新生可能有心理问题，1/4以上的学生应引起教育者关注。其中新生在性格方面的问题比较突出，如“缺乏耐性”的选择率高达53.3%，“对任何事情不反复确认就不放心”的选择率为52.28%，“情绪容易被破坏”的学生占46.7%。

邱礼会（2003）等应用16PF对高职学生的人格状况进行研究则发现，高职学生的人格总体上是积极的、健康向上的，但也存在较严重的人格隐患，主要表现在以下几方面：①高职学生与普通本科学生的人格特征比较表明，两者在人格因素方面存在很大的差异性，主要表现在高职学生一方面性格更外向、情绪更稳定，但另一方面又较普通本科生思想迟钝，忧虑抑郁，患得患失，悲观，沮丧，多疑，世故，缺乏信心、勇气和主见。②高职男女生人格上存在一定差异。男生较女生情绪稳定性差，常常急躁不安、恭顺、保守、缺乏信心，而女生则表现出容易与人相处、对人友善，也善于体贴他人，但缺乏自立自强的精神，其他次元特质中，男生较女生更焦虑、内向、优柔寡断；另外，心理健康因素和专业成就方面也不及女生高。③从农村高职学生与城市高职学生比较的研究结果看，后者比前者有更强的自信心，他们生活更愉快，在为人处世上更果断，表现出更健康的心理水平。而农村高职学生则做事更有恒心、毅力和责任感。在恃强性、兴奋性、怯懦与果断、心理健康四个因素上，城市学生得分显著更高，而在有恒性和忧虑性方面，农村高职学生的得分显著更高。④高职独生子女与非独生子女学生人格存在一定差异。独生子女表现出性格上的孤僻冷傲，做事马虎，缺乏恒心和毅力，生活倍感安全，其他次元因素中除在新环境里的成长能力较非独生子女差之外，其他均高于非独生子女。而非独生子女则较独生子女更谦虚、顺从、随和、现实、善于体贴他人等。⑤普高生与三校生（技校、中专、职高学生）的人格特征比较发现，三校生与普高生在16种人格因素中仅聪慧性、怀疑性、幻想性、忧虑性四个因素存在显著性差异，即在怀疑性和幻想性方面，三校生低于普高生，表现出着眼现实、容易与人相处；而三校生在聪慧性和忧虑性方面又明显高于普高生；从8项次元人格因素检测发现，三校生在怯懦与果断方面比普高生更显得没有信心和勇气，做任何事情总是患得患失，顾虑重重；在新环境成长能力方面，三校生又明显高于普高生，表现出比普高生更强的适应新环境的能力。

### （二）大学生人格发展的特点

大学生的人格现状呈现为以下特点：①较强的自我意识。即顾虑他人褒贬的倾向减弱，尊重自我感受与坚持自我看法的意识逐渐增强，表现在自主性、独立性和支配性的需要增强。相当多的大学生对权威和命运表示疑虑甚至提出挑战，对习俗和传统的遵从则表现出一定意义的困惑与反叛。但是，他们在自我意识增强的同时，对他人和社会的责任感、义务感、使命感以及同情心等也相应地有所减弱，而且关注物质利益的意识倾向也较为明显。②新型的人际关系。即由过去只注重适应已有人情状况转向建立适宜的和谐人际关系的努力，重视师生关系、上下级关系的程度减弱；强调平等，注重个性的观念增强。在人际关系和人与人的关系上逐渐靠向“利益共同体”，功利化与表面化的趋势上升。③多样化的行为取向。对异已的言行和不同的价值观念表现出相当的宽容、理解。集体意识逐渐淡漠，有关个人利益与未来发展的个体性行为增多，而且行为选择的独立性与个体责任感增强，即有较强烈的个人效能感。但也有部分大学生由于受社会不良习气和错误思潮的影响，在行为方式上存在一些浮躁、急功近利的倾向，过分讲求实际和实用，使行为走向庸俗与物欲化。④外露的情感表达。即敢于表达自己的感受，能以一定的方式宣泄不满或不良情绪，即谨慎、退缩气质渐弱，活泼、坦率、推崇自然的气质逐渐增强。相当部分的大学生异性交往坦然，对情感挫折的承载力也有所增强。⑤矛盾的价值观念。即在社会氛围和外来文化的辐射与影响下，大学生的价值取向已逐渐由理想向现实转变；由社会本位向个人本位转变；由单纯奉献向物质与精神共需转变；由注重集体向个体现实与社会整体转变；由重义轻利向规范与利益进取相结合转变等（王玲玲，2005）。

### （三）大学生人格发展的影响因素

除了和中学生人格发展有着类似的影响因素外，大学生人格发展还有一些更深层次的原因，主要表现为：

1. 社会文化嬗变的影响，以及高校对大学生健康人格培养的忽视等

社会文化尤其是网络文化对大学生的冲击，以及高校的心理咨询力量不足，没有对大学生心理指导、咨询进行正面的宣传和教育。大学生在学校缺乏正确的引导和指导，校园文化缺乏，师生审美能力不够，老师影响力、人格魅力高者不多见，高校中尚未形成一种对大学生健康人格培养的良好氛围。同时专业课程设置、具体培养目标也没有很好地考虑对学生人格的培养。陈国和（2003）认为这些因素的负面影响使当代大学生存在一些人格缺陷，主要表现在以下几方面：理想、信念失重；主体价值错位；心态不平衡；理性黯淡；意志薄弱；抗挫折能力差；诚信缺失等。

2. 大学生自我认识的客观性与自我实现过程的复杂性

影响大学生人格发展的另一个较深层次的因素是大学生自我认识的客观性与自我实现过程的复杂性。申红和黎文森（2004）认为，大学生的自我意识发展大体可归纳为以下几个方面：第一，大学生自我意识的独立性有了较大的发展，他们中大多数人可以独立地评价自我，独立地看待权威、集体和社会，独立地调节和控制自己的行为；第二，大学生的自我评价具有一定的广泛性，他们不仅关心自己的容貌和仪表，而且注重自身的内在修养和气质以及自己的社会地位，不少人已清楚地意识到了自己的理想是什么，世界观是否已经形成；第三，大学生中不少人的自我评价已具有概括性，能对自我进行理性、辩证和定性的思考；第四，他们的自我反省水平得以提高，大部分大学生能够进行自我反省，能借助于他人的帮助对自己的行为加以自我调节；第五，社会的多元化与大学生个体相对单一的自我意识具有矛盾性，“理想的我”与“现实的我”有时会出现碰撞，“主体的我”与“社会的我”也会产生冲突，在自我实现过程中所造成的一些眼高手低、好高骛远现象往往得不到学校和社会的理解。

## 第二节　中学生健康人格的发展

如前所述，过去对青少年（中学生、大学生）人格发展的研究虽然取得了较多的成果，但从总体上看，这些研究的一个显著特征是较多地采用人格特质量表，关注青少年人格特质的研究。其中，对消极人格特质关注过多，但对积极人格特质的关注却显得不够。同时，这些研究还存在重复研究的嫌疑，即研究者通常采用相同的人格量表，选取不同的被试，得出有差异的研究结论。事实上，并没有多少新研究方法和技术手段上的新进展和新突破。

与此同时，由于人格概念的复杂性，以及心理健康与人格之间关系密切，还出现一些将心理健康状况等同于人格发展研究的现象。这类研究采用的人格评估量表实际上大部分是心理健康测量量表，虽然可以比较好地把握心理健康状况，但对人格的关注又不可避免地疏忽了。

那么如何才能比较好地解决这些问题呢？我们对此进行了长期的思考，健康人格的概念和理论也正是在此基础上形成的。我们依据该理论编制了中学生和大学生健康人格量表，试图将积极人格与心理健康进行整合，探讨青少年健康、积极、统合的人格状况，进而为学校开展心理健康教育、制定有利于学生人格发展的政策和制度等提供积极而有效的参考和指导。

在此基础上，我们运用《健康人格量表》（中学版），调查了广州市 1 118 名中学生，着重考察了其健康人格的状况、特点及其影响因素。其中，有效问卷为 1 082 份，有效率达 96.8%。男生 538 名，女生 544 名；初一学生 289 名，初二学生 256 名；高一学生 244 名，高二学生 293 名。由于初三和高三学生正处于紧张的复习迎考阶段，故没有收集其数据。本次测量的克隆巴赫 $\alpha$ 为：自我和谐量表，0.777；社会和谐量表，0.789；实践活动的能力量表，0.842；总量表，0.919。

《健康人格量表》（中学版）包括自我和谐、社会和谐、实践活动能力 3 个分量表。其中自我和谐分量表包括总体自我知觉、自我接纳、情绪调节能力、生活目标、良好的情绪和幸福感五个要素；社会和谐分量表包括人际关系和谐、社会知觉能力、社会适应（环境适应）、社会支持和合作能力五个要素；实践活动能力分量表包括学习方法性与计划性、良好的学习习惯、意志、进取心、注意力、应挫能力、自我效能和创造力（独立创作实践部分、变通性与流畅性、信息敏感）八个要素。本量表各项目均为五级评定制，1 = 非常不符合，2 = 不符合，3 = 说不清，4 = 符合，5 = 非常符合。在此基础上，收集了年级、性别、年龄、居住地、父母亲文化程度、父母亲职业、家庭经济情况、身体健康状况、特长、学习成绩、是否加入共青团、是否喜欢体育运动等人口统计学变量。数据收集时，被试是在高校心理学教师的指导下，由中学班主任协助，以班级为单位完成测验的。

## 一、中学生健康人格发展及其影响因素

### （一）中学生健康人格的基本状况

从总体上来看，中学生在健康人格量表上的得分偏低，平均得分为 2.67

(低于平均分3分)。大部分学生的得分都在2~3分之间，表示大部分学生的健康人格状况介于稍差到一般之间，得分超过3分的学生比较少，只占了总人数的17.4%。在健康人格的三个分量表中，中学生的自我和谐方面发展的比较好，平均得分为2.72分，而且平均得分超过3分的学生也占了总人数的26.8%。相反，中学生的社会和谐状况比较差，只有18.3%的学生在这方面的得分超过3分。具体结果见表3-1。

**表3-1　总量表与分量表的得分情况**

| 因素 | M | SD | 得分大于3分的百分比（%） | 得分在2~3分之间的百分比（%） |
|---|---|---|---|---|
| 健康人格总量表 | 2.67 | 0.35 | 17.4 | 83.3 |
| 自我和谐分量表 | 2.72 | 0.40 | 26.8 | 75.3 |
| 社会和谐分量表 | 2.59 | 0.41 | 18.3 | 79.2 |
| 实践活动能力分量表 | 2.68 | 0.36 | 20.1 | 81.4 |

虽然学生健康人格总体上的得分比较低，但是他们在具体要素上的得分比总体得分高，得分超过2.8分的要素包括良好的情绪和幸福感、自我效能、人际关系和谐、情绪调节能力、自我接纳和意志力六个方面，而且超过45%的学生在这些要素上的得分超过3分，大部分学生的得分均在2~4分之间。他们在社会知觉能力和合作能力这两个方面的得分比较低，均低于2.4分，而且也仅有20%的学生的得分超过3分。具体结果见表3-2。

**表3-2　具体项目上的得分情况**

| 内容排序 | M | SD | 得分大于3分的百分比（%） | 得分在2~4分之间的百分比（%） |
|---|---|---|---|---|
| 1. 良好的情绪与幸福感 | 2.89 | 0.72 | 51.7 | 86.9 |
| 2. 自我效能 | 2.88 | 0.66 | 48.4 | 88.6 |
| 3. 人际关系和谐 | 2.88 | 0.50 | 47.1 | 96.0 |
| 4. 自我接纳 | 2.85 | 0.56 | 47.4 | 93.8 |
| 5. 情绪调节能力 | 2.82 | 0.61 | 47.0 | 89.8 |
| 6. 意志力 | 2.81 | 0.58 | 44.3 | 92.0 |
| 7. 注意力 | 2.78 | 0.53 | 39.3 | 92.0 |
| 8. 学习方法性与计划性 | 2.73 | 0.60 | 40.0 | 89.4 |
| 9. 应挫能力 | 2.69 | 0.58 | 35.4 | 88.7 |
| 10. 社会支持 | 2.65 | 0.65 | 35.1 | 85.8 |
| 11. 进取心 | 2.62 | 0.51 | 27.7 | 90.3 |

(续上表)

| 内容排序 | M | SD | 得分大于3分的百分比（%） | 得分在2～4分之间的百分比（%） |
|---|---|---|---|---|
| 12. 创造力 | 2.59 | 0.40 | 18.5 | 80.6 |
| 13. 良好的学习习惯 | 2.58 | 0.59 | 27.6 | 86.2 |
| 14. 总体自我知觉 | 2.58 | 0.53 | 26.2 | 87.8 |
| 15. 社会适应 | 2.58 | 0.60 | 30.6 | 84.0 |
| 16. 生活目标 | 2.55 | 0.60 | 28.7 | 86.9 |
| 17. 社会知觉能力 | 2.36 | 0.63 | 20.4 | 76.5 |
| 18. 合作能力 | 2.36 | 0.64 | 19.2 | 75.1 |

我们从表3－1和3－2可以看出，中学生在健康人格发展上呈现不平衡的趋势，有些要素得分比较高，有些要素得分比较低，这些不平衡发展导致学生在健康人格上的总得分比较低。

### （二）中学生健康人格的性别差异分析

男女生在健康人格总量表的得分上存在显著差异，男生在总体水平上比女生高。在三个分量表上具体表现为，男女生在自我和谐分量表上的得分没有显著差异，而在社会和谐和实践能力分量表上，男生的得分都显著高于女生。具体结果见表3－3。在社会和谐分量表的各个因素中，男生在社会知觉能力、社会适应能力、获取社会支持能力和合作能力方面的得分均显著高于女生，总的来说，男生在社会和谐方面比女生好。而在实践活动能力分量表的各个因素中，男生在良好的学习习惯、进取心和注意力方面显著高于女生，女生只在自我效能方面的得分高于男生。这些数据说明女生在总的健康人格状况上比男生差。

**表3－3　男女生在总量表和三个分量表上的比较情况**

| | 男 | | 女 | | |
|---|---|---|---|---|---|
| 因素 | M | SD | M | SD | t |
| 总量表 | 2.69 | 0.36 | 2.64 | 0.33 | 2.38* |
| 自我和谐分量表 | 2.72 | 0.41 | 2.72 | 0.39 | 0.15 |
| 社会和谐分量表 | 2.65 | 0.42 | 2.54 | 0.39 | 4.26 ** |
| 实践能力分量表 | 2.70 | 0.38 | 2.66 | 0.35 | 2.02* |

（注：*代表在0.05水平上显著，**代表在0.01上显著，***代表在0.001上显著。下同）

### （三）不同年级在健康人格上的差异

根据调查结果，我们发现无论是在自我和谐、社会和谐，还是实践活动水平上，中学生在年级上基本呈现显著差异，基本趋势都是随着年级的增高，学生的健康人格的状况水平也呈现出上升趋势。令人奇怪的现象是高二学生的总体情况比高一学生的差，呈现下降的趋势，也就是说，入学后学生的健康人格一开始是呈上升的发展趋势，高一学生的健康人格状况最好，到了高二反而呈下降的趋势，但高一、高二之间的差异并不显著，这可能是随着进入高二比较紧张的学习阶段，学生在健康人格各方面都出现一些倒退的现象。事后多重比较的结果显示，年级之间的差异主要表现在初一学生与高一学生之间的健康人格状况上。

表3－4 不同年级的学生在自我和谐分量表各个项目上的方差分析

| 要素 | 初一 M | 初一 SD | 初二 M | 初二 SD | 高一 M | 高一 SD | 高二 M | 高二 SD | F |
|---|---|---|---|---|---|---|---|---|---|
| 总体自我知觉 | 2.51 | 0.47 | 2.57 | 0.55 | 2.65 | 0.54 | 2.61 | 0.55 | 3.68＊ |
| 自我接纳 | 2.79 | 0.56 | 2.89 | 0.57 | 2.93 | 0.56 | 2.81 | 0.55 | 3.54＊ |
| 情绪调节能力 | 2.76 | 0.63 | 2.79 | 0.60 | 2.92 | 0.56 | 2.81 | 0.62 | 3.08＊ |
| 良好的情绪与幸福感 | 2.82 | 0.70 | 2.86 | 0.79 | 2.97 | 0.64 | 2.91 | 0.72 | 2.23 |
| 生活目标 | 2.41 | 0.60 | 2.56 | 0.60 | 2.65 | 0.61 | 2.60 | 0.57 | 7.94＊＊ |

### （四）学生对学习成绩的不同自评与其健康人格之间的关系

为了探测学生学习成绩与其健康人格之间的关系，我们采用学生自评学习成绩的方式进行。本研究中，自评自己的学习成绩和周围同学相比差不多的学生最多，占了总人数的49%；其次是自评自己的成绩比较差，占了31%；自评自己成绩比较好的学生占了20%。

调查表明，学生对自己学习成绩的自评与其健康人格状况有一定的关系。无论是在自我和谐、社会和谐还是社会实践各个要素上，学生的健康人格状况水平都表现出一种奇怪的趋势，即对成绩自评越好的学生，其在健康人格各个要素上的得分却越低。

表 3-5　自评学习成绩不同的学生在各因素上的方差分析

| 要素 | 成绩较差 | | 成绩差不多 | | 成绩较优秀 | | F |
|---|---|---|---|---|---|---|---|
| | M | SD | M | SD | M | SD | |
| 总体自我知觉 | 2.69 | 0.52 | 2.57 | 0.49 | 2.43 | 0.60 | 16.11** |
| 自我接纳 | 2.99 | 0.59 | 2.85 | 0.52 | 2.68 | 0.55 | 19.41** |
| 情绪调节能力 | 2.95 | 0.59 | 2.78 | 0.60 | 2.71 | 0.60 | 12.00** |
| 良好的情绪与幸福感 | 2.96 | 0.75 | 2.87 | 0.68 | 2.79 | 0.73 | 3.71* |
| 生活目标 | 2.68 | 0.57 | 2.55 | 0.58 | 2.36 | 0.61 | 18.90** |
| 人际关系和谐 | 3.00 | 0.50 | 2.87 | 0.48 | 2.74 | 0.53 | 17.83** |
| 社会知觉能力 | 2.47 | 0.57 | 2.33 | 0.62 | 2.27 | 0.69 | 7.47** |
| 社会适应 | 2.69 | 0.58 | 2.56 | 0.57 | 2.44 | 0.67 | 11.90** |
| 社会支持 | 2.74 | 0.66 | 2.60 | 0.62 | 2.61 | 0.68 | 4.95** |
| 合作能力 | 2.47 | 0.64 | 2.31 | 0.58 | 2.29 | 0.70 | 6.80** |
| 学习方法性与计划性 | 2.84 | 0.62 | 2.73 | 0.55 | 2.59 | 0.65 | 11.42** |
| 良好的学习习惯 | 2.75 | 0.55 | 2.56 | 0.56 | 2.36 | 0.61 | 30.71** |
| 意志力 | 2.92 | 0.51 | 2.80 | 0.57 | 2.70 | 0.66 | 10.09** |
| 进取心 | 2.73 | 0.53 | 2.63 | 0.46 | 2.43 | 0.53 | 23.82** |
| 注意力 | 2.89 | 0.46 | 2.71 | 0.51 | 2.56 | 0.59 | 27.92** |
| 创造力 | 2.66 | 0.37 | 2.58 | 0.39 | 2.50 | 0.44 | 11.20** |
| 应挫能力 | 2.82 | 0.55 | 2.66 | 0.56 | 2.54 | 0.63 | 17.00** |
| 自我效能 | 3.04 | 0.65 | 2.86 | 0.64 | 2.68 | 0.68 | 19.67** |

### （五）身体健康水平对中学生健康人格状况的影响

在回答自评身体健康水平这一题项的 1 042 份数据中，有 49% 的学生自评自己身体健康状况好，48% 的学生自评自己身体健康状况良好，只有 3% 的学生自评自己身体健康状况很差。其中，大部分要素都呈现显著差异，这说明学生对自己身体健康水平的自评影响其健康人格状况，而且自评身体健康状况差的学生在各个要素上的得分显著高于自评身体健康状况好的学生的得分。具体结果见表 3-6。

表 3-6　身体健康状况不同的学生在各因素上的方差分析

| 要素 | 健康状况好 | | 健康状况良好 | | 健康状况差 | | F |
|---|---|---|---|---|---|---|---|
| | M | SD | M | SD | M | SD | |
| 总体自我知觉 | 2.53 | 0.54 | 2.64 | 0.51 | 2.57 | 0.50 | 5.27** |
| 自我接纳 | 2.82 | 0.59 | 2.88 | 0.54 | 3.01 | 0.52 | 2.67 |
| 情绪调节能力 | 2.72 | 0.63 | 2.90 | 0.56 | 3.04 | 0.46 | 14.95** |

(续上表)

| 要素 | 健康状况好 M | 健康状况好 SD | 健康状况良好 M | 健康状况良好 SD | 健康状况差 M | 健康状况差 SD | F |
|---|---|---|---|---|---|---|---|
| 良好的情绪与幸福感 | 2.79 | 0.73 | 2.96 | 0.69 | 3.13 | 0.64 | 9.35** |
| 生活目标 | 2.50 | 0.62 | 2.60 | 0.56 | 2.73 | 0.62 | 5.19** |
| 人际关系和谐 | 2.83 | 0.52 | 2.92 | 0.48 | 3.04 | 0.51 | 5.99** |
| 社会知觉能力 | 2.28 | 0.65 | 2.43 | 0.58 | 2.54 | 0.72 | 8.42** |
| 社会适应 | 2.49 | 0.60 | 2.66 | 0.59 | 2.63 | 0.76 | 10.26** |
| 社会支持 | 2.60 | 0.65 | 2.68 | 0.65 | 2.77 | 0.66 | 2.58 |
| 合作能力 | 2.27 | 0.64 | 2.42 | 0.61 | 2.61 | 0.56 | 10.78** |
| 学习方法性与计划性 | 2.66 | 0.61 | 2.81 | 0.58 | 2.76 | 0.63 | 8.43** |
| 良好的学习习惯 | 2.52 | 0.61 | 2.63 | 0.55 | 2.83 | 0.59 | 7.81** |
| 意志力 | 2.73 | 0.60 | 2.90 | 0.53 | 2.88 | 0.63 | 12.18** |
| 进取心 | 2.59 | 0.53 | 2.66 | 0.49 | 2.54 | 0.45 | 2.91 |
| 注意力 | 2.66 | 0.55 | 2.81 | 0.50 | 2.86 | 0.54 | 11.34** |
| 创造力 | 2.54 | 0.41 | 2.63 | 0.39 | 2.64 | 0.34 | 6.93** |
| 应挫能力 | 2.60 | 0.61 | 2.76 | 0.53 | 2.83 | 0.55 | 11.03** |
| 自我效能 | 2.74 | 0.68 | 3.01 | 0.63 | 3.06 | 0.62 | 22.11** |

### (六)是否喜欢体育对学生健康人格状况的影响

学生是否喜欢体育运动影响学生的健康人格状况。从表3-7中，我们可以看出，喜欢体育的学生在健康人格量表中的各个要素上的得分都显著高于不喜欢体育的学生的得分。这说明进行体育运动有助于提高学生的自我和谐、社会和谐和实践活动的能力。

**表3-7 在各个因素上是否喜欢体育学生的比较**

| 要素 | 不喜欢体育 M | 不喜欢体育 SD | 喜欢体育 M | 喜欢体育 SD | t |
|---|---|---|---|---|---|
| 总体自我知觉 | 2.55 | 0.53 | 2.68 | 0.54 | -3.30** |
| 自我接纳 | 2.84 | 0.56 | 2.91 | 0.57 | -1.63 |
| 情绪调节能力 | 2.77 | 0.61 | 3.00 | 0.56 | -5.15** |
| 良好的情绪与幸福感 | 2.85 | 0.71 | 3.00 | 0.69 | -2.86** |
| 生活目标 | 2.53 | 0.59 | 2.63 | 0.60 | -2.33* |
| 人际关系和谐 | 2.85 | 0.51 | 2.98 | 0.47 | -3.49** |
| 社会知觉能力 | 2.33 | 0.63 | 2.46 | 0.58 | -2.75** |
| 社会适应 | 2.55 | 0.60 | 2.69 | 0.60 | -3.10** |

（续上表）

| 要素 | 不喜欢体育 M | 不喜欢体育 SD | 喜欢体育 M | 喜欢体育 SD | t |
|---|---|---|---|---|---|
| 社会支持 | 2.62 | 0.65 | 2.73 | 0.64 | -2.43 * |
| 合作能力 | 2.31 | 0.64 | 2.48 | 0.60 | -3.50 * * |
| 学习方法性与计划性 | 2.71 | 0.59 | 2.80 | 0.61 | -2.02 * |
| 良好的学习习惯 | 2.56 | 0.59 | 2.65 | 0.58 | -2.09 * |
| 意志力 | 2.78 | 0.57 | 2.93 | 0.57 | -3.43 * * |
| 进取心 | 2.60 | 0.51 | 2.69 | 0.48 | -2.30 * |
| 注意力 | 2.72 | 0.53 | 2.82 | 0.51 | -2.58 * * |
| 创造能力 | 2.56 | 0.40 | 2.69 | 0.37 | -4.39 * * |
| 应挫能力 | 2.63 | 0.59 | 2.87 | 0.51 | -5.59 * * |
| 自我效能 | 2.83 | 0.66 | 3.05 | 0.64 | -4.54 * * |

## （七）学生有无特长对健康人格状况的影响

在回答这一题项的 1 048 名学生中，有 582 名学生回答有特长，有 466 名学生回答没有特长。从表 3-8 中可以看出，有特长的学生在健康人格各个方面的得分都显著高于没有特长的学生的得分，这说明学生有无特长影响学生的健康人格状况。

**表 3-8　有无特长对学生自我和谐分量表各个项目的方差分析**

| 要素 | 无特长 M | 无特长 SD | 有特长 M | 有特长 SD | t |
|---|---|---|---|---|---|
| 总体自我知觉 | 2.49 | 0.55 | 2.66 | 0.50 | -5.13 * * |
| 自我接纳 | 2.79 | 0.59 | 2.91 | 0.54 | -3.54 * * |
| 情绪调节能力 | 2.77 | 0.62 | 2.85 | 0.59 | -2.06 * |
| 良好的情绪与幸福感 | 2.79 | 0.74 | 2.95 | 0.69 | -3.58 * * |
| 生活目标 | 2.50 | 0.61 | 2.60 | 0.58 | -2.70 * * |
| 人际关系和谐 | 2.83 | 0.52 | 2.92 | 0.49 | -3.09 * * |
| 社会知觉能力 | 2.32 | 0.65 | 2.40 | 0.60 | -2.03 * |
| 社会适应 | 2.51 | 0.60 | 2.63 | 0.60 | -3.10 * * |
| 社会支持 | 2.59 | 0.67 | 2.69 | 0.63 | -2.34 * |
| 合作能力 | 2.29 | 0.64 | 2.40 | 0.62 | -2.82 * * |
| 学习方法性与计划性 | 2.67 | 0.62 | 2.79 | 0.57 | -3.29 * * |
| 良好的学习习惯 | 2.52 | 0.61 | 2.62 | 0.56 | -2.81 * * |
| 意志力 | 2.75 | 0.61 | 2.86 | 0.55 | -3.25 * * |

（续上表）

| 要素 | 无特长 | | 有特长 | | t |
|---|---|---|---|---|---|
| | M | SD | M | SD | |
| 进取心 | 2.56 | 0.52 | 2.67 | 0.49 | -3.51** |
| 注意力 | 2.65 | 0.54 | 2.81 | 0.51 | -4.82** |
| 创造力 | 2.54 | 0.42 | 2.62 | 0.37 | -3.21** |
| 应挫能力 | 2.60 | 0.59 | 2.75 | 0.57 | -4.18** |
| 自我效能 | 2.80 | 0.68 | 2.93 | 0.65 | -3.15** |

### （八）加入共青团对学生健康人格状况的影响

在回答是否共青团员这一题项的 1 045 份数据中，有 11 名是中共党员，367 名是共青团员，667 名学生是非共青团员。从表 3-9 中可以看出，是否加入共青团并不影响学生的健康人格状况。只有在进取心这一项中，非共青团员和中共党员学生的得分显著高于共青团员学生的得分，但这种差异非常微弱。

**表 3-9　加入共青团与自我和谐分量表各个因素上的方差分析**

| 要素 | 共青团员 | | 非共青团员 | | 中共党员 | | F |
|---|---|---|---|---|---|---|---|
| | M | SD | M | SD | M | SD | |
| 总体自我知觉 | 2.60 | 0.57 | 2.57 | 0.51 | 2.51 | 0.36 | 0.40 |
| 自我接纳 | 2.85 | 0.55 | 2.86 | 0.57 | 2.89 | 0.35 | 0.07 |
| 情绪调节能力 | 2.80 | 0.62 | 2.83 | 0.60 | 2.96 | 0.42 | 0.64 |
| 良好的情绪与幸福感 | 2.86 | 0.67 | 2.90 | 0.74 | 2.95 | 0.53 | 0.40 |
| 生活目标 | 2.55 | 0.58 | 2.56 | 0.60 | 2.42 | 0.55 | 0.27 |
| 人际关系和谐 | 2.87 | 0.52 | 2.89 | 0.50 | 2.96 | 0.32 | 0.26 |
| 社会知觉能力 | 2.37 | 0.64 | 2.36 | 0.61 | 2.51 | 0.78 | 0.31 |
| 社会适应 | 2.60 | 0.59 | 2.57 | 0.61 | 2.71 | 0.61 | 0.75 |
| 社会支持 | 2.59 | 0.64 | 2.68 | 0.65 | 2.71 | 0.65 | 2.20 |
| 合作能力 | 2.33 | 0.59 | 2.36 | 0.65 | 2.27 | 0.37 | 0.36 |
| 学习的方法与计划性 | 2.77 | 0.57 | 2.71 | 0.62 | 2.92 | 0.38 | 2.07 |
| 良好的学习习惯 | 2.56 | 0.51 | 2.59 | 0.62 | 2.75 | 0.67 | 0.81 |
| 意志力 | 2.81 | 0.56 | 2.82 | 0.59 | 2.81 | 0.57 | 0.04 |
| 进取心 | 2.55 | 0.47 | 2.66 | 0.52 | 2.66 | 0.50 | 5.28** |
| 注意力 | 2.74 | 0.54 | 2.73 | 0.52 | 2.95 | 0.50 | 0.89 |
| 创造力 | 2.58 | 0.38 | 2.60 | 0.41 | 2.58 | 0.24 | 0.30 |
| 应挫能力 | 2.64 | 0.57 | 2.71 | 0.59 | 2.81 | 0.50 | 1.88 |
| 自我效能 | 2.90 | 0.68 | 2.86 | 0.65 | 3.27 | 0.74 | 2.35 |

## 二、中学生健康人格发展有关问题讨论

### （一）中学生的健康人格总体发展状况

健康人格考察的是个体人格发展的完整性和和谐性。我们发现，中学生在健康人格量表上的得分偏低，说明中学生健康人格的发展水平一般。出现这种情况可能与当前学校以成绩为中心的现状有关。虽然在中学实行素质教育提倡了好多年，但是由于高考指挥棒的存在，当今的大部分中学仍然较多关注学生的学习情况，较少关注学生心理健康人格方面的培养，导致学生容易出现一系列的心理问题。

在健康人格的三个主要要素中，中学生的自我和谐方面发展得比较好，这说明中学生都能比较正确地认识自己，能比较好地接纳自己，情绪调节能力比较强导致有较好的情绪状况和幸福感，而且有比较明确的生活目标。相反，中学生的社会和谐状况比较差，这暗示了学生的人际交往能力、合作能力、社会适应能力都相对而言比较差。大多数学生之所以社交能力比较差，可能是因为他们长期生活在学校里，在学校里和老师、同学的交往都比较单纯，所以导致他们在这些方面的发展比较慢。

另外，本研究还发现，学生在各个具体要素上的发展是不平衡的，具体表现在：良好的情绪和幸福感、自我效能、人际关系和谐、情绪调节能力、自我接纳和意志力这六项具体要素发展得比较好；而其他方面的发展相对差一些。我们认为，学生主要的交往环境是在学校，学校里的各种交往模式都比较单纯，没有学校外的环境那么复杂；而且，学生平时与同伴之间的矛盾都比较少，即使产生矛盾也相对比较容易得到解决。因此，学生在学校里的人际关系可以处理得比较和谐；相应的其自我效能感也较高，即他们较相信自己有能力在某些方面获得成功。这样，他们自我接纳方面得分也相应比较高了。而情绪调节能力得分比较高说明当学生出现情绪问题时，能较好较及时地疏导情绪，这些都导致学生具有比较高的幸福感和良好的情绪状况。另一方面，中学生在社会知觉能力和合作能力方面的水平低于平均水平。我们认为，由于学生长期生活在学校这个环境中，平时的人际交往都比较单纯，不要求学生太多注意同伴的内心体验、内在情绪状况，可能导致学生的社会知觉能力发展得比较慢；而且现在很多学生都追求个性，觉得自己有能力单独做好某方面的事情，所以他们不太愿意和同伴合作，再加上现在学校里要求学生合作完成的活动也比较少，这些原因可能都会导致学生的合作能力发展得比较慢。

不过，不难发现，中学生的健康人格是一个有机整体，各人格维度之间相互影响。诸如良好的情绪和幸福感、自我效能、人际关系和谐等维度之间相互促进，共同发展；而社会知觉能力和合作能力等方面也是彼此影响，相互渗透的。因此，切忌片面地追求中学生人格某一方面的发展，从而割裂了其人格各方面协调发展的整体性。

### （二）中学生健康人格发展的影响因素分析

首先，性别影响了中学生的人格发展。本研究发现，男生在生活目标、社会知觉能力、社会适应能力、获取社会支持能力、良好学习习惯、注意力、进取心、信息敏感和合作能力方面的得分显著高于女生，总的来说，男生在社会和谐方面比女生好。我们认为，这可能是由于男生比较活跃，较女生而言更多参与校内或校外组织的各种活动，这锻炼了男生的社交能力，因此提高了其社会和谐方面的水平。而女生只在自我效能方面上的得分高于男生，这可能说明女生在总的健康人格状况上比男生差。这些情况也要求学校方面应该多关注女生心理健康的发展。

其次，年级和学习成绩对中学生人格发展产生了影响。本研究中，初一学生的健康人格水平显著低于高一学生的健康人格发展水平。这可能是由于初一是学生从小学转向中学的转折点，学生升上中学，学习环境、学习要求、学习任务、同伴关系等都发生了变化，很多学生需要比较长的时间来适应这种比较大的变化，而且初一学生正处在身心发展的重要阶段，这个阶段容易产生自我同一性危机，是心理问题的高发时期。所以处在这个年龄阶段的初一学生在健康人格方面的得分比较低。年龄的增长和年级的升高给学生带来身心比较全面的发展，所以高一学生在健康人格的各个方面的发展都比较好。另外，我们发现，学习成绩较好的学生在健康人格发展水平上显著低于学习成绩一般或较差的学生。此现象与人们普遍认同的“成绩好的学生各方面都好”的定势思维有些出入。这也许是由于在目前的学校体制下，成绩较好的学生相对于成绩较差的学生在学习上花费了更多的时间，所以无意中忽略了其他方面的发展。这也反映出，学习成绩与心理健康水平并不是呈正比例发展的，学习成绩好的学生并不代表其在其他方面都好，相反，他们往往会出现比较多的心理问题。这也是健康人格理论给人们的一个重要启示。

第三，中学生的人格发展受其身体健康状况、是否爱好体育运动、是否有特长等因素的影响。本研究中，自评身体健康状况差的学生与自评较好的学生相比，其健康人格水平显著高于后者。这可能是因为健康原因，身体健康状况比较差的学生平时比身体状况好的学生遭受更多的苦难，他们的意志力和应挫能力也比一般学生要强，这样他们可以更好地认识自我、接纳自我，可以获取更多的社会支持和帮助，而且由于他们的健康状况使他们比较少参加其他活动，这样他们可以把更多的精力放在学习上，从而在学习中获得一种补偿性的发展。当然，我们并不排除学生的个人期望水平在自评过程中会产生一些偏差，从而使健康状况实际上比较好的学生被当成“自评差”的学生进行了分析，这样使这一结果与日常常识有些出入。

“运动着是健康的！”同样，本研究发现，体育运动不但有利于中学生的身体健康，而且有利于其健康人格的发展。喜欢体育运动的学生在健康人格水平上的得分显著高于不喜欢体育运动的学生。这一结果与以往其他关于体育和人格水平之间关系的研究结果一致。显然，一个非常可能的原因是，体育运动有调节个体情绪状况的功能，可以提高个体的社交能力和合作能力；同时，还可以培养个体的意志水平和应挫能力，提高个体的自信和自我效能感。类似的，如果学生具有某一项特长，也有利于其健康人格的发展。本研究中，有特长的学生在健康人格各个要素上的得分都显著高于没有特长的学生。这可能是因为特长有以下一些功能：帮助学生提高他们的自我认识、帮助他们设立自己的生活奋斗目标、提供更多的社交与合作机会、培养他们的创造力与应挫能力、提高他们的自信心与自我效能感、增强他们的正性情绪体验等，这些功能促使有特长的学生的健康人格状况发展良好。所以从这个意义上说，学校应该重视学生特长的培养，提供更多机会让学生可以发挥他们的特长。或许这也是素质教育的初衷吧。

当然，由于我们对健康人格理论还处在初始的探讨阶段，不可避免地还需要对其作进一步的发展和完善。因此，本研究所揭示的中学生健康人格的发展状况结果也还需要进一步的深化和充实。同时，毫无疑问，影响中学生健康人格发展的因素也可能还有很多，并且对上述影响因素也还有待进一步的验证和细化。这是未来我们完善健康人格理论的一个重要目标，也是未来人格研究应该关注的一个重点。我们也期望它能成为未来人格研究的一个重要分支和方向。

## 第三节　大学生健康人格的发展

大学生是一个特殊的群体，既有学习的自主性、能动性、更强的目的性与自我约束性，又有高校给予他们的较充裕的时间保证。这一阶段，他们的生理发展基本成熟，但是其心理发展正处于逐渐成熟的重要时期。但他们同中学生仍有很多的相似之处，如情绪容易波动、意志比较脆弱、认知容易扭曲、心理容易产生矛盾和冲突、思想容易片面或消沉等。同样，如果不对这些人格弱点及时进行针对性干预的话，容易导致一系列的心理问题。

显然，人格是影响大学生心理健康水平的一个重要因素。但过去的研究更多关注的是消极人格，对积极人格缺乏比较深入的了解。因此，对大学生的积极人格状况进行了解和把握，对于更好地开展大学生心理健康教育，提升大学生的心理健康水平，具有非常重要的实践意义。同时，对人格理论的发展也具有重要的理论意义。

为此，我们运用《健康人格量表》（大学版），随机抽取广州市某大学250名学生，其中有效数据245份，男生64人，女生181人。《健康人格量表》（大学版）包括自我和谐、社会和谐、实践活动能力3个分量表。其中自我和谐分量表包括总体自我知觉、自我接纳、情绪调节能力、生活目标、良好的情绪和幸福感五个要素；社会和谐分量表包括人际关系和谐、人际策略、社会知觉能力、社会适应（环境适应）、社会支持和合作能力六个要素；实践活动能力分量表包括学习方法性与计划性、良好的学习习惯、意志、进取心、注意力、应挫能力、创造力（流畅性、变通性、独特性、精细性）、自我效能等要素。本量表各项目均为五级评定制，1=非常不符合，2=不符合，3=说不清，4=符合，5=非常符合。在此基础上，我们收集了专业、年级、性别、年龄、居住地、父母亲文化程度、父母亲职业、家庭经济情况、身体健康状况、特长、学习成绩、是否是共青团员或中共党员、是否喜欢体育运动等人口统计学变量。数据收集时，被试是在统一培训的主试指导下，以班级为单位完成测验。本次测量的克隆巴赫α系数为：自我和谐量表，0.85；社会和谐量表，0.81；实践活动能力量表，0.84；总量表，0.92。

## 一、大学生健康人格发展及其影响因素

### （一）大学生的基本人格状况

为了了解大学生健康人格状况，我们从总体量表和分量表两个维度进行分析，结果发现大学生健康人格总量表平均得分为2.01分，远低于平均分3分，如表3-10，说明大学生的健康人格水平偏低。自我和谐分量表、社会和谐分量表和实践活动能力分量表的得分都偏低，特别是自我和谐，平均分只有1.51分，只有平均分的一半。虽然这可能是我国文化更强调集体主义而忽略个体主义引起的，但这个结果也应该引起我们足够的重视，去研究其更深层次

的原因及对策。

表 3－10　大学生健康人格基本状况描述

| 维度 | M | SD |
| --- | --- | --- |
| 自我和谐分量表 | 1.51 | 2.53 |
| 社会和谐分量表 | 1.94 | 2.01 |
| 实践活动能力分量表 | 0.40 | 0.29 |
| 健康人格总量表 | 0.32 | 0.29 |

### （二）大学生健康人格发展的影响因素

1. 大学生健康人格的性别差异

性别是否是大学生健康人格的一个重要影响因素？分析表明：大学生健康人格总量表水平在男女生得分上存在显著差异，男生显著高于女生，见表 3－11。同时，在自我和谐分量表和实践活动能力分量表的得分上，男生也显著高于女生。但在社会和谐分量表上，男女生之间没有显著差异。这说明男生的人格状况可能比女生统合得更好。同时，男生能更好地进行自我调节，也具有更高的解决问题的能力。

表 3－11　大学生健康人格性别差异的 t 检验

| | 男 | | 女 | | |
| --- | --- | --- | --- | --- | --- |
| 项目 | M | SD | M | SD | t |
| 自我和谐分量表 | 1.610 6 | 0.438 04 | 1.470 7 | 0.378 53 | 2.313 * |
| 社会和谐分量表 | 2.512 7 | 0.383 62 | 2.528 3 | 0.255 06 | -.348 |
| 实践活动能力分量表 | 2.086 2 | 0.359 04 | 1.886 4 | 0.282 59 | 4.295 * * * |
| 健康人格总量表 | 2.096 8 | 0.343 92 | 1.969 8 | 0.254 69 | 2.965 * |

2. 是否喜欢体育运动对大学生健康人格的影响

学生是否喜欢体育运动影响学生的健康人格状况，如表 3－12。从表中可以看出，喜欢体育运动的学生和不喜欢体育运动的学生在总量表和三个分量表的得分上都存在显著差异，并且前者的得分均显著高于后者。

表 3－12　大学生健康人格在是否喜欢体育运动因素上的 t 检验

| | 喜欢体育运动 | | 不喜欢体育运动 | | |
|---|---|---|---|---|---|
| | M | SD | M | SD | t |
| 自我和谐分量表 | 1.58 | 0.41 | 1.36 | 0.35 | 3.745＊＊＊ |
| 社会和谐分量表 | 2.58 | 0.30 | 2.46 | 0.25 | 2.952＊＊ |
| 实践活动能力分量表 | 2.01 | 0.31 | 1.81 | 0.25 | 4.668＊＊＊ |
| 健康人格总量表 | 2.07 | 0.29 | 1.89 | 0.23 | 4.624＊＊＊ |

3. 专业对大学生健康人格的影响

我们对不同专业学生的人格状况进行了分析，结果表明，在大学生健康人格总量表及三个分量表得分上都没有显著差异，如表 3－13，这说明专业对大学生的健康人格没有显著影响。

表 3－13　大学生健康人格在专业上的 F 检验

| | 文科 | | 理工科 | | 艺术 | | |
|---|---|---|---|---|---|---|---|
| | M | SD | M | SD | M | SD | F |
| 自我和谐分量表 | 1.41 | 0.45 | 1.50 | 0.45 | 1.55 | 0.36 | 2.14 |
| 社会和谐分量表 | 2.49 | 0.28 | 2.52 | 0.26 | 2.56 | 0.30 | 1.19 |
| 实践活动能力分量表 | 1.85 | 0.37 | 1.96 | 0.35 | 1.97 | 0.29 | 2.76 |
| 健康人格总量表 | 1.93 | 0.31 | 2.01 | 0.31 | 2.03 | 0.27 | 2.73 |

4. 年级对大学生健康人格的影响

我们对不同年级的学生的人格状况进行了分析，结果表明，总量表及各个分量表得分都没有显著差异，如表 3－14，这说明年级对大学生的健康人格也没有产生显著的影响。

表 3－14　大学生健康人格在年级上的 F 检验

| | 大一 | | 大二 | | 大三 | | 大四 | | |
|---|---|---|---|---|---|---|---|---|---|
| | M | SD | M | SD | M | SD | M | SD | F |
| 自我和谐分量表 | 1.55 | 0.37 | 1.61 | 0.23 | 1.46 | 0.51 | 1.47 | 0.38 | 0.60 |
| 社会和谐分量表 | 2.56 | 0.31 | 2.42 | 0.07 | 2.52 | 0.26 | 2.48 | 0.28 | 0.84 |
| 实践活动能力分量表 | 1.97 | 0.29 | 2.27 | 0.56 | 1.90 | 0.37 | 1.91 | 0.34 | 1.18 |
| 健康人格总量表 | 2.04 | 0.27 | 2.16 | 0.35 | 1.97 | 0.32 | 1.97 | 0.30 | 0.96 |

5. 年龄对大学生健康人格的影响

为了考察年龄是否会对大学生的健康人格产生影响，我们将被试按年龄分为低（16~18岁）、中（18~20岁）、高（20岁以上）三类。分析发现：除了在社会和谐分量表上表现出年龄差异外（事后比较发现低年龄学生与中年龄学生水平更低），其他维度上的年龄差异均不显著，如表3－15。由于年龄与年级表现出逐渐增长的上升趋势，因此这一结果基本上再一次证实了上文中大学生健康人格与年级无关的结论。

**表3－15　大学生健康人格在年龄上的F检验**

| | 低 | | 中 | | 高 | | |
|---|---|---|---|---|---|---|---|
| | M | SD | M | SD | M | SD | F |
| 自我和谐分量表 | 1.56 | 0.35 | 1.49 | 0.34 | 1.48 | 0.47 | 0.646 |
| 社会和谐分量表 | 2.62 | 0.30 | 2.50 | 0.28 | 2.51 | 0.29 | 3.380* |
| 实践活动能力分量表 | 1.97 | 0.30 | 1.94 | 0.27 | 1.91 | 0.37 | 0.750 |
| 健康人格总量表 | 2.06 | 0.27 | 1.99 | 0.24 | 1.98 | 0.33 | 1.372 |

6. 家庭居住地对大学生健康人格的影响

家庭居住地对健康人格的影响是怎样的呢？我们分析发现，不同家庭居住地的学生在健康人格总量表和各个分量表上的得分差异都显著，如表3－16。事后多重比较表明，除了在实践活动能力分量表上，城市居住地学生和农村居住地学生之间无显著差异之外，在健康人格总量表、自我和谐分量表和社会和谐分量表上，均表现出如下趋势：城市学生的得分高于农村学生，农村学生的得分又高于城镇学生。这表明，家庭居住地的不同对学生的人格产生显著的影响。

**表3－16　大学生健康人格在家庭居住地上的F检验**

| | 城市 | | 城镇 | | 农村 | | |
|---|---|---|---|---|---|---|---|
| | M | SD | M | SD | M | SD | F |
| 自我和谐分量表 | 1.57 | 0.39 | 1.44 | 0.44 | 1.51 | 0.37 | 2.29* |
| 社会和谐分量表 | 2.60 | 0.29 | 2.50 | 0.27 | 2.52 | 0.31 | 3.19* |
| 实践活动能力分量表 | 1.98 | 0.33 | 1.88 | 0.31 | 1.99 | 0.30 | 2.75* |
| 健康人格总量表 | 2.06 | 0.29 | 1.95 | 0.29 | 2.03 | 0.28 | 3.28* |

7. 身体健康状况对大学生健康人格的影响

身体健康状况是否也影响了大学生的人格状况？我们将学生自评健康水平分为好、良好、差三个层次进行分析，发现：不同身体健康状况的学生在健康人格量表和各个分量表的得分上都存在显著差异。事后多重比较表明，身体健康状况好的学生不论在人格总量表得分上还是在分量表得分上均显著高于身体健康状况良好的学生，但与健康状况差的学生之间无显著差异，同时，健康状况良好与健康状况差的学生之间在这些人格维度上的得分也无显著差异，如表3－17。这表明身体健康状况确实影响大学生的健康人格状况。

**表3－17　大学生健康人格在身体健康状况上的F检验**

| | 好 | | 良好 | | 差 | | |
|---|---|---|---|---|---|---|---|
| | M | SD | M | SD | M | SD | F |
| 自我和谐分量表 | 1.64 | 0.40 | 1.46 | 0.40 | 1.54 | 0.28 | 5.17＊＊ |
| 社会和谐分量表 | 2.65 | 0.31 | 2.49 | 0.27 | 2.54 | 0.20 | 8.27＊＊＊ |
| 实践活动能力分量表 | 2.02 | 0.30 | 1.91 | 0.32 | 2.02 | 0.34 | 3.53＊ |
| 健康人格总量表 | 2.11 | 0.29 | 1.97 | 0.28 | 2.05 | 0.19 | 6.45＊＊＊ |

8. 父母亲文化程度对大学生健康人格的影响

有学者认为父母的文化程度会影响子女的人格发展。为了验证这一设想，我们对其进行了分析，结果发现，父母亲文化程度不同的学生在健康人格量表及各个分量表上的得分都没有显著差异。换句话说，父母的文化程度对子女的统合人格并不会产生显著影响，如表3－18和表3－19。

**表3－18　大学生健康人格在父亲文化程度上的F检验**

| | | 自我和谐分量表 | 社会和谐分量表 | 实践活动能力分量表 | 健康人格总量表 |
|---|---|---|---|---|---|
| 小学 | M | 1.58 | 2.52 | 1.99 | 2.05 |
| | SD | 0.44 | 0.36 | 0.44 | 0.38 |
| 初中 | M | 1.50 | 2.51 | 1.90 | 1.98 |
| | SD | 0.42 | 0.25 | 0.30 | 0.27 |
| 高中 | M | 1.47 | 2.52 | 1.92 | 1.99 |
| | SD | 0.37 | 0.25 | 0.26 | 0.24 |
| 大学 | M | 1.56 | 2.60 | 1.97 | 2.05 |
| | SD | 0.43 | 0.35 | 0.35 | 0.33 |
| 研究生 | M | 1.52 | 2.29 | 2.22 | 2.08 |
| | SD | 0.36 | 0.26 | 0.63 | 0.47 |
| | F | 0.54 | 1.13 | 0.83 | 0.67 |

表 3－19　大学生健康人格在母亲文化程度上的 F 检验

| | | 自我和谐分量表 | 社会和谐分量表 | 实践活动能力分量表 | 健康人格总量表 |
|---|---|---|---|---|---|
| 小学 | M | 1.54 | 2.52 | 1.96 | 2.02 |
| | SD | 0.43 | 0.31 | 0.38 | 0.34 |
| 初中 | M | 1.51 | 2.51 | 1.95 | 2.01 |
| | SD | 0.34 | 0.27 | 0.28 | 0.24 |
| 高中 | M | 1.50 | 2.56 | 1.94 | 2.01 |
| | SD | 0.41 | 0.26 | 0.33 | 0.28 |
| 大学 | M | 1.52 | 2.56 | 1.91 | 2.00 |
| | SD | 0.47 | 0.36 | 0.31 | 0.33 |
| | F | 0.08 | 0.55 | 0.25 | 0.03 |

9. 父母亲职业对大学生健康人格的影响

我们对父母亲的职业与大学生健康人格的关系作了分析，结果发现，父母职业不同的学生，在健康人格量表及各个分量表上的得分均不存在显著差异。这表明父母亲的职业对大学生的健康人格状况没有产生显著影响，如表 3－20 和表3－21。

表 3－20　大学生健康人格在父亲职业上的 F 检验

| | | 自我和谐分量表 | 社会和谐分量表 | 实践活动能力分量表 | 健康人格总量表 |
|---|---|---|---|---|---|
| 工人 | M | 1.45 | 2.50 | 1.90 | 1.97 |
| | SD | 0.40 | 0.28 | 0.32 | 0.29 |
| 农民 | M | 1.49 | 2.50 | 1.94 | 1.99 |
| | SD | 0.33 | 0.28 | 0.28 | 0.25 |
| 知识分子 | M | 1.45 | 2.51 | 1.88 | 1.95 |
| | SD | 0.54 | 0.33 | 0.31 | 0.32 |
| 干部 | M | 1.63 | 2.66 | 2.01 | 2.11 |
| | SD | 0.33 | 0.29 | 0.31 | 0.27 |
| 企业家 | M | 1.62 | 2.58 | 1.98 | 2.06 |
| | SD | 0.37 | 0.27 | 0.34 | 0.29 |
| | F | 1.86 | 2.04 | 1.02 | 1.80 |

表 3－21　大学生健康人格在母亲职业上的 F 检验

| | | 自我和谐分量表 | 社会和谐分量表 | 实践活动能力分量表 | 健康人格总量表 |
|---|---|---|---|---|---|
| 工人 | M | 1.53 | 2.54 | 1.95 | 2.02 |
| | SD | 0.39 | 0.29 | 0.35 | 0.30 |
| 农民 | M | 1.46 | 2.49 | 1.93 | 1.98 |
| | SD | 0.36 | 0.26 | 0.28 | 0.25 |
| 知识分子 | M | 1.47 | 2.48 | 1.85 | 1.94 |
| | SD | 0.49 | 0.34 | 0.33 | 0.34 |
| 干部 | M | 1.59 | 2.71 | 2.03 | 2.12 |
| | SD | 0.37 | 0.31 | 0.30 | 0.28 |
| 企业家 | M | 1.65 | 2.54 | 1.96 | 2.05 |
| | SD | 0.36 | 0.26 | 0.21 | 0.22 |
| | F | 1.47 | 2.27 | 1.25 | 1.75 |

10. 家庭收入对大学生健康人格的影响

家庭收入或许也会影响大学生的健康人格。为此，我们对家庭收入不同的大学生健康人格状况进行分析，结果表明：收入不同的学生在健康人格总量表、自我和谐分量表和社会和谐分量表上不存在显著差异，但在实践活动能力上存在显著差异。不过，事后比较发现，家庭收入很低的学生在实践活动能力上远高于其他学生，但其他学生之间彼此没有显著差异，如表 3－22。

表 3－22　大学生健康人格在家庭收入上的 F 检验

| | | 自我和谐分量表 | 社会和谐分量表 | 实践活动能力分量表 | 健康人格总量表 |
|---|---|---|---|---|---|
| 很低 | M | 1.67 | 2.61 | 2.17 | 2.18 |
| | SD | 0.32 | 0.30 | 0.40 | 0.32 |
| 较低 | M | 1.51 | 2.51 | 1.97 | 2.01 |
| | SD | 0.45 | 0.28 | 0.34 | 0.32 |
| 中等 | M | 1.50 | 2.53 | 1.90 | 1.99 |
| | SD | 0.37 | 0.29 | 0.27 | 0.25 |
| 较高 | M | 1.41 | 2.57 | 1.91 | 1.98 |
| | SD | 0.59 | 0.30 | 0.45 | 0.41 |
| | F | 1.22 | 0.72 | 4.46＊＊＊ | 2.66 |

11. 自评成绩对大学生健康人格的影响

学习成绩的好坏是否会影响人格状况？为此，我们采用学生自评的方式，将学生学习成绩分为很差、较差、差不多、较优秀、很优秀五等，然后分析其健康人格的水平。结果发现，如表 3－23 所示，在自我和谐、实践活动能力和健康人格总分三个维度上，自评成绩不同的学生水平存在显著差异，但在社会和谐分量表上不存在显著差异。事后比较发现，在自我和谐维度上，较优秀和很优秀的学生显著高于差不多、较差和很差的学生；在实践活动能力维度上，只有自评差不多的学生与很优秀的学生之间存在显著差异；在健康人格总分上，自评较优秀、很优秀的学生得分也显著高于其他三个等级的学生。

**表 3－23　大学生健康人格在自评成绩上的 F 检验**

| | 很差 | | 较差 | | 差不多 | | 较优秀 | | 很优秀 | | |
|---|---|---|---|---|---|---|---|---|---|---|---|
| 维度 | M | SD | M | SD | M | SD | M | SD | M | SD | F |
| 自我和谐 | 1.17 | 0.83 | 1.27 | 0.44 | 1.52 | 0.35 | 1.61 | 0.40 | 1.60 | 0.45 | 4.80*** |
| 社会和谐 | 2.40 | 0.28 | 2.47 | 0.35 | 2.52 | 0.26 | 2.59 | 0.32 | 2.53 | 0.29 | 1.43 |
| 实践活动能力 | 1.91 | 0.70 | 1.91 | 0.34 | 1.88 | 0.28 | 2.06 | 0.31 | 2.17 | 0.42 | 4.57*** |
| 健康人格总分 | 1.88 | 0.60 | 1.92 | 0.33 | 1.97 | 0.24 | 2.10 | 0.30 | 2.14 | 0.36 | 3.80** |

## 二、大学生健康人格发展相关问题讨论

### （一）大学生健康人格发展基本状况

与中学生健康人格调查的结果类似，本研究表明大学生的健康人格水平偏低。无论是总的人格统合状况，还是在自我和谐、社会和谐及社会实践能力上，其水平都比较低。我们认为，之所以出现这种情况，一方面可能是现在大学生压力增加，来自包括学习、就业、同学关系等各方面的因素都可能对其产生消极的影响；另一方面可能是现在的大学生大多数是独生子女，他们长期在过分的关爱情境中成长，对自我和对社会的整合水平都比较低。这也再一次证明，长期以来人们认同的大学生群体是应该受到关注的弱势群体。同时，这一结果也应该再一次引起人们对大学生群体的重视，研究其中更深层次的原因及对策。

### （二）大学生健康人格发展的影响因素分析

1. 性别的影响

性别历来是学者们关注的一个重要因素。过去的大量研究都表明男女生在很多方面都存在差异。本研究也发现了这一现象，即在健康人格总量表水平、自我和谐分量表和实践活动能力分量表上，男生得分均显著高于女生。这表明在这些方面，男生的人格状况统合得更好。这也能部分地解释，为什么女生遇

到问题更容易出现极端情况（如现在自杀的大学生当中女生多过男生），而男生能较好地调整自我。不过，在社会和谐分量表上，男女生之间没有显著差异。我们认为出现这一结果的原因可以部分归因于现在社会主张男女平等，而且事实上在很多领域，女性的地位已经超越了男性，因此，这无疑会影响男女之间的社会和谐能力。

2. 爱好体育运动、健康状况对健康人格的影响

大量研究表明，体育运动有利于改善个体中枢神经系统的功能，提高大脑皮层的兴奋和抑制的协调作用，使神经系统的兴奋和意志的交替过程得到加强，从而改善大脑皮质神经系统的均衡性和准确性，促进人体感知能力的发展，并使思维的灵活性、协调性和反应速度等得到改善与提高，进而提高个体的认知能力。同时，身体运动有利于改善个体的自我概念，有利于培养个体丰富的情感，特别是诸如兴奋、幸福、愉快、充实等积极的情感体验，也有利于合理宣泄各种不良的情绪，从而使个体保持健康、积极的心理状态。本研究有类似的发现，喜爱体育运动的学生能够保持更好的自我和谐、社会和谐，有更强的实践活动能力，同时具有更好的健康人格状态。这一发现，进一步提示研究者继续关注大学生的体育运动对其学习和人格发展的影响，同时也给高校教育工作提供了有力的理论支持。

另外，本研究发现，身体健康状况也影响了大学生的健康人格状况，身体健康状况好的学生不论在人格总量表得分上还是在分量表得分上均显著高于身体健康状况良好的学生，但与健康状况差的学生之间无显著差异，同时健康状况良好与健康差的学生之间在这些人格维度上的得分也无显著差异。这说明，虽然人们认为身心相互影响，但事实上可能只在身体健康状况非常好时才会提升个体的统合健康人格水平。另一方面，随着学习压力的增加、社会节奏的加快，以及电脑的普及，越来越多的人表现出一种亚健康状况，大学生也不能幸免。并且，由于缺乏足够的自我约束力，以及以寝室为单位生活的特殊群体性，诸多大学生沉迷于网络和游戏，较少参加体育活动，与同学和朋友交往越来越少，逐渐出现身体的亚健康状况，从而使其统合健康人格受到影响。

3. 专业、年级和年龄对大学生健康人格的影响

有研究表明，人格会影响个体处理事物的方法，影响其在工作中与他人的沟通方式，并促进形成个体独特的行为表现方式。因此，人格类型的不同将会影响大学生对专业、对工作性质的理解。但是本研究中，对不同专业学生的人格状况分析发现，专业对大学生的健康人格没有显著影响。我们认为，也许对大学生来说，其人格发展水平基本趋于成熟和稳定，因此并不会因专业的不同

而产生差异。不过，值得一提的是，由于现代社会专业与市场经济和就业密切相联，所以对于高校教师来说，一方面要努力拓展原有的专业使其与市场接轨，另一方面要对学生进行良好的教育，引导他们热爱自己的专业。

与专业密切相关的两个因素是大学生的年级和年龄。本研究中，除了低年龄学生比中年龄学生的社会和谐水平更低之外，在健康总人格水平、自我和谐和实践活动能力分量表维度上，年级和年龄均没有对其产生显著影响。之所以出现这种情况，我们认为是由于大部分大学生已经度过了青春期“自我认知”与“角色混乱”的时期，其人格发展逐渐趋于成熟和稳定，或者是因为目前大部分高校都开设了心理健康教育课程，成立了专门的心理咨询室，有专职教师负责，这都有利于帮助不同年级的学生保持统合健康的人格状况。

4. 父母亲文化程度、职业对大学生健康人格的影响

社会上有不少人认为父母的文化程度会对子女产生比较大的影响。为此，我们考察了父母文化程度对大学生健康人格的影响。结果发现，父母文化程度不同的学生在大学生健康人格及其自我和谐、社会和谐、实践活动的能力三个维度上都不存在显著差异。换句话说，父母文化程度对子女的健康人格不会产生显著影响。究其原因，我们认为，尽管大家都认同“父母是孩子的第一任老师”的观点，但是，这一观点似乎更多是从关注孩子知识和文化水平的发展角度出发，而忽视了其健康人格的发展。尤其是在当前的教育体制下，由于受高考指挥棒的影响，现代社会的父母不管自身文化层次怎样，关注更多的仍然是子女的学业成绩，而不是人格发展状况。这也许是部分品学兼优的大学生在遇到挫折时，选择自杀、自残等消极方式来逃避的一个重要原因。

在考察父母文化程度对子女健康人格是否有影响的同时，我们也考察了父母职业对子女健康人格的影响。结果发现，父母职业不同的学生，在大学生健康人格及其自我和谐、社会和谐、实践活动的能力三个维度上都不存在显著差异。这也表明父母职业不会对子女的健康人格产生显著影响。

家庭居住地和家庭收入是与父母文化程度和职业因素密切相关的两个因素。因此，我们有必要在此提及。本研究表明，家庭居住地对健康人格产生影响，主要表现出如下趋势：城市学生的得分高于农村学生，农村学生的得分又高于城镇学生。文化规范和制约着人们的日常工作和生活行为习惯，是决定人类行为的主要因素之一，对塑造和决定人的人格发展起着重要作用。生活在不同文化背景中的人，由于长期以一种文化作为自己的行为参照和规范，长期以来便会形成特定的态度、信念和价值观，从而会具有特定的思维方法和行为模式。家庭居住在城市、城镇和农村的大学生由于自我概念、自我调节水平、目

标选择以及个性张扬等方面的原因，其人格发展不可避免地出现差异。

以往有研究表明，经济收入对个体的人格有影响，特别是收入较低的个体，人格的发展会产生一定的缺陷。而本研究发现家庭收入对大学生健康人格及自我和谐、社会和谐没有显著影响，但对其实践活动的能力影响却很大。一种可能的解释是，自我和谐与社会和谐更多是从个体内部和个体之间来考察，所以较少受到家庭收入这个外部因素的影响。而家庭收入低的学生的实践活动能力要明显强于其他学生，可能是由于他们相对其他学生而言，从小就要帮家里干活，尽早学会照顾自己并分担家里的负担，所以他们的动手能力比一般的学生要强。俗话说“穷人的孩子早当家”，研究结果也符合这个社会的实际情况。

当然，同上文对中学生健康人格发展进行讨论时提到的观点类似，我们对大学生的健康人格的研究和探讨也还不成熟和完善，还有大量的问题亟待进一步探究和解决。这就需要我们不仅应进一步加强健康人格的理论探讨，而且还要进行大量的实践研究，包括尽可能扩大研究的样本和代表性；进一步探讨健康人格与智力、人格特质等其他因素的关系等。在此基础上，我们期待健康人格理论的发展能够对人格理论的建构，以及各级各类学校对学生的人格培养工作均产生有益的影响。

**参考文献**

1. 王弘，朱成全．大学生人格健康状况的调查报告．山西高等学校社会科学学报，2002（7）：100～102
2. 邱礼会，明兴建．高职学生健康人格研究．重庆大学学报（社会科学版），2003（5）：144～147
3. 时红兵．对当代大学生道德人格危机问题的思考．江西科技师范学院学报，2005（6）：53～56
4. 陈国和．当代大学生人格缺陷及其成因分析．宁波大学学报，2003（3）：69～72
5. 景怀斌．中国人成就动机性别差异研究．心理科学，1995（2）：180～183
6. 钟慧，范丰慧．三所不同类型中学学生人格发展的比较研究．长春师范学院学报，2003（1）：117～121
7. 王玲玲．大学生的人格状况与心理教育．江苏教育学院学报（社会科学版），2005（6）：44～45
8. 聂衍刚，郑雪．中学生人格特点和发展现状的研究．心理科学，2004（4）：1019～1022
9. 申红，黎文森．论大学生的健康人格和全面发展．合肥工业大学学报（社会科学版），2004（6）：51～54

# 第四章　学生健康人格的个案分析

## 第一节　个案研究概述

自从弗洛伊德开创精神分析学派以来，个案研究就受到心理学家们的重视，并成为推动近代心理学发展的重要动力。正是临床心理学家在临床实践中，通过对个案的研究和对个案进行分析治疗，建立了丰富的心理学理论，积累了很多有益的研究方法。不同学派的临床心理学家具有不同的哲学信仰，他们的临床心理学理论建立在不同的哲学基础之上，因而也各不相同，同时也衍生出了临床心理学的很多研究治疗方法。下面简要介绍各家各派的个案研究，以及在自我和谐统合理论指导下的个案研究方法。

### 一、精神分析

弗洛伊德创立的精神分析理论，是以无意识为研究中心的。在从事心理治疗的早期，他和同事在对多个精神病个案的观察中发现了一个共同的心理规律：在清醒状态下时，病人不能有意识地回忆起有关自己病因的情绪经验，当处于催眠状态下时，却能够很好地回想起来。从这项发现受到启发，弗洛伊德提出了意识水平理论。他将人的心理活动分为意识和无意识两种，我们在日常生活中可以觉察到的都属于意识的范畴，而意识所包含的心理活动，相对于我们的意识无法接近的无意识来说，只是冰山的一角，无意识才是水下的巨大部分。无意识包含的内容主要是被压抑的心理活动和非理性的原始冲动与各种本能。无意识具有巨大的能量——力比多。

后期，弗洛伊德在运用他的意识水平理论进行个案治疗时又发现，社会规范和道德因素对个案的心理与行为也有很大影响，因此，他进一步提出本我、自我和超我的三部人格理论。本我可以理解为人的动物性，包含在无意识之中，是人格中最难接近，但又最有力的部分，完全是由先天的本能，原始的欲望组成，本我的活动只遵从“快乐原则”。自我是人格中理智、符合现实的部分，它派生于本我，依附本我而存在，它的责任是在本我和现实之间、本我和超我之间起调节、整合作用。本我与自我的关系好比是马与骑手的关系。自我按照“现实原则”，根据现实情况来满足本我的需要。超我是人格中最文明、最有道德的部分，它由自我理想和良心两方面组成。超我是在儿童早期生活中，由父母的道德标准和社会规范内化而成的，超我根据“道德标准”制约自我。

弗洛伊德把自我比喻为在三个暴君统治下的臣民，它要尽力满足专横本我的欲求，要应付严酷的现实环境，还要遵从神圣超我的规范。自我是人格结构中维护统一的关键因素，如果自我的理论不够强大，则难以协调各种力量，使之保持平衡。在面对冲突时，自我会形成一系列防御机制来保持人格结构的统一，但是如果人格内部的冲突过于激烈，就会导致精神障碍乃至人格分裂。这时，个体就需要进行精神分析的治疗，通过自由联想、释梦等方法来接近无意识本我，找到突破口，使本我积蓄的力量得以释放。弗洛伊德认为升华是力比多最好的发泄形式，升华就是力比多通过被社会赞许的、高尚的间接方式发泄。

可见，弗洛伊德的理论都是他在心理治疗的临床实践中，通过对众多个案的观察研究而总结提炼出来的。不仅如此，弗洛伊德还在他的个案研究和治疗中，总结出了很多治疗方法，例如自由联想、释梦等。自由联想是弗洛伊德在1895年对他的病人安娜的治疗过程中创造的。他让病人很舒服地坐好，把进入头脑的一切都不加评论、不加选择地如实报告。精神分析家的工作是对病人所报告的材料加以分析和解释，鼓励病人的讲述，直到找出病人无意识之中的矛盾冲突。一旦这个无意识冲突被找到、被暴露出来，本我的能量就得以发泄，病人的病情自然会好转。1900年弗洛伊德出版了他的经典著作《梦的解析》，在该书中，弗洛伊德报告了他的很多个案的梦以及他自己的梦，他在对这些梦进行分析总结的基础上提出了很多关于梦的理论。他称“梦是通向无意识的康庄大道”。他在个案治疗实践中发现，梦的内容总与被压抑的无意识幻想存在联系。他认为睡眠时自我的控制减弱，无意识中的欲望乘机向外表现，同时由于防御机制的作用，这些欲望被化装，通过隐喻的方式表现出来。对梦的内容进行自由联想，可以得到梦的真实意义。对于梦的解析可以帮助个案了解自己的无意识冲突，从而达到治愈的目标。

弗洛伊德的无意识理论过于强调本我原始冲动的力量，认为一切的病症都最终归结为对性的压抑，因而遭到很多反对。随着社会的发展，弗洛伊德的后继者们开始重视社会文化因素对人格形成与发展的重要作用，也使得精神分析理论得到了新的发展。总的来说，精神分析学派对于无意识理论的推崇、对于人本性主要是非理性的认定是其最大的特点，这也是为其他心理学派所难以接受的。此外，精神分析的理论主要是建立和应用在个案的临床治疗，缺乏客观的实证研究支持，这更是其他学派质疑的关键之处。不过精神分析理论重视早期经验对于人格形成的重要作用，这一点还是得到了多数心理学派的认可。

## 二、行为主义

行为主义理论核心是条件反射。条件反射分为经典条件反射和操作性条件反射两种。经典条件反射是由巴甫洛夫在研究狗的消化液分泌规律时发现的，它是指在一个原本不能引起特定行为反应的无关刺激，当它总是与非条件刺激同时出现时，这个无关刺激会变成能够引起反应的信号刺激，称为条件刺激。在经典条件反射的基础上，斯金纳在对鸽子等动物的研究中又发现了操作性条件反射。操作性条件反射指的是对特定行为进行强化，从而将这种行为保存下来或使之消退。

行为主义的代表人物华生以人为研究对象验证了条件反射，使一个本来喜欢动物的11个月大的男孩对白鼠产生恐惧反应。具体做法是，每当这个男孩伸手玩弄白鼠时，实验者就在他背后猛击铁棒。经过多次结合之后，每当白鼠出现时，这个男孩就会哭闹，出现紊乱的表现。此后又进一步发现这个男孩的这种反应又泛化到其他白色有毛的动物身上去了，对兔子和有毛的玩具都产生了恐惧。

行为主义者强调环境对人格形成与发展有着至关重要的影响，并将这种思想应用于对神经症个案的治疗当中。行为主义治疗的基本假设是非适应性行为和适应性行为一样，都是习得的，个体可以通过学习消除那些已经习得的不良行为和不适应行为，也可以通过学习获得所缺少的适应性行为。在对个案进行治疗时，治疗者只针对当前个案有关的问题进行，不关心问题产生的原因，以特定行为的建立或消退为目标。

行为主义者在对个案的研究治疗过程中，发展了很多有用的治疗方法与技术，如放松训练、系统脱敏法、满灌输法、模范学习法以及角色扮演法等。放松训练对于应付紧张、焦虑、不安等情绪非常有用。放松训练结合生物反馈仪对个案生理指标的监控，可以有效地帮助个案对自己的情绪进行控制，这不但能够帮助一些症状较轻的个案直接解决情绪问题，而且能够稳定症状严重个案的情绪，为进一步治疗做准备。系统脱敏法主要用于治疗个案在某一特定的情境下产生的超出一般的紧张焦虑或恐怖状态。系统脱敏法首先针对个案的不同表现，建立恐怖的等级层次，再逐层进行脱敏训练，直至不良情绪消退。相对于系统脱敏法的温和，满灌输法则激烈得多，它直接将神经症个案暴露在最使他恐惧焦虑的环境中，反复多次，最终使个案降低对环境的敏感，克服恐惧焦虑情绪。角色扮演多用于改变个案的不良行为和进行社会技能训练。角色扮演是现实生活的一种预演，在角色扮演的过程中，个案可以学习改变自己旧有的行为或学习新的行为，并进而改变自己对某一事物的看法。

行为主义在对个案的神经症及其他不适症状的治疗过程中，有明确的治疗目标，并且可以通过外部观察或者测量来监控个案的治疗进展，这给个案研究和治疗方法有效性的研究都提供了确实可信的事实与数据支持。但是行为主义过于强调可观测的外部行为改变，完全忽视了个案的内在心理变化，难以真正揭示人的心理规律。

## 三、认知心理学

认知心理学兴起于20世纪50年代中期，随即逐渐取代行为主义，成为心理学界理论和应用研究的主要范式，并一直持续至今。认知心理学在个案研究上也有很多代表性的理论和方法。

首先是凯利的个人构建理论，他在对个案进行临床治疗研究中发现，任何个案对自己和自己的问题的看法有所改变时，都会使他的症状有所好转。凯利强调认知因素在人格形成和发展中的作用，重视个体对世界的独特见解。

在凯利的思想基础上，艾利斯结合其临床个案研究和治疗经验，创立了理性情绪治疗。艾利斯对人性的基本看法是：人既可以是理性的、合理的，也可以是无理性的、不合理的，当人们按照理性去思维、去行动时，他们就是愉快的；情绪上的困扰是由不合理的、不合逻辑的思维造成的；不断用内化语言重复某种不合理的思维与信念就会导致无法排解的情绪困扰。

理性情绪理论认为情绪不是由某一诱发事件本身引起的，而是由个体对这一事件的解释和评价引起的。这一理论又被称为ABC理论，A是指诱发性事件，B是指个体对这一事件的看法、解释和评价，C是指在特定情境下，个体的情绪及行为的结果。人们通常会认为人的情绪及行为反应是由诱发性事件直接引起的，而艾利斯则认为人们对于诱发事件所持的信念、看法、解释才是引起人的情绪及行为反应的直接原因。不合理的信念是导致情绪障碍的原因。一般来说，不合理的信念具有三大特征：绝对化、过分概括化和糟糕至极。绝对化是非理性信念中最常见的一个特征，个体从自己的主观愿望出发，认为某一事件必定会发生或不会发生，常用“必须”或“应该”的字眼。然而客观事物的发生往往不依个人的主观意志所转移，常出乎个人的意料，因此怀有这种看法或信念的人极易陷入情绪的困扰。过分概括化是指对事件的评价以偏概全，一方面表现为对自己的非理性评价，常常凭自己对某一事物所作的结果的好坏来评价自己为人的价值，其结果常导致自暴自弃、自责自罪，认为自己一无是处，一钱不值而产生焦虑抑郁情绪；另一方面是对别人的非理性评价，别人稍有差错，就认为他很坏，一无是处，其结果导致一味责备他人，并产生敌意和愤怒情绪。而糟糕至极则是认为事件的发生会导致非常可怕或灾难性的后果。这种非理性信念常使个体陷入羞愧、焦虑、抑郁、悲观、绝望、不安、极端痛苦的情绪体验中而不能自拔。

理性情绪治疗的基本步骤：首先，指出个案的思维方式和信念的不合理之处，讲清楚不合理的信念和他们的情绪困扰之间的关系；然后，要求个案对由自己的不合理情绪而导致的情绪困扰负责；接着，通过与不合理的信念进行辩论来帮助个案认清其信念的不合理之处，进而放弃这些不合理的信念；最后，治疗者还要帮助个案建立合理的思维方式，以避免再受到不合理信念的伤害。

认知心理学理论指导下的理性情绪治疗，强调认知因素对于人格及情绪的重要性，通过认知改变帮助个案缓解症状，建立合理的思维方式，提高自我抵御能力。理性情绪治疗还很注重个案治疗的结构性，也有明确的治疗目标，在治疗过程中，能够借助量表等工具观测个案思维和情绪的变化。结构化的治疗能够很好地揭示个案心理发展和变化的规律，也给治疗方法的发展和完善提供了很好的帮助。目前，认知心理治疗和行为治疗方法结合在一起，为临床个案的研究和治疗提供了很多理论和方法上的指导。

## 四、人本主义

人本主义的代表性个案研究理论是以人为中心的治疗，是由卡尔·罗杰斯提出的。罗杰斯认为人基本上是生活在他个人的和主观的世界之中的，其所具有的客观机能也是他主观目的和主观选择的结果；人具有自我实现的潜能，当这种实现的倾向被阻滞时，人就会产生心理问题和困扰；他还认为人基本上是诚实的、善良的、可以信赖的，而且这些特征是与生俱来的，“恶”的特性则是防御的结果而非本能。

罗杰斯提出自我概念应和自我相区分。他认为自我指的是真实的自我、现实自我，而自我概念是一个人对他自己的知觉和认识，是理想自我。当个体生活中的经验或体验被准确地言语化，并被结合进自我概念之中时，就可以认为自我概念和经验、体验是一致的，理想自我和现实自我是协调一致的；当个体不能准确认识生活中的经验或体验，产生歪曲和否认时，个体的适应能力就差，从而产生心理失调。

以人为中心的治疗强调个案因适应不良主动前来求助，因为主动求助说明个案承认自己需要帮助是在很大的压力之下希望有某种改变。在治疗开始时，治疗者要向个案说明治疗的情况，说明治疗只是提供一个场所或一种气氛，帮助个案自己解决问题，并且鼓励个案自由地表现、接受、认识、澄清自己的消极情感。整个治疗过程是非指导性的，个案为自己确定目标，为自己的生活做出选择。以人为中心的治疗要求治疗者能够真正理解个案，达到共情；积极关注，相信他们具有自我指导的能力，能够开发自己的潜能。当个案体验到治疗者发自内心的真诚时，才能畅所欲言。因此，以人为中心的治疗注重人与人之间良好关系的建立，正是由于这种关系，治疗才能取得进展。个案把治疗者当做是一个能倾听和接受他思想的人，他就会一点点地与自己的内心进行交流，把过去完全排除在意识之外的经验或体验重新整理出来；逐步减少否认和歪曲的经验，使理想自我与现实自我趋向和谐一致。

罗杰斯在他的临床个案治疗研究中还总结出了会谈技巧的重要作用，他将会谈技巧分为非言语技巧和言语技巧两类。非言语技巧是指治疗者通过自己的面部表情、身体姿势、目光接触、语气语调表明对个案的共情、关注与理解。言语技巧是对个案的话语不作批判、说明、解释，不提供信息、建议、忠告等，而是通过鼓励、重复及对感情的反应来推动治疗过程。治疗者对个案的谈话内容的鼓励和重复及对感情表达的反应不是简单的回声式的反应，而是对个案谈话涉及其内心真实的自我体验方面作有重点的突出或重复，对其尚未意识到的或仅有模糊意识的内心感受作深层次挖掘。治疗者对个案的理解层次越深，越有助于个案自我探索历程的深化。

人本主义强调人性中积极的一面，认为每个人都具有潜能，适应不良者可以通过自己的努力克服症状。人本主义对于个案的研究不但涉及到适应不良者的研究，也涉及到机能完善者和自我实现个体的心理研究。

## 五、自我和谐统合人格理论的个案方法

传统的人格心理学个案研究都是在临床实践的基础上进行的，积累了很多行之有效的方法。但是这些理论主要是以病态或适应不良个体为对象，过于关注消极心理的一面，缺乏以正常人为对象，对积极心理进行的研究。从人本主义学派开始，心理学家们意识到了这一不足，逐渐开始关注健康的个体和积极的心理。

目前的学校心理辅导一般要求辅导老师对来访学生进行“无病假设”，强调学校心理辅导是对正常学生的帮助，这种假设能够有效避免对来访学生“乱贴标签”。但是在消极的临床心理学理论指导下，辅导老师很难真正做到对来访学生的“无病假设”。

健康人格理论从积极心理学的角度，来分析人格的本质特征，对于个案研究有很好的指导意义。通过本书前面章节的介绍，我们知道健康人格的本质特征是统合，而人格统合包含三个方面的内容：自我内部的统合、自我与社会的统合以及自我与自己实践活动的统合。其中，自我内部统合包括自我在认知、情感与行为方面的协调与整合；潜在自我、现实自我与理想自我的统合；也包括自我在过去、现在与将来的协调与整合，形成个体自我内在一致的感受，即使个体产生一种个人自我一致的心理感受。自我与外部的统合包括自我与自然的和谐、与社会文化的和谐、人际的和谐等三个方面。自我与实践活动的统合对于学生来说主要是指个体潜能在学习活动中得以实现和展示，获得活动的效能感，是目标任务与能力的统合。

人格的统合是一个不断发展、不断完善的过程，同年龄的不同的个体，其发展水平可能不同。当学生的人格在某一方面或某些方面出现比较严重的冲突时，不统合就会表现出心理上的不良发展与不良适应。

我们通过在网上对100个学生的个案分析，总结出了学生人格统合良好和统合不良的表现。

### （一）学生人格统合良好的表现

人格统合良好的学生能够客观全面地认识自己、了解他人、探索世界，能够正确地认识客观事实，善于把握事物的本质属性。具有正确合理的自我意识，对自己的能力、性格特征以及自己与周围的环境、他人具有客观的觉察和评价。能够全面客观的认识自我、评价自我、悦纳自我。自尊、自爱、自信，

能够经受挫折，勇于面对困难，克服困难。有理想，善于思考人生的意义，不断发展自我、完善自我。

人格统合良好的学生具有乐观的生活态度，总是能看到生活美好的一面，对前途充满希望。当身处困境时，他们能够积极面对，满怀战胜困难的信心，能够坚持不懈地努力。当出现消极情绪时，他们能够及时合理地排解、宣泄和升华，因此他们具有较多的积极情绪，较少的消极情绪，主观幸福感较高。在社会兴趣和人际交往方面，自我统合良好的学生和父母及兄弟姐妹等家庭成员和睦相处，家庭气氛融洽；他们通常拥有交往亲密的朋友、同学；喜欢参加广泛的社会活动，喜欢合作也敢于竞争。在与人交往的过程中能够做到真诚、热情、相互尊重、相互信任，较少出现消极态度；具有一定的交往能力，能够正确认识自己和他人的情绪，能够营造和谐的群体气氛。他们具有很强的适应能力，能够很快适应新的环境，当他们升学转校或离家求学时，能够很快熟悉新环境，结交新朋友。他们很关注社会的现状和发展，对社会现实有正确的认识和理解，具有社会责任感和道德感，对社会公共事务有广泛的兴趣，关心他人，同情弱者。

自我统合良好的学生在学习上具有主动性，喜欢在学习活动中展现和发展自己的潜能，并且能在学习中体验到自信，获得自我效能感。对于学习过程中遇到的各种困难，他们都有信心解决，不屈不挠，坚持不懈，具有很强的应付挫折的能力。不仅如此，在社会发展的要求下，他们开始注重培养自己的创造能力，自觉摆脱思维习惯的束缚，充分挖掘自己的创造潜能。对于大学生来说，自我统合良好的学生能够根据社会对毕业生的期望，在大学求学期间，除了学习科学文化和专业知识，还很注重培养自己的各种能力，积极参加高校各个社团，参与社会实践。

### （二）学生人格统合不良的表现

学生的人格统合不良主要表现在没有形成正确的自我意识，存在很多的自我冲突和自我矛盾，对自己没有统合的认识，完全以外在的标准评价自己，时而自视清高、目空一切，时而妄自菲薄。遇到困难时，他们通常是回避，而且喜欢给自己找借口，害怕被别人知道他们缺乏能力。否认自己的缺点，内心自卑，自欺欺人，外强中干。他们对客观事实的把握不够准确，往往只看到表面现象，忽视事物的本质属性。他们也不能对他人产生客观全面的认识，总是以偏概全。学生的人格统合不良还表现在消极看待生活和世界，过于关注社会不好的一面，常常使自己陷入消极情绪的旋涡，无法排解，对任何事物都无法产生兴趣，心情沉重。当遇到挫折时，容易不知所措，情绪低落，怨天尤人，甚至自暴自弃。

在人际交往方面，自我统合不良的学生在生活中往往体验不到关心与爱，他们在与人交往的时候很难做到真正认同和信任别人，过于关注自己的利益，害怕受到不公平的待遇，容易产生嫉妒、怀疑等消极态度，对于弱者，他们通常不屑一顾，或者幸灾乐祸。他们所关注的焦点通常在自己身上，很少关注他人和社会，更不关心与自己没有直接关系的事物。因为对社会缺乏足够的了解，他们的思想和观念往往难以跟上时代的步伐，所以常常会在社会活动中遭受挫折，这让他们更加退缩，从而导致更严重的适应问题。

自我统合不良的学生对学习的重要性认识不够，不清楚学习的目的，对学习没有热情和主动性，平时浪费了很多宝贵的学习时间，面临考试时，他们喜欢突击，即使能勉强应付考试，也很难学到真本领。学习过程中他们不能充分发挥自己的潜能，体验不到成功的快乐；遇到困难时，他们很容易放弃，抱怨自己的能力不足。

## 第二节　中学生健康人格个案分析

### 一、中学生自我内部统合的个案分析

#### （一）中学生自我内部统合良好的个案分析

1. 个案描述

高中男生，家境清贫，但是他学习认真，成绩也较好，中考时，他凭借自己的能力考入了现在就读的县一中。现在的同学，个个都很优秀，在他们当中，他再也没有以前的那份优越感了。高中的学习也比较吃力，稍不注意，成绩就下滑得很厉害。进入高中的两三年时间里，虽然他很认真努力地学习，但是成绩还是起伏很大。他的数学学得最吃力，成绩时好时坏，有时一连好几次考试都很糟糕，他不得不质疑自己的能力，如果高考时还这样，怎么办？老师有时也给他打气，一次或者几次考得不好并不能说明什么，现在是学习阶段，当然会犯错误，现在犯错误是为了高考时少犯错误，高考才是目标。转眼就邻近高考了，第一次模拟考试成绩还可以。但是第二次模拟考试，他考砸了。他又开始怀疑自己，这样下去，高考会不会考砸，要是高考也考砸了，回家怎么面对父母期望的眼睛。他给自己定的目标是考上一所重点大学，有时他也想，

不一定非要是重点，一般本科也是可以的。离高考也没几天了，自己的能力在那儿，就好好考吧，争取把自己的实力都发挥出来，能考上怎样的学校就上怎样的学校吧。这样想，心里的包袱也就放下了一些，在后面的日子里，他自己给自己补缺补差。高考前一天晚上，他也没怎么睡好，上午考试的时候头有点晕，不过随后的考试发挥得还可以，最终还是考上了重点大学。

2. 理论分析

自我内部统合包括自我在认知、情感与行为方面的协调与整合和现实自我与理想自我的统合。自我统合良好表现在具有客观的认知与正确的自我意识以及乐观向上的生活态度与积极的情绪体验。能够用客观的态度去认识自己和周围世界，客观、全面地认识自我、评价自我、悦纳自我；努力发展身心潜能，提高抗挫折能力，自信、自强。能够正确认识、理解现实自我和理想自我以及二者之间的差距，并且具有乐观的精神状态，能够看到生活美好的一面，对未来充满希望。当消极情绪出现时，能合情合理地宣泄、排解、转移和升华。

上述个案，在高考巨大的竞争压力下，能够冷静地面对现实，正确并且深刻地认识自己的能力。遇到挫折和失败时，他不完全否定自己，相反，能够找到原因，不断进步。他对自己的未来充满信心，在实现理想的过程中一步一个脚印，踏踏实实。在对自己能力的正确认识的基础上，他对高考的理解也很准确到位，从而能够最终取得满意的成绩。

3. 如何养成

根据统合人格的发展观，自我的发展是在自我与社会不断相互作用的基础上进行的，贯穿人的一生。自我发展的关键期是青年期（12～25 岁），是个体在学校求学的这段时期，因此，中学生在刻苦求学的同时也是自我同一性形成的时期。个体需要把过去的经验和对未来的预期、把个人的理想和社会的要求更自觉地加以整合，从而对自己的本质、能力、理想等方面形成一种前后一致的意识，从而建立起一种稳定的自我同一性。在这个过程中，社会文化环境的影响很重要，学校的教育、父母的言传身教，都会对个体自我统合人格的形成产生重要作用。学校对学生的心理教育、人格发展教育作为健康统合人格的培养与塑造的专门性手段具有重要意义。此外，个体的自我分析与教育也是健康统合人格形成的关键因素。个体需要建立正确的自我认识和积极的自我概念。正确的自我认识是指给自己适当的定位，了解自己的优点和缺点，了解自己的个性特征。积极的自我概念是建立在正确的自我认识的基础上的，个体需要从更高的角度去寻找生命的意义，体验成功的快乐。对于现实自我和理想自我之间的关系的把握也很重要。现实自我和理想自我总是有差距，合适的差距是激励个体不断努力进步的动力。

### （二）中学生自我内部统合不良的个案分析

1. 个案描述

高三女生，从上小学开始，在课堂上回答问题时声音就很小，常常要重复几次老师才能听清，这在她的心里留下了阴影，使她产生了自卑心理。上高中时有一次回答问题，老师让她重复答案时，有同学笑出声了。因此，她觉得很尴尬，以后再回答问题，她就很怕同学取笑她，自卑心理越来越严重，坐在教室里总是很不安，严重地影响到了她的学习。有一次，她在街上碰到马路对面两个女同学迎面走过来，她和她们打招呼，可是她们没有反应，这不但让她觉得很尴尬，不知道她们是没听见还是故意不理她，而且加重了她的疑虑，觉得同学们用一种异样的眼光看她。于是，她开始害怕上学。渐渐地，她就请假不去上学，自己在家里看书。高考在即，她甚至不敢去学校填高考报名表。

2. 理论分析与诊断

自我内部统合良好的标准是客观的认知和正确的自我意识，以及乐观向上的生活态度与积极的情绪体验。该同学对客观事实的认识不够全面，因而产生了片面的自我意识。因为在课堂上回答问题时声音小，而产生了消极的自我体验——自卑，自我评价出现偏差，不能悦纳自己，甚至发展到逃避课堂，不敢上学，这种统合不良还影响到了她与同学们的交往。在外人看来，这真是“小题大做”了。可能很多人都遇到过这种情况，需要重复才能让别人听清自己说的话。而且，在课堂上回答问题时声音小更是常见，可能很多人都不习惯在公众场合发言，也可能会因为对自己的答案不够确信而采取的一种模糊策略。可是她却不会想到，因为每个人都会有“自我中心倾向”，把注意力集中在自己身上，没能从更广阔的角度去看问题。只是因为课堂上说话声音小而完全否定自己的能力，因此而自卑，并对自己的人际交往产生阻碍，最终逃离课堂，影响到正常的学习，真是太可惜了。

3. 解决方案

埃里克森认为，在中学阶段个体主要面临自我同一性危机。自我同一性在婴儿期就开始出现并逐渐形成，而且是贯穿在人的一生，青少年时期是发展自我同一性的关键期。青少年应该把过去的经验和对未来的预期、把个人的理想和社会的要求更自觉地加以整合，从而对自己的本质、能力、理想等方面形成一种前后一致的意识。

首先，建立对客观事实的正确认知，认识到在课堂上说话声音小，只是一种习惯，而不是人格的缺陷。然后，建立正确的自我意识，认识自己的优点和缺点，如果真的觉得说话声音小是一种缺点，就接受它，认识它，改变它，而不是回避。具体的改变方法是，在私下里预演课堂上回答问题的情景，并且有意识地提高自己当众说话的声音。开始的时候，认真学习课文，完成课后的问题，并将答案大声地说出来，然后，在家人或者朋友面前练习，让他们当老师提问，自己大声地回答，逐渐克服当众发言的恐惧心理，最终适应课堂环境。

另外，保持积极乐观的体验，多看生活的积极方面，及时合理地宣泄不良情绪，遇到自己难以解决的问题时，可以和朋友倾诉，还可以向老师和家长求助。去除“自我中心意识”，多想想别人，多关注外部的世界，将主要的精力放在自我实践上，创造自我价值与实现自我理想。

4. 辅导结果

目前，只能够报告一个初步的结果。该同学正在逐步理解接受上述解决方案，并付诸实践，一个很明显的变化是，当老师第二次通知她去学校填高考报名表时，她想都没想就去了。虽然，她现在还没有足够的勇气回到课堂上，但是，我们相信，她会慢慢克服这一心理障碍。

## 二、中学生个人与社会统合的个案分析

### （一）中学生个人与社会统合良好的个案分析

1. 个案描述

个案一：

高中女生，和同班的另一女生是好朋友，她们每次放学都一起回家，但是好朋友收拾书本的动作比较慢，每次回家都要让她等，她也常常表示不满，但是好朋友并没有因此而加快动作。有一回她为此生气了，语气不太友好，好朋友也理直气壮地说她的不是，于是她们为此而闹翻了，谁都不理谁。事后，她也觉得自己不对，为了这么点小事而失去了一个好朋友。她也知道自己并不是真的因为好朋友动作慢而生气，而是因为高三的学习压力让她烦恼，就将它宣泄在好朋友身上了，但是她怕丢面子，不肯主动向好友道歉。从那以后，她们的冷战开始了，彼此不说话，一战就是五个月，这五个月她很难过，几乎是数着日子过来的。但是她们谁都不愿意低头，不愿向对方认错。高三的学习压力越来越大，而坐前后座的好朋友互不理睬，真是让她俩好尴尬。有一天，她被《读者》里的一篇文章深深打动了，那里有这么一句话：“明明都想和好的两

个人在互相赌气向着不同的方向走去，但只要有一个人放下任性和固执，那个主动回首的人就是天使，对方并不会觉得你是丢了面子，反而心存感激，感谢他（她）给你们的友谊一个继续的机会。”这让她明白了，原来主动和好并不是放下尊严，而是赢得尊重。于是，她在圣诞节时，主动送贺卡并附上很长的歉意的话语交给好朋友。好朋友很感动，说她也是一直在动摇着，很期待彼此的和好，其实双方想的都一样，只是没有人愿意迈出那艰难而微小的一步罢了。五个月的冷战终于结束，她俩终于可以放下包袱，轻松备战高考了。

个案二：

高中女生，和同班的一个男生很谈得来，彼此也都有好感。高二时，该男生曾明确表示喜欢她，但是她考虑到高中阶段的学习紧张，没有时间顾及其他，所以没有接受男生的告白。不过，两个人依然走得比较近，一起学习英语。对于感情，彼此都心照不宣，男生也很关心照顾她。因为数学成绩较差，另一个男生帮她补习。这让那位男生很生气，质问她到底喜不喜欢他？她没有回答，男生就说出以后两不相干。这让她很难接受，泪流满面，而且，一连几天神情恍惚，无心学习。但是高考在即，她也顾不得伤心了，强迫自己把精力放到学习上，其他的事情放到高考后再说。实在不堪内心的冲突时，她就和好友倾诉，终于能够比较平静地度过了高考的冲刺阶段。高考一结束，她就鼓起勇气去找他，表明自己的心意，不要一直这样误会下去。最终他们坦诚以对，化解了误会。

2. 理论分析

和谐的人际关系和良好的社会适应，是健康统合人格的一个指标。一个具有健康人格的青少年应当拥有亲密的同学或朋友，参加范围较广的活动，正确处理人际竞争与合作的问题。与人相处时诚恳、热情，尊敬、信任等正面态度多于嫉妒、怀疑等消极态度，而且能够尽力遵循理性和公正的原则，正确认识自己和他人的情绪，能营造和谐的群体气氛。

上述个案一，在与好朋友发生冲突后，对自己和对方的情绪有正确的认知，只是，一开始，她还没有认识到宽容及诚恳在人际关系中的重要性，过于强调自己的面子问题，认为两个人都有错，首先向对方道歉的一方，在以后的交往中可能会处于被动地位。但是，当她得到提示后，就积极反省，重新评价人际交往中宽容及诚恳等正面态度的重要性，不再计较谁对谁错，主动向好朋友道歉，从而和朋友冰释前嫌。

个案二讲述的是与异性的交往，中学生正处于青春期，生理和心理的发展，让异性之间的交往复杂化，是爱情的萌发期。一般来说，青春期的中学生们对于爱情没有明确的认识，可能会把对某个异性同学的好感当做爱情，如果对方不回应这种好感，就会很受打击；同学、老师和家长都认为走得近，接触多的两个异性同学就是在谈恋爱。中学生们在老师和家长的教育下，知道了谈恋爱很浪费时间，会影响学习，在中学阶段谈恋爱是早恋，是老师和家长们所不能接受的。出于这种原因和女生的羞涩，她没有向对方表明自己的态度，她对对方也有好感。当她因为和其他男同学接触过多而遭到误会时，她觉得很委屈，很伤心，但是她还能做到以学业为重，顺利完成高考。

3. 如何养成

青年期是自我发展的关键期，这段时期是个体在学校求学的时期，因此，中学生在刻苦求学时还应兼顾统合人格的发展，力求自我与社会的统合。和谐的人际关系是社会交往的润滑剂。一个或几个亲密的朋友或同学是青少年学生健康人格发展的需要，在学习和竞争的压力下，亲密的人际关系可以帮助个体缓解压力，更加胜任当前的任务。

自我与社会统合也是在多种因素的共同影响下形成的。首先，社会文化因素对此具有广泛深远的影响。社会的风气、社会大环境下人与人之间的关系对人际关系的根本意义具有很大影响，和谐社会的构建对和谐人际关系的建立、健康人格的培养具有深远的影响。其次，父母的心理特征、教育水平、信念和价值观，对子女的健康统合人格的形成也具有榜样和教育意义。最后，学校的教育也很重要，学校是学生的人际关系培养和实践的重要环境，对于学生的人生观、价值观的形成具有关键的影响，是诚恳、热情、尊敬和信任等正面态度以及理性公正原则形成的倡导者，是和谐群体气氛的营造者。此外，个体积极健康的交友动机，积极主动的交友态度，礼貌真诚的相处原则，对自己和他人情绪的正确认知能力是个体在不断的实践过程中，通过对榜样的学习和对自己深入认知的基础上形成的。

### （二）中学生个人与社会统合不良的个案分析

1. 个案自我描述

我的性格是冲动易怒，又粗线条。在人际交往过程中，经常会因为误会而和别人产生冲突。不过我会和对方解释清楚，说明我的所作所为并非出自我的本意，不像他所看到的那样。当他们认识到我内心的真诚后，通常会谅解我的错误行为，可以继续和我做朋友。

在中学阶段，学习任务很重，老师、家长都要求我一门心思放在学习上，周围的同学个个都很勤奋。但我还是在长大，长大了就会和社会有更多的接触，知道很多人情世故，慢慢地进入大人的世界。于是我的内心就产生了一个冲突——长大还是不要长大？本身我很讨厌大人的世界，喜欢小孩子单纯的思想、快乐的生活，不需要负很多责任，做错了事情也不会有多严重的后果，不用顾及太多事情，不用想一些勾心斗角的事儿，开开心心地想做什么就做什么，什么也无需担心，无需害怕。很小的时候我就有一个愿望——不要长大。我不想看到长大了的、被社会磨去棱角的、不自由的自己。可是我不是Peter Pan，还是飞一样地在长大，要面对大人的世界了。开始有很多人告诉我：要成熟一点了；想问题不要再那么幼稚了；不要成天没心没肺了；要学会承担责任；不可以太喜新厌旧了；要跟老师同学小心点相处；不要锋芒太露了招人非议；说话不要再不经过大脑就脱口而出，要顾及别人的感受了；不要那么偏执了；不能什么都不考虑成天就知道玩了；要好好考虑很多事情；要好好努力了……听得多了，有时候遇事不冷静，又出差错的时候，害怕负责任的时候，就好像看到自己心里天使和恶魔打架的样子。唉！到底要不要长大啊！

这个冲突存在了很长时间，可是没有导致很严重的后果，至少自己这么认为。应该说就是在做事情的时候，一会儿表现得很冷静，一会儿又回到缺心眼的样子。不过这种飘忽的态度也还是说明不成熟，所以受到的评价大部分都还是孩子气，说话办事太冒失。

2. 理论分析、诊断

从个体生命开始时，我们就处于一个安全的、受保护的环境中，我们一直在父母的呵护中成长。不管家庭条件如何，我们的父母、亲人总是把我们放在第一的位置上，尽心尽力照顾我们，让我们健康成长。对于现在的独生子女来说，他们更是家中的“小皇帝”“小公主”，总是处于受关注与中心的位置。在这样的环境中成长起来的孩子，当然会习惯以自我为中心，关注自己内心的想法。当然，成长还是会逐渐改变每个人的环境，赋予每个人责任。孩子要作为单独的个体，去接触社会，去和他人交往，去对自己的行为负责任。责任首先是一种负担，一种限制。当我们做错事情的时候，越来越不能以“只是个小孩”这个理由得到谅解，这让我们意识到，我们长大了，要为自己的行为负责任了。但是做事情之前要思前顾后，顾及到别人的感受，还真是麻烦，真不习惯。况且，交往中很多的人情世故，并不是一下子就能掌握的，于是，我们常常碰壁，常常非出自本意地伤害到别人。这个时候就想，自己不要长大，永远像小孩子一样，自由自在，无忧无虑，也不用担负这么多的责任。

殊不知，自由也是以责任为前提的。儿时的自由是因为父母在为我们承担责任，社会在为我们承担责任。但这些责任最终还是要我们自己来承担，我们需要对自己负责，对社会负责。

每个人在其成长的过程中都会遇到类似的问题。人既是理性的，也是感性的。人是由低等生物进化而来的高级动物，本性中具有趋乐避苦的一面，但是同时，人也是社会的产物，理性也是必备的一面。感性与理性、趋乐避苦与责任义务、自我中心与关注社会关注他人都是相互对立的，但又统一在同一个体身上，所以矛盾是绝对的。我们必须要认清这些矛盾，接受这些矛盾，不断学习，去完善自己的社会能力。

在个体成长的过程中，在教育过程中，由于社会价值观的影响，个体的学习与知识的积累被放在一个很重要的位置上，个体的学习能力能够得到充分的发展。相比之下，社会交往能力却没有受到足够重视，结果是，当儿童进入生理心理飞速发展的青少年期时，交往能力的不足显现出来，这成为青少年面临的重大问题。有效成功的社会交往可以促进人与人之间相互沟通理解、调节身心状态、增强人的责任感。而在社会交往中受挫给青少年带来的不良影响也是很大的。

3. 解决方案

首先，需要认清生活本来的样子，孩童时代的特性是个人本性最真实的写照，孩童是生活在一个被简单化的世界中的。我们要从父母、亲人那里接受本该属于自己的责任，勇于承担起来。认识到矛盾冲突总是存在的，每个人都会遇到困难，遇到困难时，回避退缩只是权宜之计，勇于面对、积极解决才是真正的办法。不但如此，一而再的回避与退缩，只会让我们产生更多的消极情绪与消极的自我评价，夸大问题的难度，灭自己志气，长他人威风；相反，我们会在积极面对与解决问题的过程中，不断积累经验，不断体验成功，从而增加信心，产生积极的自我评价，提高自我效能感，这样我们就得以真正成长，不再害怕困难，而是主动挑战更高难度的事情。

其次，去除自我中心，关注他人，关注社会。人际关系的好坏不以自我是否得到满足为唯一衡量标准，更重要的是交往双方的相互理解，相互信任。要尊重对方的需要，尊重对方的情感，为达到双赢，有时可能要自己作一点牺牲。由于冲动而对别人、对友谊造成的伤害，犹如在木板上钉上的钉子，道歉只能将钉子拔掉，但是钉子钉过的痕迹是永远也无法抚平的。所以，在交往的过程中，我们要时刻顾及对方的感受，尽量避免伤害的造成。不仅如此，我们还应尽量去理解、同情别人的不幸遭遇、痛苦的情绪，即使暂时不能理解，也要同情他们当前的痛苦体验。这不是欺骗，因为，当我们能为他分担一些不幸时，他自己所承受的不幸就少一些。此外，青少年不要把眼光仅仅局限在与本人有直接关系的事物上，要对广泛的公共事务都有兴趣，能够以一种开放的态度，主动关心社会、了解社会，看到社会发展的积极面和主流。

最后，在实践中学习人际交往的原则与方法。真诚地投入到人际交往中去，从家庭交往开始，把自己定位为一个独立的具有责任感的个体，和父母交往，和他们分享自己的想法，并且努力去理解他们，理解他们对自己的期望，理解他们的心理需要；在自己力所能及的范围内去帮助、关心他们。和同学交往，在学习上互相帮助，在生活中互相帮助，在同学需要的时候伸出友谊之手。

4. 辅导结果

在认识到自己的责任后，该同学逐渐不再抗拒长大了。在与人交往的过程中，慢慢学会了控制自己暴躁的情绪，表现得更加冷静了。渐渐地，同学们都愿意和他交往，他的朋友越来越多了。父母也发现了他的变化，说他长大了，懂事了。他自己也发现长大其实也没什么不好的，虽然有时还会碰壁，但还是从中能够学到经验，学到交往的技能，只要自己好好总结经验，以后就不会再犯同样的错误了。

## 三、中学生自我与实践活动统合的个案分析

### (一) 中学生自我与自己实践活动统合良好的个案分析

1. 个案描述

个案一：

高三女生，因为是在重点高中就读，父母和亲戚朋友都很看好她，认为她很有能力，肯定能考上一所好大学。但是学习的压力只有她自己才体验得到，同学之间的竞争，自己给自己的加压，重点高中并没有给她带来快乐，学习成绩也不突出，而且起伏很大，第一次模拟考试的分数没有达到重点分数线，反而一些在普通高中就读的同学有好几个超过了重点分数线。她知道自己已经尽力了，但是和父母的期望还有很大差距，她只有愧疚。所以开始拼命做题，但是效果却越来越差，随后的模拟考试的成绩也越来越差。高考越来越近了，她想到逃避，想装病不去参加高考，再复读一年可能会有更好的成绩，但是这样做又对不起关心她的父母和朋友。思前想后，都找不到好办法，只能半夜里偷偷蒙在被子里哭。第二天，回到学校看到同学们都在积极备考，她才觉得自己的退缩很不应该。后来，她了解到她的一个同学最近的成绩也不好，而且家里

出了事，人家都没有放弃。知道这些，她突然觉得自己的成绩下滑根本没什么大不了，尽力去考吧，考上什么样的学校都行，只要对得起自己，就问心无愧。况且，只要有能力，以后一样可以找到好工作。于是，她把自己的心态放平，找到自己的薄弱环节，针对性地补缺补差，把考场看作平时做练习一样，带着一种学习的心态去做题，碰到不会做的，也不感到紧张，想着尽力就行。结果考的成绩也不错，最终还是考上了一所重点大学。

个案二：

高三男生。(自我陈述) 我是一个爱好广泛的人，而且特别容易受那些爱好的诱惑。高二的时候，因为马上就要进入高三，面临高考，学习压力还是比较大的。那时候，周围环境中诱惑简直无所不在：打篮球、看小说、听音乐等。爱好的影响早已在我的生活中根深蒂固，即使是事关前途的高考也不能一下子就把我的那些“恶习”根除。那一段时间，我内心一直充满了专心苦读与任由自己兴趣爱好发展的冲突。事实上我是一个自制力与自律性不是很强的人，庆幸我还有一点自知之明，知道完全凭自觉性不可能解决我的问题。如果让我一直对着那些诱惑，我的自制力肯定会一败涂地，会让自己再次沉溺在那些“恶习”中，不思进取。于是，我决定让自己尽量减少跟那些诱惑接触的机会，迫不得已接触的时候也尽量克制。为了减少和诱惑接触的机会，我把收音机藏了起来，把借书证交给同学藏了起来，放学下课时绕过篮球场，看到有关的字眼或物品就赶快找教科书来看。斗争的道路是曲折的，还好前途是光明的。我的策略总体来讲还是比较成功的，虽然偶有失效的时候，但在我的注意力得以从那些“恶习”上转移到学习上的时候，我还是有一点成就感的。那一点成就感也激励着我继续努力转移注意力，克制散漫。那段时间的经历也让我学会了怎样控制自己。

2. 理论分析

高考对于每位高中生来说，都是最关键的事情，也是老师和父母关注的焦点。高考作为高等教育的选拔考试，对学生未来的发展也有着重要的影响。因此，高考带给学生的压力也是巨大的。从上小学开始，学生就在向高考这个目标迈进，小学毕业时考重点初中、初中毕业时考重点高中。进入高中后，随着高考的逼近，压力也越来越大，成绩的波动和下滑是绝对不允许的，但是在这种压力之下又难免会出现各种各样的问题。如果这个时候还一心想着玩，那就等于是亲手葬送自己的未来。

上述个案一中的女同学，是老师、父母、亲戚和朋友眼中的好学生，因为她在重点高中就读。但重点高中也意味着重点压力，从高一开始，老师就给学生施压，学生也给自己施压，竞争激烈。周围都是成绩优秀的同学，自己的长处也就显示不出来了。高考临近时，成绩还是波动很大，模拟考试成绩很差，她怕自己的高考考不好，辜负父母的期望，所以想到了逃避，想装病不去考试，好再复读一年，可能更有把握。但是这样的浪费时间对不起关心她的父母和朋友。当她看到同学们都在认真复习时，就更觉得自己不对了，别人可能也在经受痛苦的折磨。逃避不是解决问题的办法，再大的困难也要勇敢面对。

个案二中的男同学，一直以来生活得很潇洒，有很多的爱好。但是，随着高考的临近，他也不得不要求自己将所有的精力都花在学习上。知道自己的自制力不够，他就想各种办法来创造一个好的学习氛围，也收到了比较好的成效。每个学生都想好好学习，取得好成绩，但要将这个想法付诸每日的实践中，却有一定困难，毕竟，相对于学习中会遇到的各种各样的困难来说，娱乐和休闲更具有吸引力。所以，我们要做到当面临学习任务时，就需要克服这些杂念，将精力集中在学习上。

3. 如何养成

首先，要认识到高考的重要性。只有对高考的重要性有足够的认识后，才能积极主动地投入到学习中去，只有积极投入到学习实践中，才能展现和发挥自己的潜能，体验成功，增强自信，提高自我效能感；同时还要敢于接受各种挑战，在困难面前，不屈不挠，坚持到底，具有面对挫折的能力。

其次，创造良好的学习环境。一般来说，学校会给我们提供一个比较好的学习环境，我们要好好利用这个学习环境，与同学互相学习，互相帮助。当我们在家里学习时，就需要父母来帮助自己创造一个良好的学习环境。在家里，没有老师管，没有同学可以做参考，自制力就变得很重要了。

最后，学生要对自己的能力有正确的认识和合理的评价，在此基础上建立对自己的合理期望。付出总会有收获，可是努力学习不一定能够及时准确地反映在学习成绩上，因为试题有难有易，考试时的发挥也会影响成绩。这时，我们就必须对自己有信心，调整心态面对重要的考试。

### （二）中学生自我与自己实践活动统合不良的个案分析

1. 个案描述

高中女生，从小学习就很认真，成绩也很好，老师和家长都很喜欢她，邻居们也经常夸她，让自己的孩子向她学习。因此，她从小就具有优越感。上初中时，她的数学成绩开始下滑，不过语文和英语成绩都很好。但她总感觉学习比较吃力，不再像读小学时那么轻松了，要花费很多精力才能将成绩维持在一个较好的水平上。中考时，她没有发挥好，没能考上重点高中。虽然她家里的经济状况并不是很好，但是父母还是交了额外的钱，让她能够读重点高中。进入高中后，她发现班上同学成绩都很好，而她却对物理、化学的学习越来越力不从心。她不禁怀疑起自己的学习能力，任凭她花多少时间在学习上，成绩都难以提高，而且物理和化学成绩更是糟糕。渐渐地，她开始觉得头疼、胸闷，而且越发严重，只好请假不去上学，经常是一个星期要请三四天假，后来干脆不去学校了。一段时间后，学校建议她休学。休学期间，她接受了心理治疗。一年后，因为父亲工作调动，她转校到一所普通高中。她自己也告诫自己要好好学习。但是在新学校学习两三天后，她的症状又复发了，严重的头疼和胸闷使她无法继续学习。

2. 理论分析、诊断

随着年级的升高，学习的难度也会增加。小学生，如果认真学习，就很容易取得好成绩；而到了初中以后，课程越来越多，对学生提出的要求也越来越高，学习不踏实、方法不得当、知识不能系统掌握的学生都难以获得好成绩；上了高中，课程的难度进一步增大，想凭着小聪明去获得好成绩是不可能的，因此学生成绩的差异也会越来越大。

上述个案，在小学时，认真学习，可以轻松取得好成绩，得到别人的称赞与羡慕。她因此也产生了一种优越感，认为自己天生就是块学习的料，认为自己在学习上具有天赋。上到初中时，她的这种优越感受到了质疑，因为她要花很多的时间在学习上，才能取得比较好的成绩，不再优越。到了高中，形势就更严峻了，任凭花多少功夫，也很难取得理想的成绩了，特别是理科的学习，更是一塌糊涂。

从中我们可以看到，该学生对学习有一种错误的预期，总想不付出辛勤劳动，轻松获得成功，以为这才是天才的聪明表现。她并不喜欢学习本身，也不能在学习过程中体验快乐，她学习的目的是为了取得好成绩，从而得到别人的羡慕与称赞，把学习当成一种手段。在学习中遇到挫折时，她开始退缩，逃避，出现一些病理症状，最后发展到休学。接受心理治疗后，也没有真正解决这个症结。

3. 解决方案

首先，明确学习的目的是建立对学习本身的兴趣。认识学习的目的是学习知识，掌握学习的方法，而不是为得到别人的称赞。建立学习的兴趣，从学习中体验到成功与快乐。

其次，深刻认识自己，了解自己的优点和缺点。她的文科成绩较好，这说明她可能具有很强的记忆力，理科总学不好，这说明她可能不擅长推理与逻辑思维。根据自己的这个特点，她可以去学习文科。不要因为理科学不好，就全面否定自己的能力，完全失去对学习的信心。因为对学校的环境有恐惧心理，她可以自己先在家里学习，在父母或者同学朋友的帮助下先学习一段时间，找回自己的学习能力，更重要的是找回自信，然后再考虑去学校学习。

最后，培养自己的抗挫能力。在实践活动中遇到挫折对于每个人来说都是在所难免的，“人生不如意者十之八九”，但我们还是应该积极地看待生活与学习。我们应该向不折不挠，坚持不懈，最终取得成功的伟人学习，学习他们不怕困难、不断努力、不断进步的精神。

## 第三节　大学生健康人格个案分析

### 一、大学生自我内部统合的个案分析

#### （一）大学生自我内部统合良好的个案分析

1. 个案描述

（自我陈述）生活是多变的，人生是起伏的，所以人生天地间难免会有各种各样的心理冲突，这样的描写虽然细腻深刻，却不一定能够触及每个不同的个体的心理气质，故而只有自我的深切体会和描写才是最可贵的。

因为此时此刻，这种心理冲突还时常和我打打招呼，所以记得还是比较清楚的。那是自我定位的日子里的事，也许只能用困惑、迷茫、无奈、毫无目的、浑浑噩噩这些消极得不能再消极的词语来形容了。事情的起因是这样的：那天，老师突然打电话跟我说，我最好能往学问的方向发展，还给我说了一些做学问的有趣有利的事，并说我是能够取得成功的。打这以后，这个做学问的念头就缠着我了。其实这事以前没怎么想过，虽然也觉得文人的生活挺让人羡慕的，可哪会想到自己也会有往这条路上走的可能呢！不过毕竟是大一，还早呢，先玩一年再说吧，学问，平时多看点书就是了。没想到这么快就到了大二第二学期了。老师已经认为我会往学问这条路上走了，我也自认为是如此，依然是简简单单地过着。突然有一天，一个已经工作了的师兄来看我，饭后谈起了将来，他说我应该作打算了，等到大三就太晚了。这才激醒了我以前的做学问的念头。晚上打电话回家，告诉母亲说我打算以后考研究生，不想四年读完

就出去，在中小学教书或在外面打工不适合我。母亲没怎么回应。家里供我读大学已经够困难了，还指望我以后供我弟弟呢！妹妹小学六年级就辍学了，还不是因为我的缘故，现在她只能打些小工赚些小钱，以后差不多也就是找个人嫁了，过着琐碎的生活。我不愿这样想，可我不能不这样想，这是现实，也许有些女人的命就是这么惨，妹妹就是一个牺牲品了。太痛苦了！但是，正如姨丈告诉我的，我将来继续读研究生只是让家里再苦几年，以后不就轻松了，对了，这样我还能给我妹妹一些补偿了。没错，就是这样了。可我读研究生就是为了以后找个好点的工作，那跟本科毕业找工作有什么区别，还让家里多苦几年。我的理想怎么就这么的卑微，什么学问啊，原来我是想把它们作为我过好生活的手段罢了，还要牺牲那么多亲人的劳苦。哦，对了，这样我还必须把英语学好，这真是让人难受，算了吧，我能不能考上研究生还是一个未知数呢。看来，考不考还是一个必须仔细思量的问题啦。但如果不考的话，那我就只能是走出校门工作了，当个中小学教师太没劲，也很难赚到钱来偿还家里欠下的债务，也没什么发展前途；出去外面打工吧，我这人的人际沟通能力有限，团体合作精神不高，而且这几年的心理学能够学到什么？不行，这样下去我的人生简直就是一塌糊涂。还有，这点可是非常重要，我总不能让我的女朋友跟着我吃苦吧，虽然她表示过愿意，但是要是一辈子很难出人头地的话，那不苦了她，这世界会发生什么事谁也很难说。唉，我怎么就总是认定自己只有走学术的路才能够出人头地呢，这可不好，我骨子里还是不自信。

不能再想了，我已经为这个苦恼了好久了，这段日子，越想我的负罪感越重，加上我这两年荒废的一些时光，这时后悔还来得及，这些东西挑明了真不是好事。我必须赶快想出一些简单明了的计划来使自己有个暂时的行动方案，我以后不能再这么生活了，我必须改变自己，我应该生活得更上进，我相信这种心理暗示是非常好的。好吧，就这样定下来。首先，我必须花更多的时间去学英语，管他考不考研究生呢，无可奈何去社会大学混的时候它总是有用的，这要实际点，收起那套理想主义，而且这对学好心理学很重要；其次，尽量花多点时间与精力学好心理学，不管以后考研究生考不考这个专业，谋生总是没错的；再次，总得把自己喜欢的东西学好，以作考研准备，这是双保险了；最后，这是最令人痛苦了，但人总是需要做一些令自己痛苦的事，我得无奈地关注就业之类的事情，还得时时注意培养自己的合作精神和沟通能力，这些也是生存的技艺，总得生活吧。哦，别忘了父母。

好了，现在总算平静些了，以后再和朋友老师们讨论讨论，真没办法就去咨询咨询，算是学专业课。人就是这样，总给自己的脆弱、懦弱、软弱找借口。好，以后就按照这个方案行动了，这样也许会好点。看来完善自己的工作还只是刚刚开始，没想到很多想得很美好的东西经不起生活的现实的轻轻一击。也许，真正解决这些人生的选择题需要生活的锤炼与大无畏的精神。但心理学有没有另外一种解决的方法呢?

2. 理论分析

这是一个心理学专业大二的学生对于未来的思考，中心问题是毕业后直接参加工作还是继续深造读研究生。围绕这个中心问题又产生了一系列的问题。家庭经济状况不好，为了供他上大学，妹妹很早就辍学，父母盼他早点出来工作，能帮着供弟弟上学。可是他并不甘于本科毕业后去中小学教书，觉得没什么前途，可是不当老师，去找其他工作，他又对自己的能力没有信心。有老师很早就告诉他，认为他适合搞学术研究，应该考虑进一步深造，这对他很有吸引力，但是鉴于家里的经济负担，他需要更好的理由来说服自己去继续深造，而且考研究生的竞争也很激烈，想顺利过关，还要付出艰辛的努力。他是很想考研究生了，他想获得妈妈的支持，但是妈妈也没能及时理解他，帮助他。“To be or not to be?”他被这个问题困扰着。还没到必须做决定的时候，他及时调整自己，不再紧逼自己做选择，而是努力学习英语及专业知识，做两手准备。

进入21世纪以来，我国的高等教育发展得很快，大学本科毕业生越来越多，就业压力也越来越大，同时，硕士研究生的招生人数也逐年上涨。很多人刚进入大学，就立志要考研究生，特别是一些成绩好的同学，他们也很受老师的鼓励。有些同学，刚从高考的高压环境下解脱出来，想喘口气，不愿给自己太大的压力。也有些同学，本身没有太多想法，一心只想好好学习，毕业后找个好工作，早点出去挣钱，添些家用，缓解一下父母的压力；但是看到其他同学都积极上进，有考研的抱负，也很受触动，想想就业的激烈竞争，他们也很想继续深造，给自己创造更好的机会，最好能够在学术上有所建树，建立功业，出人头地。

他们还必须认识到，硕士研究生毕业后的就业情况并非像他们想象的那样好，诚然，很多专业的研究生，在找工作时，工资的起点很高，同一个单位研究生的工资通常是本科生的两倍。但是，也有些专业的硕士毕业生的就业前景并不好，社会的需求量不大，有些工作任务比较优秀的本科生也可以完成。考虑到本科生的工资待遇较低，用人单位往往优先选择本科毕业生，而且本科毕业生的可塑性也相对较强。有一位参加工作的老师考上了公费研究生，工作单位表示他就读期间将不保留他的职位，当他了解了本专业研究生毕业后就业前景并不好时，毅然放弃了深造的机会，选择保住自己的工作。这个例子从一个侧面反映了为了找一个好工作而读研，未必是一个好的选择，及时把握好的就业机会有时更重要。读不读研究生应根据自己的兴趣与需要来选择。

上述个案具有较好的自我意识，对自己的能力有较好的认识，知道自己的长处与不足，对于自己的责任与抱负也很清楚，能够领会到父母和老师对自己的期望，也立志通过自己的努力来回报他们。当他面临就业与深造的冲突时，也有疑虑，也有彷徨，但是他并没有回避，而是积极面对，积极思考，最后，通过心理调整，能够忍受这种不确定性，抓住二者的共同性，那就是，他现在要好好学习知识，全面开发自己的能力。只要有实力，干什么都行，干什么都能获得成功。

3. 如何养成

进入大学，学生就进入了一个全新的环境中，离开父母后，很多生活上、学习上的事情都要自己去面对，自己去解决。学习不再是唯一的任务和目标，学生不但要自主学习，还要自主地选择自己的发展方向，自主监控自己的思想和行为。这个时候自我内部的统合就显得非常重要。如何培养自我内部的统合呢?

首先，主动深入地认识自己。特别是当自己遇到难以解决的心理冲突时，不要总是回避，而是以此为机会，主动、深入地分析了解自己。发现自己的不足之处，努力改正，对于无法改正的劣势之处，要学会接纳、包容；发现自己的优点，在实践中扬长避短。认识自己还要认识自己的理想，对于一个大学生来说，在成长中，总会有一些理想，只是在现实的冲击下，曾经的理想已经被深深地藏到心底，和自己都疏远了，但那股子劲儿总在。所以，在新的环境下，我们要和自己心底的理想交流一下，现在，我们有了新的认识与觉悟，可以根据过去的经验，对社会现实进行更加深入的了解和对未来进行充分估计，将我们曾经的理想加以修正，使之更具有可行性，真正成为促进我们进步的动力。

其次，客观地认识现实、他人和社会。社会现实是复杂的，每个人所看到的可能只是它的一个侧面，所以，各个人都会有自己不同的见解。当我们认识现实的时候，必须保持客观的态度，尽量避免将自己的经验、态度强加于事实之上，从而产生片面的认识和理解。

最后，保持乐观的生活态度。乐观的人通常具有较高的主观幸福感，他们常常看到生活美好的一面，对自己有信心，这种态度有助于提高个体的抗挫能力。乐观的人在遇到困难时，不会夸大问题的难度，吓退自己；而是采取“战略上藐视敌人”的策略，自己给自己打气，始终相信自己的能力，能够不折不挠、坚持不懈地努力，直至成功。乐观的心态是他们一直坚持的最好保证。

### （二）大学生自我内部统合不良的个案分析

1. 个案描述

大二男生。（自我陈述）我表面好像非常傲慢，但傲慢的外表下却隐藏着强烈的自卑感，这强烈的自卑感从小就一直伴随着我。这自卑感是来自各方各面、全方位的。长大以后，自己对自己有了些许了解，总结起来，主要来自两个方面：一个是能力的欠缺，即各种技能的平庸；一个是人际交往能力的严重匮乏。关于能力方面，用父亲的话形容："样样灵，没样精。"大家都知道，信心来自于竞争的胜出和对比的优势，但是我那所有的一点点都经不起半点竞争、半点对比，我能不自卑吗？自卑也严重影响到我的交际方面，过去见到认识的女生迎面走过来，马上低下头，开足马力向前冲，脚上立刻穿上了"轮子"冲过去，当过去了之后，立刻有一种胜利大逃亡的感觉。还有就是异常被动，只有别人主动送上门，依据礼尚往来的规矩才做回应，我是严守"闺房"的，绝不踏出房门半步。人际交往方面靠的是"说"，但我说的能力不行，不是没话可说，而是不知道该怎么说，没有搭上两句话，就觉得无话可说，因为我这人不会讲些客套话，也觉得这些东西很无聊，根本不值得说，所以话就断了线。另一个原因跟我的性格有关，过去习惯了大家坦诚相见，互相宽容和彼此分享，但现在感觉全变了，不知是我变了，还是周围的人、周围的环境变了。我还是按照原来的习惯来要求自己，同时也要求身边人也这样做，结果是我碰壁了，撞得头破血流，很伤心，在几件很小的事情中引爆了火药，我那个时候真的是受不了了。这几件事都是牵涉到一件"贵重"物品，本来真的是微乎其微的事情，可能是由于我的太过敏感，太过脆弱，结果感觉是所有的人、所有的事都是针对我的，别人都不信任我，我到底做了什么事，让他们如此不信任我，我感到人格尊严受到了极大的摧残。

2. 理论分析、诊断

该男生深入地分析了他自卑的原因，认为自己"样样灵，没样精"的能力，以及由自己的不会"说"而造成的人际交往的匮乏是自卑感的源头。"样样灵"已经说明他的学识很广泛了，现在可能是没样精，但是，只要他认真学习专业知识，掌握专业技能，他就能够做得精。不能总拿自己的不足或者平常的方面与在这个方面具有特长的人来比；具有特长的人，他们的知识可能没我们全面，其他方面的知识和我们不能相比。而对于有特长的人来说，特长就是自信的资本，一技之长至少可以用来作为谋生的手段。所以，我们每个人都应该正确全面地认识自己，看到自己的优点，不过于夸大自己的缺点。

他对人际关系的理解不够正确，其实，真诚才是人际交往的关键。人际交往不是为了说而说，而是为了人们更好地、更和谐地生活而交往。说的能力可以培养，将自己在人际交往方面的消极被动的心态等不良表现和心理全部归结为这个原因，这是不对的，也是在逃避自己应该负起的责任。

3. 解决方案

首先，建立积极、正确、全面的自我意识，发现和发展自己的优点，正确理解和接纳自己的缺点和不足。相信自己，合理要求自己，人无完人，不可能各个方面都做到完美。在自己“样样精”的基础上，好好学习专业知识，建立自己的特长，同时保持广泛涉猎的习惯，做一个既广又专的人才。积极乐观地看待未来，相信自己可以改变，通过努力可以变得更好。

其次，理解交往的真正含义，真诚地交往，理解、尊重他人，从他人的角度想想问题，不要以自我为中心。主动地交往，在交往中学习人际交往技巧，积累交往经验，更重要的是建立自己对于交往的信心。参加集体活动是学习交往的最佳途径，集体成员可以互相帮助，互相促进，互为榜样，从而共同成长。

最后，父母的教育也很重要，父母在日常生活中不知不觉地给子女灌输的思想会对子女的自我意识产生很深影响。在子女成长的过程中，父母总有“望子成龙，望女成凤”的期望，但是成长是一个漫长的过程，在这个过程中，特别是当他们看见别的孩子在某些方面更成功时，父母又不免产生“恨铁不成钢”的心态，而孩子接受到父母的这类消极评价后，往往会产生认同，也认为自己没有能力，从而形成自卑的心理。所以，在养育和教育子女的过程中，父母应该时刻注意积极关注自己的子女，看到他们好的方面，多夸奖孩子，帮助他们建立自信，充分开发他们的潜力。

## 二、大学生自我与社会的统合的个案分析

### （一）大学生自我与社会统合良好的个案分析

1. 个案描述

（自我陈述）自从上大学以后，发现原来与人交往不是一件容易的事。每个人都有自己的想法，但并不是每个人都愿意与你分享自己的感受。有时与人交往，好像只是自己一个人在演独角戏，没有人会关心你的想法和感受，这种感觉实在令人难受。以前我以为只要你真心地对待别人，别人也会以同样的方

式对待你，但是现在让我体会到的并非如此，这令我觉得矛盾，甚至有一点抗拒与人交往。

我想产生的原因可能是大学的同学大都来自不同的城市，生活习惯、家庭背景、性格，甚至语言方面都会存在着一定的差异，这可能会导致交往的不适应。因为中学里人际关系比较简单，而且大家大都是生活在同一个城市，磨合所需要的时间比较短，交往起来显得比较容易。然而在大学，专业学习不再是唯一的目标，大学生行为目标的多元化，也导致人际交往的困难。除了与大学同学交往以外，还要与社会人士打交道。性格比较内向的我，在与陌生人交往时显得比较拘谨和不自然。在与陌生人交往时，找不到话题，双方沉默而显得尴尬。这种尴尬的气氛令我产生尽量避免与陌生人交往的念头。这也许是我不太自信的一个表现吧。

它带来的后果是我的朋友圈子比较小，自己的想法只能和几个知心的朋友沟通交流，对别人的想法只是一知半解，所以不会轻易地相信别人。同时对集体活动的态度也逐渐冷淡。当我认识到这些不足之后，我鼓励自己多参加集体活动和社团活动，增加与人接触的机会和时间，锻炼自己的口头表达能力，增强自己的自信心，学习交往的技巧。我现在参加的社团活动，是一个很好的锻炼平台。我有很多机会与人交往，逐渐地适应与陌生人打交道，虽然有时与陌生人交谈时，还是会出现冷场，然而与以前相比，情况有明显好转，心中的抗拒感也逐渐地减少了。在那里我找到了与人交往的自信，同时也提高了参加集体活动的积极性，使自己有更多的机会和同学沟通交流。我还是相信真诚地对待别人会换来他人的真诚回应。在交往中，我还学会了真诚地赞扬和欣赏别人，虚心地向别人学习。当我们了解自己的和他人的优缺点和性格特性，找到相同点时，交往起来就会比较容易。

2. 理论分析

刚刚从祖国的四面八方聚集到一起的大学新生们，通常需要一段时间来适应大学的生活和学习环境，培养良好的人际关系。交往需要在合适的时间，到达合适的深度。和自己还不熟悉的人分享内心深处的感受时，对方因为对你并没有深入的了解，而无法表现适当的回应，这时我们也不要急于求成，当彼此深入交往，成为亲密的朋友时再来分享内心深处的感受，就会获得很好的体验了。感情是需要慢慢培养的，刚开始进入新的环境，彼此之间不熟悉，确实会给交往带来挫折，但这只是暂时的。

每个人都有交往的需要，外向的人喜欢热闹，喜欢与别人交往，拥有比较成熟的交往技巧；内向的人，在交往的时候，特别是和不熟悉的人交往时，可能常常会找不到要谈论的话题，可能造成冷场，但是内向的人与别人交往时，一般更加真诚，反而更容易与人建立深厚的友谊。所以，内向的人也不必自卑，真诚才是交往的真谛。

交往成功与否，不是以认识的人数、交往的数量为衡量指标。人际关系的质量以及交往中的体验更重要。在大学生中，很多人是为了培养、提高自己的人际交往能力而和人交往，这种外在的动力，有时可能超过了个人内心的交往需要，从而产生为了交往而交往的现象，歪曲了社会交往的含义。

3. 如何养成

人是具有社会性的，自我与社会的良好统合，可以让人们拥有更多的正性情绪，提高主观幸福感水平和社会适应能力。对于大学生来说，如何做到自我与社会的良好统合呢?

首先，积极参加社会交往活动，培养自己的交往技巧和信心。能力源于实践，信心源于成功，同时，对于能力的自信可以促成实践的成功。外向的人，喜欢与别人交往，不甘寂寞，在交往中表现得积极主动；相比之下，内向的人在人际交往中，习惯退缩、被动，心中有交往的需要，但是行动时，却对自己没有信心，过于担心结果。所以，对于内向的人来说，迈出交往的第一步，往往很重要。高校中，一般都有很多学生社团组织，为同学们的交往提供了一个很好的平台。

其次，看到自己的长处，建立自信。在交往中应有正确的自我定位、独立的见解。人一生中的知己，不需太多，真正能够意气相投，彼此敞开心扉、坦诚相对，就是人生一笔宝贵的财富。

最后，真诚待人，尊重自己，尊重他人，关注社会。真诚是美德，它对于交往的重要性远在交往技巧之上。在交往中，尊重自己的需要，尊重他人的利益。此外，我们还要关注整个社会。

### （二）大学生自我与社会统合不良的个案分析

1. 个案描述

（自我陈述）我认为自己是一个内外向结合的人，在熟人面前，我可以很轻松，放得很开，说话也比较不经大脑。但是和不熟的人相处时，我就会显得很拘谨，不大爱说话。尤其在某些人面前，我会不由自主、莫名其妙地感到有点自卑，或者很没信心，怕自己的表现不够好，怕别人看不起。所以总觉得只能和一些人做朋友，对于另一些人不知道怎么的，就是无法和他们做朋友，甚至无法像一般人那样谈话。并不是因为我觉得他们不好，反而是觉得他们太好，甚至给我一种高高在上的感觉，让我觉得无法高攀，事实上他们并没那个意思，只是我始终无法过自己心里那一关。可能出于这样的原因吧，我有点不乐群，交际能力很一般，属于被动型的，不会想着怎样去和其他人好好交流，总是觉得交朋友是缘分的问题，不想刻意地为了交朋友而交朋友。

也许我这样的性格和家庭环境有关，我从小就很少去参加什么聚会，也很少去父母的朋友家里玩，不会和大人打交道。在长辈面前总是有点拘谨，不喜欢和他们交往。不懂得如何去讨老人、长辈欢心，也不喜欢和他们交流，因为不懂，所以不喜欢。而且父母也很少会参加这些聚会，他们总是要求我们在家，好好学习，不做什么坏事就行。自小就是什么事都由父母给我安排好，我只管按他们的安排去做就好了。所以对周围的人、事都很相信，觉得他们都不会骗我。

我对事情没主见，不会坚持自己的意见和想法，总觉得自己的想法不够好，是个思想中庸的人。有很多想法我都藏在心里，总觉得没有说出来的必要。对于我自己喜欢的东西，我也不想让其他人知道，除非我确定对方也和我一样喜欢，要不然我是不会说的，因为怕别人不同意我的看法。我觉得这些都是没信心的表现。

我从小就是父母和老师眼中听话的乖孩子，从上小学时就不会迟到，因为不敢迟到。所以有时也觉得挺遗憾的，小学、初中和高中都没逃过一次课，那种刺激感我都没机会去感受。我一向的行为表现都是中规中矩的。自己的想法挺多的，又会想着别人对自己的看法，所以忧虑的事情也不少。

上大学后，我面临着一个很多大学生都会面临的问题，那就是谈恋爱。很多人为这个问题犯难，我也不例外。我面临一个两难的选择，选择自己喜欢的人呢（但他不喜欢我）还是选择一个喜欢自己的人（但我还不喜欢他）？老实说这是一个难题，到现在我都还没有解决。为了一个自己喜欢的人，你可以放弃很多，甚至改变自己的某一方面，尊重对方，包容对方，接受对方的一切。似乎努力追求自己喜欢的东西是人的本性。但是，面对喜欢自己的人，自己是不是始终都不会动心呢？对方为了自己付出了那么多，自己就不该为对方做点什么吗？我陷入了矛盾之中，特别是在大一的时候，有时甚至魂不守舍。想想陷入这种状态是多么的无奈啊……

2. 理论分析、诊断

该同学对于自己还没有一个全面深刻的认识，自卑；对于自己的人际交往中的心理过程没有清楚的认知，在交往方面对自己没信心；对爱情的理解不够深入。人都喜欢和自己熟悉了解的、有共同话题的人交往；但是人也需要和陌生人打交道，与陌生人交往时，肯定不像和熟悉的人交往时那样顺畅，但只要我们方法得当，陌生不会阻碍交往，陌生人也可以成为朋友。所以，和陌生人交往有一个适当的期望很重要。她还提到和比自己好的人交往有很大压力，不愿意和这类人成为朋友。其实，能力和成就水平不是影响友谊的关键，更重要的是兴趣相投。她将自己的交往能力差归结为父母的培养方式，也不完全正确；现在正是锻炼自己、发展自己的时候，只要自己愿意，很多事情是可以改变的。

大学生人际交往中还有一个很重要的方面——恋爱。大学生具有很大的自主性，但是他们的心理发展水平未必达到足够的高度。由于生理发展的需要和周围环境的影响，很多大学生开始尝试恋爱。他们对于爱情的认识程度也有深有浅，多数人只考虑当前的想法和需要，没有长远的打算，高校中流行的是“不求天长地久，只求曾经拥有”。这种心态有时可能会造成严重的不良后果，不值得提倡。

3. 解决方案

首先，正确理解交往的意义。一般的人际交往，主要是在两个相互平等的个体之间进行的，交往双方是平等的个体，所以在与能力、个性比自己强的对象交往时，也不必自卑。放下思想包袱，积极主动地投入到交往中去，多参加集体活动。

其次，认识自己，开发潜能。不要将自己个性的不足归结为父母的培养方式，不去努力发展自己，而是要担负起自己的责任，有意识地培养自己的能力和自信。

最后，同时要合理分配自己的时间，兼顾到学习和其他的实践活动。在恋爱中，着重感情的培养和对爱情的理解，不能完全沉湎于其中，而耽误对自我发展更重要的事情。

## 三、大学生自我与实践活动的统合个案分析

### （一）大学生自我与自己实践活动统合良好的个案分析

1. 个案描述

个案一：

（自我陈述）自从上了大二之后，大一时的学习积极性和冲劲都不知去哪里了。在大一的时候，刚刚经历过高考的磨炼，而且对大学充满着憧憬，当时

还有很多梦想，想着在大学应该怎样努力勤奋地度过我的大学四年生活。但是梦想和现实之间的差距总是残酷的，上了大学后，很快就认识到大学也不过如此。只不过多了自由，而在多出的自由时间里，却迷失了方向，完全不知道自己读书为了什么。而且觉得前途一片迷惘，时常想，读完本科后我能做什么呢？这个专业单是读完本科想找到一份与专业相对口的职业是很难的，虽说我也不是一定要找一份与专业对口的工作的，但是，已经花了四年时间在这个专业上，如果不用在这个专业上，那我为什么读？越想越不知道自己的方向在哪里？

我将来要干什么呢？我能干什么呢？现在就连看书都觉得没什么意思。记得大二下学期刚开学时，我就好像继续放假那样，什么都不干，书也不想看。这种状况持续了一个星期才调整过来。我知道后果很严重，没有明确学习目的的学习是不会有动力的，更不要说有什么进步可言。或者说直接一点就是颓废，是在浪费青春。这是不被允许的，也是对自己不负责的行为。毕竟我不仅要对我自己一个人负责，我还要对父母负责，他们辛苦赚来的钱并不是供我享乐的。

不管这两种心理如何冲突，到最后肯定是要认真学习这种心理占优势。我不是那种会让父母失望的孩子，也不愿看到他们失望，每当我想到这一点的时候，我就知道自己该怎样做了。为了避免在宿舍对着电脑就有颓废的冲动，每到没有课的时候，我都尽量不留在宿舍，毕竟电脑就在桌上，诱惑面前，很难控制的。所以我选择在课室里度过我的空闲时间，这样很多问题都解决了，让我颓废的条件不存在，而又创造了很好的学习环境，使我能安下心来学习，学习效率也得到提高。同时我已经在思考着我将来的方向了，这才是重点。我现在开始更加留意专业的就业方向及应具备的知识。多去图书馆看相关的书籍来加强对本专业的认识。学习的时间多了，泡在电脑上的时间也相应地减少了许多。此外我也对本专业有了更多的认识，虽然现在还不能定下将来的就业方向，但之前的迷惘没有了，起码我知道自己的专业出路是很多的。而且我也去听了一些讲座，常跟师兄师姐交流，明白了将来的工作也不一定要与专业对口，心理学的知识应用面很广，无论如何也会为我的将来服务的。

个案二：

大一女生，寒假时很想回家和家人团聚，第一次离家这么远又这么久，很想尽快回家。但她又想在大城市找份兼职，赚点钱补贴自己上学的费用。父母在家乡挣钱很不容易，上大学又要很多钱，所需的费用远远超出家庭所能负荷的。所以她从一进大学的门槛就告诉自己一定要自己负担大部分的费用，减轻双亲的负担。第一学期因为人生地不熟，又要适应新学校的学习、生活环境而没机会做兼职。好不容易等到寒假，这个做兼职的好机会，实在不愿错过。可是看到同学们各个兴奋不已地收拾行礼准备回家过年，很是羡慕，心里也很矛盾。很多同学都劝她回家，觉得现在的社会很复杂，怕她一个人会受骗，而且也难得回家与家人团聚过个好年。她何尝不想这样，但是，人最大的心里痛处永远也只有当事人明白。她知道自己一定要坚持下去，回家并不在一时，不能感情用事。最后她还是战胜了自己对家的切切思念，坚决留在广州做兼职。找工作做兼职的生活真的很辛苦，她时时在进行着思想斗争，对家的思念越来越浓。最后，她决定在外做三个星期兼职，大年初二赶着便宜的火车票回家与家人团聚。

2. 理论分析

个案一中的这位同学是很认真、很上进的，但是，因为对专业就业前景的疑惑，他有时也难免会找不到努力的方向；因为缺少动力，学习上没有明确的目标，就表现得颓废，这让他自己觉得是在浪费青春。当意识到这一点以后，他进行了深入的思考，想到要改变这种状况。首先是重新安排自己的时间，为了避免上网的冲动，他就不呆在宿舍，空闲的时间都在教室里度过，给自己创造合适的学习环境。另一方面，他通过多种途径去了解本专业的就业情况，有针对性地培养、完善自己的能力。

个案二中的这位同学所面临的问题，也是很多同学都可能会遇到的问题。因为目前的高等教育收费很高，对于相当一部分家庭来说是一个重大的经济负担。而且，大学生也都到了成年的时候，看到父母渐渐变老，不忍心看到父母为供自己读书而辛劳。特别是看到一些和自己年龄相仿的朋友开始参加工作，挣钱养家的时候，心理更是不平衡，想自己挣钱供自己读书。另一方面，大学生就业时，用人单位也希望他们有一定的社会工作经验。正因为如此，很多同学都会选择做一些兼职，一方面挣些生活费，一方面积累一些工作经验。但做兼职，会占用一些学习和休息的时间。这位同学想在寒假时做兼职，可要做兼职就要耽误回家的时间，对于刚刚上大学，第一次离开家这么久的她来说，不能回家过年，实在是难以忍受。在做了多次权衡之后，她找到了很好的解决方法。

这两位同学的可贵之处就在于：遇到问题时不逃避，而是积极面对，寻求解决的办法，自己解决不了的时候，懂得寻求帮助。能够做到这样，很多问题就可以迎刃而解了。

3. 如何养成

首先，勇敢面对困境，正确对待挫折。成长过程中总是会遇见各种各样的困难和挫折，一时的失败，不是对我们的能力的否定，而是给我们提供成长的契机。人生总是在不断地发现问题，解决问题，身处困境是对个体的意志品质最好的考验。

其次，确立合适的理想与抱负，善于将理想付诸实践。在正确的自我意识、自我评价、自我期望的基础上构建的理想，才具有现实意义，才具有实现的可能。而将理想付诸实践，也是一个长期的过程，是一项艰巨的任务。

最后，学会利用资源，寻求帮助。我们生活在群体中，我们遇到的问题，别人也会遇到。“他山之石，可以攻玉。”有时听听别人的意见，会取得意想不到的结果，特别是向一些比我们更有经验的人请教时。

### （二）大学生自我与自己实践活动统合不良的个案分析

1. 个案描述

大三男生，外向，活跃。可能是因为高中阶段学习压力太大，等到终于放下高考这个沉重的包袱之后，心情格外轻松。他从踏进大学校门的那一刻起，就喜欢上了这个自由自在的氛围，可以做自己想做的事情了。他积极参加班级、学校的各种活动，在学生社团表现得很活跃，也很受其他同学的欢迎，还在校外做了兼职。两年多的学习时光，不知不觉过去，他感觉自己一直都很忙碌。当老师和同学提到毕业后的打算时，他才恍然醒悟，快乐的大学时光已过去大半，自己毕业后，到底想干什么呢？又能干什么呢？他总结了自己这两年来的收获：认识了很多人，和同学老师的关系也很融洽；为自己所在的社团做了不少贡献，自己的能力得到了锻炼，也实现了自己的一些价值；利用做兼职的机会，也接触到很多社会上的人和事，积累了一些社会交往经验；可是在学习上，投入的时间明显不够，常常是等到考试前，才挤出一些时间来复习，成绩当然也不会很好，虽然都顺利过关了，但是分数都不高，自己心里也知道，很多知识考过就忘，在专业上真是没有多大收获。

父母很早就表示，希望他本科毕业后，能够继续读研究生；现在社会就业竞争激烈，父母都是希望自己的孩子能够多掌握些本领，将来好在社会上站得住脚。最初，他认为时间还早，刚从高考的高压下解脱出来，现在不想再给自己施压。可是现在，他不得不面对这个问题了。其实他也不想这么早就出去工作，学校的时光多悠闲，自己还没享受够呢；不出去工作就意味着继续读研究生，可是学到现在，对自己的专业还没搞清楚呢，成绩摆在那儿，能考得上吗？

2. 理论分析、诊断

就业是每个大学生都必须关注的问题，随着大学毕业生的增多，用人单位有了更多的选择，他们的要求也越来越高。毕业生之间的竞争越来越激烈，想在激烈竞争中脱颖而出，就必须全面发展自己。毕业生的简历总是厚厚的，里面有各种各样的证书、奖状。学校也给学生的全面发展提供了很好的平台和很多的锻炼机会，所以，大学生活才多姿多彩。当如此多姿多彩的生活突然展现在大学新生面前时，他们可能一时无法适应，没有考虑到自己的发展需要就不加思索地投入进去了。等到毕业时才发现，没有学到对自己有用的东西。所以，对于自我的定位非常重要，只凭喜欢、爱好去选择，往往是一种避重就轻的行为，不利于个体的全面发展。

3. 解决方案

首先，进行正确的自我定位，带着目标去学习。大学的学习、生活强调自主性。学生要学会自己给自己确定目标，自己监控自己的学习，这些都需要意志的参与。在学习之外的其他方面，学生也要自主，不能再依赖老师和家长了。这个时候，对自己有清楚的认识，尤其是对自己的能力、需要的认识显得特别重要，只有正确地认知，才可能取得更好的发展。有些时候，我们单靠自己的力量可能难以解决所面临的问题，那么，我们可以把自己的问题说出来，和同学讨论，向师兄师姐请教，向老师求助，从而获得一个合适的解决办法。

其次，以学习为核心，专业知识、能力的培养是关键。本科教育的目标是培养专门型的人才和专业人才，学生学习的关键是专业知识和技能。只有学好了专业知识，掌握了专业技能，才可能在竞争中获得成功。

最后，在保证学习的前提下，全面发展自我。学习会占用我们大部分的时间，但是，如果能够合理安排的话，我们还是有很多时间去从事其他活动的，如参加集体活动、担任学生干部、参加学校社团活动、做一份兼职等。如果我们能够综合考虑自己的兴趣爱好，以及自我发展的需要，合理地选择参加一些活动，就有可能达到全面发展自我的目标。

**参考文献**

1. 钱铭怡．心理咨询与心理治疗．北京：北京大学出版社，2004
2. 郑雪．人格心理学．广州：广东高等教育出版社，2004
3. 任俊．积极心理学．上海：上海教育出版社，2006
4. 郑希付，吴发科．中学生心理健康教育案例分析．广州：广东高等教育出版社，2004

# 第五章 学生健康人格的培养与训练

健康人格的培养与训练，其实就是对个体实施人格教育的过程。所谓人格教育，是以发展学生良好心理素质、培养健全的和适应现代社会需要的人格为目的的教育。毫无疑问，人格教育的展开，应该紧紧围绕统合人格的三个方面来进行，包括良好自我意识的培养、环境适应与人际关系的协调，以及学习和社会实践活动能力的提升等。

## 第一节 人格培养和训练的途径与方法

### 一、途径

人格培养和训练的途径大致可分为两类：一类是专门的途径，另一类是非专门的途径。专门的途径是指那些为了实现人格教育的专门目的，并且依靠专业人才来实施的各种途径，如心理咨询、心理治疗、人格辅导活动课程等。非专门的途径是指那些在达到别的教育目的的同时，又实现人格教育的目的，并不一定需要专业人才来实施的种种途径，包括在学科教学中渗透人格教育，结合班级活动、团队活动开展的人格辅导，以及人格的环境熏陶等。

#### （一）专门的途径

1. 人格辅导课程

这是为开展人格教育而专门设计的一种心理活动课程，一般都要由具有教育与心理科学专业知识与技能的教师来承担。这种课程的特点是以培养学生良好人格品质或调整学生不良人格心理为目的；形式上以学生活动为主，教师引导为辅；内容上充分考虑学生人格发展的实际需要；在课程组织上一般以教学班为单位，整个课程的目标、内容、方法与步骤都是有计划、有系统地设计的。人格辅导课程的优点是能在专门组织的教学活动中对学生的认识、情感、态度与行为各方面施加积极的影响，从而起到调节学生心理状态、培养良好人格品质的目的，其功能是发展性的。另外，课程强调以学生活动为主，有利于发挥学生在教育中的主体作用与主观能动性。而以教学班为单位，也便于组织管理，同时可以使全体学生在辅导课程中受益。相对不足的地方在于这种课程是面向全班学生的一种辅导活动，难以兼顾每个学生的特点与实际需要。

2. 心理咨询

心理咨询包括个别咨询与小组咨询。个别咨询是指接受过专门知识与技能训练的心理咨询员通过与学生一对一的沟通互动，帮助学生解决心理上的烦恼和困扰，发展和调整个性中的不足，以保持与增进其心理健康的过程。小组咨询也称团体咨询，是一组学生在咨询老师的指导下共同讨论与处理他们所面临的共同心理问题。小组人数少则四五人，多则十一二人，其成员多为同年级学生，且有类似的心理困扰或人格发展障碍。无疑，心理咨询的功能是补救性的，它所面对的主要是心理和人格发展处于不平衡状态的学生或者是处于轻度心理不健康状态的学生。

3. 心理治疗

所谓心理治疗，是指运用心理治疗的理论与方法，对已经产生较严重的心理障碍的学生进行专门的调节，使之恢复到正常状态。心理治疗是矫治性的，它的对象一般是有比较严重的心理问题的学生，往往需要较长时间与周密的治疗处理，有时需要辅之以精神药物。进行心理治疗的人员必须是接受过专门训练的、有较高技术的专业人员。

### （二）非专门的途径

1. 在学科教学中渗透人格教育

把人格教育与常规学科教学结合起来，要求在完成常规教学任务的同时，实现培养学生良好人格品质的目的。这是人格教育的一条重要途径，因为学科教学是学校教育的主渠道，学科学习是学生的主导活动，学生许多心理困扰都产生于学习过程中，而学生的各种人格品质也在学科学习活动中得到发展。实际上各科教材中都蕴涵了不少适合于人格教育的内容素材，教学过程中还会经常出现有利于实施人格辅导的教育情景。因此，在学科教学中有必要、也有可能渗透人格教育。目前，国内有不少中小学教师在语文、数学、思想品德、社会、体育与艺术等学科教学中尝试渗透人格教育。

2. 在班级、团队活动中渗透人格教育

把人格教育与班会活动、课外活动、团队活动结合起来进行，这是人格教育的又一条途径。这一途径能把学校安排的各种例行活动与人格教育有机结合在一起，便于充分发挥各项活动的整体的育人功能。当然，人格教育与各种班级、团队活动有各自的目标、内容与功能，不能相互替代，只能是在实现各自目标的基础上相互促进。

3. 环境熏陶

人格的发展有赖于良好的社会环境，通过改善学生所处的社会环境来促进他们人格的发展，这是人格教育的一条重要途径。良好的社会环境从大范围来讲应包括家庭、学校与社会等与学生生存有关的环境。从学校内部来看有两个方面，即物质环境与心理环境。良好的物质环境应该保证学生活动有一定的空间，并做到空气清新，环境噪音小、明亮、和谐，教室与校园整洁美观，学生在学校中感到安静、舒适。从人格教育的角度，对学生影响更大的是心理环境。良好的心理环境主要是指学校中良好的人际关系与积极的社会心理气氛、良好的班风与校风等。

## 二、方法

人格教育的途径只是指出了人格教育的主要方向、角度或工作方式，但通过这些途径来实施人格教育与训练，还必须依赖于各种具体的方法。在人格教育中，尤其在心理辅导课的活动中，常采用以下几大类型的方法。

### （一）认知法

这类教育方法主要是依靠学生的感知、想象和思维等认知活动来达到教育目标。这类方法包括以下几种活动：

1. 阅读和听故事

教师向学生推荐优秀的和有针对性的读物以供学生阅读、编印读书卡片、开辟人格教育专栏等；在课堂上还可以安排读书讨论，交换读书心得，可收到益智、冶情的效果，并有助于态度的改变和人格的发展。利用儿童喜欢听故事的心理，讲述一些故事，以解决儿童的心理问题。如讲寓言故事帮助儿童建立善恶是非观念；讲伟人故事，使儿童效法伟人，树立高远的理想等。

2. 多媒体教学

采用多媒体的教学手段，让学生观看富于教育意义的幻灯片、录像和电影等来影响学生的思想和行为。

3. 艺术欣赏

通过音乐、美术和舞蹈等艺术欣赏的形式，陶冶学生的情操，起到人格教育的作用。

4. 联想活动

通过学生的观念联想活动，来训练学生的想像力和创造性，以及表达学生内心的感受和经验。例如，把一些不连贯的词或图画，联想成一个完整的故事；或者通过故事接力，每人说一段话，串联成一个故事。

5. 认知改变

教师通过暗示、说服和质疑等方法，来改变学生非理性的信念，从而恢复和建立合理的思考方式，来解决学生的心理问题和促进学生健全人格的发展。例如，有的学生因考试成绩不佳，就认为自己很愚笨，甚至怀疑自己智力有问题；有的学生认为学习不好，自己的前途就没有希望了。这些都是非理性的看法，需要通过认知改变的方法来加以打破。

6. 参观访问

参观工厂、农村和博物馆等，以增加学生的知识经验。近几年国内中小学校中流行的"手拉手"活动是一种很好的人格教育形式。通过城市和农村两地学校之间、班级之间和个人之间的通讯和互访活动，不仅交流了思想感情、扩大了经验的范围，而且有利于培养关心人、帮助人的品质以及人际交往的技能。

**（二）操作法**

这种类型的教育方法主要通过学生的言语和动作的操作活动来达到人格教育的目的。具体包括有：

1. 游戏

游戏是儿童、青少年普遍喜欢的活动，游戏能给他们带来快乐并使他们从中受到教育。游戏有多种分类，它可分为竞赛性游戏和非竞赛性游戏，也可分为破坏性游戏和建设性游戏等。不同种类的游戏可起到不同的心理效果，如竞赛性的游戏可以培养学生的竞争意识和团结合作的精神；非竞赛性的游戏可以减轻紧张或焦虑，获得轻松愉快的情绪体验。

2. 工作与劳动

借助各种工作，如集体打扫环境卫生、种树和办墙报等，来培养合作精神和爱劳动的品质。

3. 测验

让学生做智力、性格、态度和兴趣等各种心理测验，帮助学生自我反省和自我分析，了解自己的特点、长处和不足，以促进学生自我的发展。

4. 讲演

这种方法可以训练口才，增进学生间的相互了解。例如，教师或学生自己先准备一些题目，如“我的母亲”、“当我小的时候”、“我的理想”、“老师好像……”、“假如我是校长”等，然后将题目和班上同学的姓名分别放在两个小箱子中，每次抽中一个姓名和一个题目，被抽中的同学准备两分钟，即席讲演两分钟。

5. 绘画

通过绘画活动，可以培养学生的想象力和创造力。例如，在纸上画一个圆或几条线，让每个学生自由发挥，或全班同学集体创作。

6. 唱歌

通过唱歌活动，引起学生的情感共鸣，调动学生的情绪和积极性。

**（三）集体讨论法**

集体讨论可以集思广益，沟通思想和感情，促进问题的解决。这类方法有多种，以下几种讨论法均可用于人格教育课程之中。

1. 专题讨论

在某一段时间，针对学生普遍面临的问题进行专题讨论。例如，在新学期开始时，让学生讨论如何转入正常的学习轨道；在考试前，专题讨论有关考试焦虑的问题；在学期结束时，可以讨论如何过一个有意义的假期等。

2. 辩论

就争论性的问题进行分组辩论，提出正反两方面的不同意见、根据和理由。

3. 脑力激荡

这种方法是由美国著名创造学家奥斯本提出来的。它利用了集体思考和讨论的方式，使思想观念相互激荡，发生连锁反应，以引出更多的意见或想法。主持讨论的老师要鼓励大家发表意见，容许异想天开，想法越多越好；不容许批评别人的意见，但可以将别人的意见加以组合或改进。

4. 配对讨论法

就一个题目，两人先讨论，得出结果，然后与另两人讨论的意见进行协商，形成四人的共同意见，再与另四人一起协调，获得八人的结论。这种讨论必须经过深思熟虑，参与感也比较高，因而讨论的效果会比较好。

5. 六六讨论法

这种方法要求分组讨论，每组为 6 个人。在小组讨论中，每人发言一分钟。在发言之前，最好每人同时对讨论题目静思几分钟。这是一种人人参与而且省时的好方法。

6. 意见箱

要求学生平时将意见或问题投入意见箱中，在人格教育课时，向全班宣读，大家共同讨论。

**（四）角色扮演法**

角色扮演法是一种通过行为模仿或行为替代来影响个体心理过程的方法。简单地说就是让学生以一种类似游戏的方式，表演出自己的心理或行为问题，进而起到增进自我认识、减轻或消除心理问题、发展心理素质的作用。在人格教育课程中，可应用的角色扮演方法有以下几种：

1. 哑剧表演

辅导教师提出一个主题或一个情景，要求学生不用言语而用表情和动作表演出来。例如，让学生表演与新同学见面的情景，表演赞美别人、喜欢别人或者讨厌别人等情景。这种方法可以促进学生非言语沟通能力的发展。

2. 空椅子表演

这种方法只需一个人表演，适合于社交方面有困难的学生。例如，某个学生在异性同学面前害羞，难以正常交往，我们可以用空椅子表演的方法帮助他。具体做法是将两张椅子对着放，让该生坐在一张椅子上，假设另一张椅子坐的是异性同学。让该生先表演彼此间曾经有的或可能有的对话，然后坐到对面去，以对方的立场说话。如此重复多次，往往能使学生了解对方，增进双方的交往。

3. 角色互换

这种方法与前一种类似，只是参与的人有两个或者更多。例如，辅导教师可以让一个学生扮演失败者，一个学生扮演帮助者，两人对话一段时间后，互换椅子和角色。

4. 改变自我

在角色扮演中，辅导教师让某个学生扮演自己改变后的情况。例如，某学生上课时有多动行为，辅导教师让他扮演自己改变了，上课时不再多动了的情况。

5. 双重扮演

这种方法要求两个学生一起表演，一个是有问题的学生，一个是助理演员。有问题的学生表演什么，助理演员就重复表演什么，这样可以重现事实，帮助问题学生认识自己。

6. 魔术商店

辅导老师扮演店主，店里贩卖各种东西，如理想、健康、幸福、财富、成功等。由学生扮演买主，说出自己最想要的东西及其原因；然后，辅导教师问他愿意用什么来交换。用这种方法了解学生的需求和价值观，帮助学生树立正确的价值观和人生观。

由于角色扮演生动有趣，不但可以减轻学生心理压力、帮助学生了解自己，而且还可以促进班级内思想感情的交流、提高社会交往的技能等，在人格教育课程中可以经常运用这类方法。

**（五）行为改变法**

行为改变法的理论依据是行为主义关于行为强化的学习理论。根据这种理论，通过奖惩等强化手段可以建立某种新的良好行为或者消除某种不良行为。例如，我们利用正强化（精神或物质奖励）来促进学生举手发言，或者，我们通过负强化（如批评或惩罚）来削弱学生课堂上的多动行为等。在使用这种方法时，要明确具体指出所要强化的行为和所要达到的标准（例如，把某学生上课时离开座位的次数从原有的每节 5 次降为每节不超出 2 次）；选择适当的强化物（强化物可分为原级强化物，如糖果、玩具、书籍等；次级强化物，如分数、筹码、符号、五角星等；社会性强化物，如微笑、赞许、抚摸头、陪同游戏等。不同的学生，应选择不同的强化物，以适应他们不同的需要）；强化的时间要及时，延误时间越长，强化对行为的作用就越小。在人格教育过程中，可以使用的行为改变法有以下几种：

1. 行为训练

辅导教师在使用这种方法时，指定学生完成一些行为训练的任务，如每堂课至少主动举手发言10次，每天主动向别人打招呼15次等，并加以督促和鼓励，以加强这些良好行为。这种方法对于自卑和缺乏行动勇气的学生是很有帮助的。

2. 示范

这是一种借助模仿来习得或掌握新行为的方法。在运用这种方法时，要求辅导教师起示范作用，做学生的楷模，学生通过仿效教师而获得良好的行为。例如，教师表现出礼貌、热情、勇敢、公正和守信等行为品质，使学生模仿。在人格教育课中，不仅教师可以起示范作用，某些优秀学生也可以起示范作用。

3. 奖赏

利用糖果、玩具、分数、表扬、奖章等强化物增强某种良好行为，使之能够重复出现。在人格教育课中，教师常常以言语形式鼓励、奖赏学生，例如，“很好，你做得很对”、“不错，你表现很好”等。

4. 惩罚

利用批评、警告、记过、隔离、限制自由、令人讨厌或畏惧的刺激物如电击、恶心药和呕吐药等惩罚手段限制、改变某种不良行为。例如，采用服呕吐药的方法帮助学生戒烟。

5. 契约

在人格教育中，教师与学生双方共同商定一份明确、公平而可信的契约。在契约中，明确规定何种良好行为的表现可以得到几个积分；何种不良行为的表现，每次要扣掉几个积分；多少积分就可换取何种强化物，或者享受某种特权。这份契约使教师明确教育训练各阶段的重点，使学生明确知道训练要达到的具体目标。

以上人格教育方法分类不是绝对的，不同种类的方法之间有一定的交叉或包含关系。例如，在人格教育的认知法中包含有行为活动的成分，而在操作法中也包含认知活动的成分，只不过两类方法的侧重有所不同。在人格教育中，要根据教育的特殊目标和人格教育方法的特点，选择出最适合的培养和训练方法。

# 第二节　健康人格培养和训练方案

## 一、人格自我整合的培养和训练

在“自我统合人格理论”中，我们认为自我是人格健康的关键因素。因此，学生人格的培养与塑造，首先是关注其自我的发展和自我的协调与整合。具体来说，自我的教育主要包括三个环节：正确的自我认识、积极的自我概念、现实自我与理想自我的协调与统一。

1. 正确的自我认识

认识自己是每个人的心理需要，也是心理健康的基本原则和要求。不少学生在学习、生活中之所以产生这样那样的心理问题与困惑，很多时候与他们对自己的认识存在偏差有关。正确的自我认识，可以使个体对自己有一个客观的、恰如其分的估价，既不妄自尊大，又不自卑丧志。因此，学生应努力从多侧面、多渠道了解自己，要积极从周围的环境中提取有关自我的真实反馈，形成良好的自我认知。具体而言，正确的自我认识应注意以下几个方面：

（1）了解和掌握正确认识自我的方法。

一般来说，认识自己的方法和途径主要有这样几个方面：一是通过和别人比较来认识自己；二是通过别人的态度和评价来了解自己；三是通过自我反省和自我检查来认识自己；四是借助活动成果来认识自己。这几种方法都是个体最常采用的。当然，还有一些心理学的方法，比如通过心理分析来分析自己的无意识和人格结构；通过心理测量来发现自己的性格和能力特点。学生在通过这些方法和途径认识自己时，一定要注意以下几点：①注意比较的相对公平性，不能总是拿自己的缺点去比别人的优点，也不能拿一个家庭环境、智力水平跟自己相差很远的同学来比。②正确分析和看待别人的态度和评价。别人的态度和评价是一面镜子，可以帮助我们更好地认识自己。但是，我们都知道镜子有好有坏，有的镜子是歪曲照人的。因此，心平气和地分析他人的意见，有则改之，无则加勉。③要把自我反省和自我测查与他人的评价相结合，因为自我反省和检查有时是有盲点的。④对自己的学习成绩和其他劳动成果，学会以动态和发展的眼光来看待。不能因为一两次的成绩失误就全盘否定自己；也不能因为自己暂时在某些方面不行就自叹自怨。有的能力和技能是可以通过锻炼而得到提高的。

（2）给自己恰当定位，合理期望。

有的学生由于自我评价不恰当，期望值过高，导致理想自我和现实自我的差距过大，从而总是感到不如意和受挫，心境常处于郁闷状态，甚至悲观厌世，最后走上绝路。由此可见，学生一定要正确估量自己，当某些期望得不到满足时，要善于自我分析，是否目标过高，有时也要善于劝慰和说服自己。要懂得，没有遗憾的生活是平淡而缺少活力的生活。另外，要注意把自己定位在与他人平等的位置上，既不自负又不自卑。因此，学生应自觉地消除“自我中心倾向”。心理学家皮亚杰认为，自儿童期开始，人就产生了顽固的自我中心倾向。该倾向把个体的注意力集中在“自我”的角度，束缚了人的认识能力，阻碍了人们从更广阔的角度去考虑问题。最后，还要确定自己的角色，即能够在各种角色中自然转换。

（3）发现自己的长处与不足，善于扬长避短。

人非圣贤，孰能无过，但有过而不知其过，或者故意文过饰非，将很难与他人相处，因此正确的做法是了解自己的短处，再尽量克服改正它，或者扬长避短避开它。

2. 积极的自我概念

积极的自我概念，是指个体在正视和努力改正自己不足的前提下，能发现和欣赏自己的优点，接纳自己、喜欢自己。很多出现心理问题的人，都是不喜欢自己的。比如，有的人因为现实中自我表现得不完美，就讨厌自己、拒绝接受自己，甚至幻想一个虚幻的理想自我来代替它，结果自己贬低自己，使自己的心理受到更大的伤害。因此，要努力改善自我观念，建立良好的自我意识，这是个体保持心理健康的重要条件。自我概念积极的个体，在人群中感到安全自信，能以“真实的我”的面目出现，能够正确地认识自己，并以肯定的态度接纳自己。他们既能接纳自己的长处与发展自身潜力，也能接纳自己的缺陷、不完美和“有限制”，欣赏“我就是这个样子”。

要形成积极的自我概念，需要关注自己存在的意义。弗兰克尔的意义治疗学说中提倡个体必须寻找生命的意义。他强调，追求人生的意义是人的本性，如果个体没有对人生的意义予以思考，那么这就不是人的真正生活。在弗兰克尔的理论中，他强调，当个体找到和实现了自己生命的意义的时候，他不仅会变得很开心，而且还会面对生命的苦难……甚至准备付出他的生命。从弗兰克尔的角度，我们可以看到人在生存状态下的主动性和能动性。这体现在个体对自己的处境和现状的认知与评价，往往引入了价值与潜能的层次，使得个体在环境面前总是自由地对自己的心理过程采取某一“精神立场”，从而选择自己对环境的态度。而这种立场就是其生命意义或价值的体现。弗兰克尔指出，当一个个体的精神立场是“寻找并实现生命的意义”时，那么该个体就可以超越自己的躯体和环境的冲突，能够在所经受的一切中超越自我，对自己的想法采取一种积极的态度。此时，个体内心的满足来自他做了自己想做的事，在这一过程中，他也实现了他自己。因此，我们必须思考与关注自己存在的意义与价值，这样将有利于我们形成积极的自我概念。

此外，要形成积极的自我概念，还需要成功的体验。成功可以增强人的自我效能感，能提高自信心，是获取更大成功的条件。为了取得成功的体验，个体可以尝试：①对成功抱有积极的希望；②建立多方面的价值追求，积极寻找多方面的成功机会；③适当培养冒险精神，增加成功机会；④取得成功后充分体验成功所带来的快乐，失败后不放弃对成功的追求。对于较少取得成功经验的学生来说，一个重要的方法是：先从一件事情上获得成功、先从小事上获得成功、先从一个不太难的事情上获得成功，这样可以为获得更多方面的成功、更高目标上的成功创造条件。

3. 妥善处理理想自我与现实自我的关系

要改善自我观念、确立良好的自我意象、改变对自我的不恰当的认识，必须处理好现实自我与理想自我的关系。人本主义心理学家罗杰斯提出了自我的另外一种分类，即把“我”分为“现实自我”与“理想自我”。现实自我是指人对自己当前状况的评价，即“我”的现实。理想自我是指个体设想的“我”，包括对自己应该怎么样，将来怎么样，希望自己怎么样的认识。在罗杰斯的自我理论中，他提出：理想自我与现实自我之间的差距可作为心理健康的指标；现实自我与理想自我的和谐统一就是自我实现。而事实上，任何人的自我认识与自我期望总是不平衡的，有时甚至是矛盾的。对于个体而言，现实自我与理想自我之间的矛盾，对个体的自我意识既有积极的一面，同时也存在着消极的一面，关键取决于两者的差距：若两者的差距过小，理想自我的激励作用就减弱，人的前进动力不足，虽然有可能出现实事求是、脚踏实地的生活态度，但是个体很可能是一个缺乏理想，平平庸庸的人；如果两者认识差距过大，人总是要追求完美，总是给自己设置过高的、力所不能及的目标，此时，不管他已经取得多大的成功，他总是不满足，总认为自己做得不够好，所以他总是有失败和挫折的感觉，总是使自己陷入自卑和焦虑之中。

而现实自我和理想自我距离适当的人，能根据自身的实际情况，来确立恰当的、力所能及的目标。所以，他能够体验到成功的快乐，不断地增强自信自尊，从而使自己已有的良好的自我意象更加巩固、深化，而良好的自我意象又能促进个体才能的充分发挥，从而形成良性循环，促进个体心理的健康发展。这些个体对自我现实和自我理想之间的认识比较统一，比较符合自己的实际情况，只要经过一定的努力，自我理想的计划能够付诸实施并且能取得令人满意的结果。因此，客观、清晰、深刻地认识自我现实，全面、合理、严格地制订进取计划，积极完善自我，可使现实自我与理想自我在冲突中发挥积极作用，最终达到理想化的境界。因此，自我教育中应关注并妥善协调个体现实自我与理想自我之间的冲突与矛盾。

根据以上要点，我们认为自我整合这部分的培养方案可以包括这样一些单元：①人啊，要认识你自己；②我的庐山真面目；③找找我的闪光点；④人无完人；⑤我改变，我进步；⑥其实我能行；⑦现实我与理想我的协调等。

下面我们来看一个有关自我认识的心理课教案，题目是“我的庐山真面目”，设计者是广州市花都区长岗初级中学的郑少周和孙娟。

## 我的庐山真面目

**【教学目的】**

1. 从不同角度来认识“我”。

2. 了解认识自我的几种途径。

3. 结合自我分析，对自己有一个较为全面而准确的认识，从而提高自信心，并珍惜自己。

**【课前准备】**

1. 每个学生准备不同颜色的水彩笔，画“自画像”用。

2. 把学生分成若干个四人小组。

**【活动过程】**

一、教师导入

同学们，我先跟大家讲一个笑话：一位解差解和尚上府城，住店时和尚借机把他灌醉，把他的头剃光，然后逃走了，解差醒后发现少了一人，大吃一惊，继而一摸光头转惊为喜：“幸好，和尚还在”，可随即他又困惑不解：“那我在哪里呢？”

一个心智正常的人，大概不至于闹出不知“我在哪里”的笑话。然而要真正认识“自我”，却不是一件容易的事。同学们，你是否曾经想过，自己是怎样的一个人呢？你知不知道自己是个怎么样的人呢？那你又想不想知道自己到底是怎样的一个人呢？今天我们就来学一学如何正确地认识自己。

俗话说“知彼知己，百战不殆”，正确认识自己只有通过对自己清醒、客观地分析评价，实现自我调节、自我完善，才能客观地分析自己的优缺点，清楚地看到自己的潜力，从而做到扬长避短，充分发挥自己的优势与特长。泰戈尔有句发人深省的名言：“谁像命运一样地推着我向前走呢？——那是我自己。”法国思想家蒙田也说：“世上最重要的事情就是认识自我。”

既然认识自我是如此重要，那么我们又应该怎样去认识自己呢？人对于自己的认识是一个伴随终生的重要任务。自我认识准确、深刻，对于接纳自我、调控自我、完善自我具有重要的意义。

二、介绍自我知觉窗

1. 教师简述：根据自己和别人是否了解自己，可以将一个人对自己的认识分成四个区域。

| | 自己了解 | 自己不了解 |
|---|---|---|
| 别人了解 | 公众我 | 背脊我 |
| 别人不了解 | 隐私我 | 潜在我 |

（1）公众我。

例如：自己个子高，自己喜欢唱歌，自己喜欢踢足球，这是自己和他人双方都承认的领域。

（2）背脊我。

例如：人家认为A是个吝啬鬼，可A自己根本不那么认为。

（3）隐私我。

例如：多年前所犯的错误产生的罪恶感一直延续到现在，而他人并不知晓。

（4）潜在我。

有人有这样的体验：我为什么会说那样的话？做那样的事？这其实是一种无意识的深层心理。

2. 教师指导：不断探索自我，真正了解自己就应该扩大公开的我；袒露内心的我；缩小背后的我；开发隐蔽的我。

三、游戏：画自己

1. 画出想象中的自己，内容可以是很具体的人体、头像，也可以是比较抽象的一只鸟、一片云、一棵树、一棵小草等。可以用单色的笔画，也可以用多色的笔画。

2. 对“自画像”作分析。

画完后四人小组交流，同学相互提出问题，如：为什么用这样的色彩？为什么把自己比作是这样一只鸟？为什么脸是背过去的？为什么把自己的头像画在纸的右下方？通过同学的追问，自己的思考答复，逐步完成对自我的探索，头脑中慢慢且清晰地形成“我是谁”、“我是怎样一个人”的答案。

3. 学生推荐给自己留下较深印象的同学，向全班介绍他的作品。

四、游戏：你是这样一个人

正所谓“当局者迷，旁观者清”。我们可以通过别人的态度和评价来了解自己，通过与自己条件差不多的人比较，“以铜为镜，可以正衣冠；以人为镜，可以明得失”。

从每个四人小组中选出一位同学，由其他三位同学分别为他写出3条评语，通过同学的评价，让该同学感受到：别人眼中的我原来是这样的一个人。

五、排队游戏

再把每两个小组合并成一个大组，每组推选出一名最公正的组长。每组组长根据一定的标准把本组的组员排队，看哪一组最快。

各组排队标准：

A组：慷慨大方

B组：团结友爱

C组：诚实守信

D组：进取心强

E组：责任心强

每组找一位同学谈谈：你认为自己是否应该排在这个位置？如果不应该，你认为自己应该排在哪个位置？还有什么其他的感想？

启示：别人把你放在哪个位置并不重要，重要的是你想在哪个位置。别人眼中的“我”与自己眼中的“我”很多时候是不同的。你面前的，可能是一面哈哈镜，也可能是一面魔镜：不中听，却是真话。对着哈哈镜，我们不妨莞尔一笑；对着魔镜呢？我们是否像童话中的皇后那样，把镜子砸碎，然后让忌恨毁灭自己？

六、欣赏歌曲《真心英雄》

七、教师总结

人对于自己的认识是一个伴随终生的重要任务。能客观地认识自我，开放自我，我们才有可能成为一个既不自卑，也不自负，并且诚恳与人交往的人，这样的人有更多成功的可能而过上快乐的生活。老师在这里真诚地希望大家能够客观地认识自我，做一个表里如一的真心英雄！

## 二、人际和谐的培养与训练

人作为社会关系的总和，必须要在人际交往中才能生存。不管愿意与否，都要与他人发生千丝万缕的联系。能否与他人建立良好和谐的人际关系是衡量一个人心理是否健康的重要标准。人际关系不良、人际交往障碍会引发许多心理问题。正如我国著名医学心理学家丁瓒教授所说："人类的心理适应，最主要的就是对人际关系的适应，所以人类的心理病态，主要是由于人际关系的失调而来。"因此，在人格的培养和训练中，人际交往的训练也是其重要的部分。要培养学生良好的人际关系，懂得怎样和他人融洽相处，关键是要让他们了解影响人际关系的因素，掌握人际交往的原则、方法和技巧，当然更重要的是培养他们主动交往的意识和积极的人性观。

1. 了解影响人际吸引的因素

同一个人，为什么能和甲愉快交往，却和乙形同路人？同一个班，为什么总会分化成三三两两的小群体？我们为什么会有"酒逢知己千杯少，话不投机半句多"的感受？要回答这些问题，我们首先来看一看影响人际吸引的因素。

（1）时空接近因素。

时空上的接近是人际交往的基础。同学、同事、同乡、邻居、同宿舍，由于时空上的接近，往往会有更多的人际交往和人际吸引。正所谓"近水楼台先得月，向阳花木早逢春"、"远亲不如近邻"。当然，并不是所有的时空接近因素都会导致相互喜欢，如果接近者确实惹人讨厌或双方有敌对情绪，接近只能增加双方不喜欢的程度，所谓"眼不见，心不烦"。另外，随着交通、通讯、计算机网络等技术的发展，时空接近有了新的内涵，人际交往也呈现出新的形式。

（2）态度相似因素。

相似性是人际吸引的重要因素，它包括年龄、性别、社会地位、经济状况、教育程度、职业、籍贯、兴趣、信念、态度等方面的相似，所谓"物以类聚，人以群分"。而其中最重要的相似是态度的相似，这是因为态度相似的人，相互沟通比较容易，误会和冲突比较少，有利于交往的顺利进行。另外，每个人总希望自己对人对事的态度是正确的，他人的支持和赞同能增加自己的安全感、自信心和愉快的体验，因此，人们乐于同支持自己的人保持良好关系，甚至成为“知己”。

（3）需求互补因素。

在态度、价值观相似的基础上，交往双方在需要、气质、性格等方面互补时，往往能促进交往。生活中我们常常可以见到这种互补现象：脾气暴躁的人和温和细心的人能融洽相处，活泼健谈的人和沉默寡言的人友谊深厚。这是因为，如果双方都能满足需要，都能从交往中有所获益或得到帮助，这种交往就有了维持和发展的动力。研究表明，互补因素对人际交往的作用，大多发生在友谊深厚的朋友之间、异性朋友之间和夫妻之间。在传统的夫妻关系中，主动支配型的男性与被动服从型的女性往往能夫唱妇随，幸福和睦。

（4）才能因素。

一般情况下，一个人越有能力就越受人喜欢，越有利于交往，但也并不永远都成正比。社会心理学家阿朗森通过实验表明，在人际吸引中，存在一种“错误效应”，即一个有能力、有才华的人，偶尔犯一点小错误，会使别人更喜欢他。因为一个才能出众、不犯错误的人，会使别人敬佩甚至敬畏，反而不让人感到亲切，这可能会妨碍人际交往；如果他偶有过失，会使人感到他不再是超凡脱俗的神，而是有血有肉的人，因而更亲近和喜欢他。也就是说，白璧微瑕比白璧无瑕更有吸引力。总之，要想成功交往，能力是必不可少的因素；但如果能力极其突出，也应适当利用“错误效应”来增强自己的吸引力，润滑人际关系。

（5）仪表风度因素。

在交往中，仪表风度是最先让人感知到的因素之一，在交往中发挥着重要的作用。一般情况下，人们喜欢和仪表好、风度佳的人打交道，而对相貌丑陋、打扮粗俗的人有一种排斥心理，不愿意与之交往。因此，好的仪表风度是交往中一张有效的通行证。为什么会这样呢？首先是审美作用。爱美之心，人皆有之。人们看了仪表好的人心里舒服，产生美感，因而增加喜欢的程度。其次是光环作用。人们倾向于认为漂亮的人还具有其他一系列的优点，而丑陋的人具有其他的一些缺点。调查显示，在能力和仪表两个因素中，男性对女性的仪表更为看重，而女性对男性的能力更为看重。

（6）情感相悦因素。

“敬人者，人恒敬之；爱人者，人恒爱之。”通常情况下，人们总是喜欢那些喜欢自己的人，尊敬那些尊重自己的人，愿意和喜欢自己、尊敬自己的人交往。换言之，人们很难喜欢一个不喜欢自己的人。当得知对方不喜欢自己，两个人之间的交往就会出现障碍甚至中止。这种情感相悦性也称为交往中的相互性。由于情感相悦因素的影响，我们应注意待人热情，要积极发现别人的长处并真诚加以赞美。

（7）个性品质因素。

良好的个性品质是顺利进行人际交往的重要条件。有利于人际交往的个性包括：真诚、热情、尊重他人、有责任感、谦虚、理智、友善等，其中真诚热情是人际交往中最重要的品质之一。不利于人际交往的个性包括：虚伪、冷淡、自私、嫉妒、固执、骄傲、自卑、贪婪等。许多来访者的人际交往障碍来源于其不良的个性品质。

2. 遵循人际交往的原则

（1）平等原则。

平等是交往的基础，是建立良好人际关系的前提。平等本身的含义是广泛的，包括政治、经济、法律等各个方面。交往中的平等，主要是指一种精神上和人格上的平等。实际生活中，交往双方在政治、经济、文化、社会地位等方面是很难完全平等的，也就是说，在事实上，交往双方存在很多的不平等因素。这些不平等因素往往给交往造成困难。例如，地位优越者往往轻视地位较低者，带有居高临下和盛气凌人的心理；而地位较低者，难免自卑，有一种不敢高攀的心理，这就使交往出现障碍。因此，面对一些客观存在的不平等因素，首先要保持心理上、人格上的平等。人格平等意味着一种尊重，既尊重自己也尊重别人；人格平等意味着一种独立，双方没有人身依附关系。

（2）互利原则。

互利原则要求人们在交往中，双方都能得到好处和利益。这种好处可以是物质的，也可以是精神的、情感的。互赠礼品、互相安慰、礼尚往来、投桃报李，互利使人际关系得以维持和发展。如果交往中大家都只想得到而不愿付出，这种关系必然无法维持。

（3）信用原则。

信用原则是指在人际交往中诚实守信，言行一致。我国对交往中的信用原则历来看得很重。“一言既出，驷马难追”、“言不信者行不果”等，都强调了信用的重要性。人们最不能容忍的就是别人对自己的欺骗。没有信用，人际交往无法深入，人际关系无法维持和发展。有人认为，在现代社会里，守信用是一种愚蠢，其实不然。现代社会的交往更加广泛、更加追求互利性，同时也具有暂时性和片面性。例如，现代社会生活中每天都在频繁地进行各种商品交易会、订货会、展览会、酒会等活动，使成千上万本来不大可能交往的人聚集在一起，使之发生交往。这种交往主要不是以感情为基础，那么是靠什么维持的呢？靠信用。现代社会的人际交往更加依赖信用的作用。

（4）宽容原则。

宽容原则要求我们在交往中要辩证地看待别人，既看到别人的优点，也能容忍别人的缺点。当双方发生矛盾和冲突时，只要不是原则性的大问题，都应抱着豁达大度的心态，“退一步海阔天空”，彼此容忍，这样才能保证交往的顺利进行。金无足赤，人无完人，世界上本没有完美的事物，我们不能对人太过于苛求。宽容不是害怕，也不是懦弱，不是窝囊，也不是无能。相反，它是一种豁达，一种气度，一种成功交往的必备素质。宽容代表着自信。有的来访者人际关系紧张，根源就在于苛求别人。

3. 掌握人际交往的技巧

人际交往是一门艺术，技巧纯熟，则会挥洒自如，游刃有余；技巧不当，则难免别扭尴尬，关系紧张。经常有学生因为不善于处理人际关系而苦恼，常见的问题有：“朋友欺骗了我，我该怎么办?”“如何安慰别人?”“我觉得同事都疏远了我，有活动也不叫我参加，不知为什么?”“怎样拒绝别人又不至于得罪他?”这些问题都是交往技巧问题。人际交往技巧的培养和训练，主要注重以下几个方面：

（1）树立良好形象。

个人形象的好坏，直接影响着交往的深度和广度。一个人的形象应包含三个层次。外层次指容貌仪表，中层次指言行举止，内层次指知识、能力、个性等内在因素。在人际交往中，理想的自我形象是：容貌仪表富有魅力，谈吐高雅，语言风趣，举止得体，知识丰富，能力突出，个性健全。

（2）增强人际吸引。

根据前面所述的“影响人际吸引的因素”，我们可以运用一些技巧来增强自己的吸引力。第一，创造条件让双方在时空上更为接近，多找机会接触对方。接近导致熟悉，而熟悉往往导致喜欢。第二，了解对方的兴趣爱好、文化水平、个性特征等各方面的信息，寻找彼此的相似因素，多谈论对方所感兴趣的事情，对对方的观点、看法给予支持。第三，了解对方的需要和弱点，善于利用自身的优势满足他的需要，弥补他的缺陷。第四，在交往中尽可能地展现自身的知识和能力，让对方感到你是一个知识丰富、聪明能干的人。第五，注意仪表，学会微笑，表情丰富，掌握日常交往的礼仪，举止得体。最后，在交往中表现出良好的个性品质，热情真诚，豁达大度，情绪稳定，自信开朗等。

（3）讲究谈话艺术。

交谈是人际交往中最常用、最基本的沟通方式，也是影响交往的重要因素。有的人说了一辈子，却一直没有学会说话；有的人听了一辈子，却一直没有学会倾听。例如，我们可以听到这样的话："你太笨了，简直是个榆木脑袋!"我们也常看到这样的现象：听人说话，面无表情，毫无反应，或目光游移，漫不经心，或随意打断别人。这些都是不讲究谈话艺术的结果。同样的内容，用不同的方式表达，效果大相径庭。如批评别人事情没有做好，如果说"你真没用，这点小事都做不好"，只会引起对方的不快和自卑，影响他今后学习和工作的积极性。如果换一种说法："我想，凭你的能力，你可以做得比这好十倍!"既让对方明白了自己的意思，又激发他的积极性。

（4）把握对象特点。

技巧是灵活的、相对的。面对不同的交往对象，技巧亦有不同。有些人不明白这一点，千篇一律套用某种技巧，结果自然失败。例如，与孤僻者交往，要主动热情，耐心细致，运用暗示法，多启发，多诱导，并善于选择话题，找到他们的兴奋点。与急躁者交往，要冷静、宽容、忍让，很多时候不妨付之一笑。与自负者交往，可以采取请教式，虚心提问，耐心倾听；也可以采取震慑式，让对方暴露弱点，使其产生强烈的心理震动，这种震慑往往能促进交往。与残障人士交往，要自然，淡化对方的残障人意识，不可显得过分小心谨慎；因为残障人士往往自卑，要多鼓励赞美对方，让他看到自己的价值；另外，要注意言谈中的避讳，不可当面叫别人"瞎子"、"聋子"、"跛子"等，必要时可换一种说法，如"你腿不方便，请先走"。总之，交往中把握对象的特点，有的放矢，灵活应对，将给你带来更多的朋友。

根据以上要点，我们认为人际和谐这部分的培养和训练方案可以包括这样一些单元：①与人交往的意义何在？②如何吸引他人？③获得朋友和友谊的要诀；④学会倾听；⑤恰当表达；⑥树立主动交往的意识；⑦处理人际冲突等。

下面我们来看一个有关人际交往训练的教案，题目是"人际交往的艺术"，设计者是广州市花都区长岗初级中学的郑少周和黄彩娇。

## 人际交往的艺术

——朋辈交往

**【活动目标】**

1. 去除陌生感，训练倾听能力，增强观察力、注意力和亲和力。
2. 增强情感表达能力；使学生对聆听有更准确、更清晰的认识。
3. 学会拥抱和尊重他人，相信他人。
4. 训练学生们注重用身体语言来传递感情信息，确立"身体语言"比

“咬文嚼字”在人际交往过程中的作用更加重要的观念，有助于学生未来有效的人际沟通。

**【活动对象】**

初中一年级学生

**【活动准备】**

1. 几首学生们熟悉的歌曲。

2. 问题卡片若干（每个同学自己准备1张，写上自己烦恼的问题），4张倾听技能卡片，分别是：

（1）复述对方说过的话（“你刚才说的是……”）；

（2）更详细地询问对方说过的话（“你能不能再告诉我一点关于……”）；

（3）对对方所说的话表示兴趣（运用姿势、语气、眼光接触等）；

（4）描述对方的感觉（“我觉得你似乎正对……生气呢”）。

3. 音乐《友谊地久天长》。

**【活动过程】**

一、活动一：音乐觅知音

学生们坐在自己座位上，教师发给每个人一张卡片，卡片上有一个数字(分别是1至6)，然后教师宣布各个号码代表的歌曲，每个号码代表的歌曲为一组，有6~7人，学生须轻轻哼着（以不打扰别人为前提）这首曲子（时间为5分钟），寻找自己的知音，最先找到并集中在一起的一组为胜。

学生分享收获。

感悟：人人皆需知音，但为何知音如此难觅呢？

二、活动二：聆听的艺术

将学生分成两人一组。玩游戏时，每个学生选择一个问题，谈3分钟；一个人说话时，另一个人要表现出上述活动准备中所提到的4种技巧。每次“倾诉”结束后，谈话者根据4种技能给倾听者打分，用上一项记一分；倾听者如果没有插话，另加两分；然后双方交换角色再玩。两次“倾听”（每次谈一个问题）后，游戏结束，把两人得分相加，总分如果超过10分（最高12分），这一组得优秀。

学生分享收获。

感悟：聆听比讲话更受欢迎，聆听是一门自我控制的艺术。

三、活动三：友谊圈

学生排成圆圈，内外两层，一一对应，面对面站立，双手背后。教师宣布游戏规则：相对的两人以出手势表达意思，出1：为互相对视；出2：为点头；出3：为握手；出4：为拥抱。根据自己的意愿随意出示，动作不同的为失败；

相同手势，双方就按顺序号做相应的动作。每做一个动作后，里层圆圈就逆向转动一个人的位置，对齐后，重复上述要求。到最后四分之一时间时，教师可指令全部出3或出4，学生们互相握手或拥抱。教师要语言和缓，尽量与音乐配合好，掌握好时间节奏。

学生分享感受。

感悟："面子"什么都不能表示，只表示你的恐惧、胆怯与自卑的心理，这种面具对我们的成长毫无益处。

四、活动四："你好……"

请学生们每人表现一遍"你好"，通过各种各样的语气语调、身体语言表现出"你好"文字背后的丰富内涵，从而能更有效地仔细体味其中的分别。此外，在训练过程中还可以体味其他一些语句，如："再见"、"你真行"、"我快乐"等。

学生分享收获。

感悟：语言文字在传递情感信息时只占了7%；而语气、语调、身体语言却占了93%，有谁会想到呢？而事实就是这样的！

## 三、学习与能力的提升与发展

学生的主要任务是学习，而学习能力及与学习有关的其他活动能力的提升，对于培养学生的自信心及自我效能感有重要的作用。学习成绩差的学生常常感到自卑，有时会影响到他们的人际交往和个性。因此，学习技能的掌握、学习方法的指导、学习动机的激发及增强对学习活动的兴趣等，都对学生的心理发展和心理健康起着十分重要的作用。对学生学习及有关能力提升的训练，关键要抓住这几点：了解学习的意义，增强动机；学会有计划有策略地学习；努力参加各种竞赛活动，获得锻炼机会，增强信心。

### （一）了解学习的意义，增强动机

学习动机是将学习需要和愿望转变为学习行为的心理动因，是发动和维持学习行为的内部力量。一般来说，学习愿望是经常会产生的，但并不会立刻转化为行动，只有动机产生后，学习行为才会真正被引发。学习动机具有动力功能、反馈功能和调节功能。心理学家在大量实验的基础上得出结论：学习效率与动机强度之间，可以描绘成一条倒"U"型曲线，即中等强度的动机最有利于学习的进行。动机过强和动机缺乏都会影响学习效果，并都会带来一系列心理问题。对于学习动机缺乏的学生，要从以下几方面去帮助和引导：

1. 帮助来访者明确学习意义，建立学习目标

无论是儿童还是成人，他对学习的意义和目的的认识愈明确，其学习动机就愈强烈。老师可以通过引导学生看到自己的学习与社会发展、自我发展的密切联系，并帮助学生制订恰当的学习目标来增强其学习动机。

2. 激发来访者的学习兴趣

热爱是最好的老师，兴趣开启成功之门。学习兴趣的丧失必然伴随学习动机的弱化。如何激发来访者的学习兴趣呢？除了让他们明确学习的意义和目的之外，还应善于引导兴趣的转移，特别是对于儿童。

3. 引导来访者对学业成败进行正确归因

有相当一部分动机缺乏者是由于在学习上遭到失败和挫折后，进行了不正确的归因所造成的。因此，应鼓励并帮助来访者建立一种正确的成败归因模式，让来访者树立这样一种信念：只有努力才有可能成功，不努力注定要失败。要引导他们把成功归因于自身内部因素，如能力、努力等，这样可以使他们体验到成功感和胜任感，从而增强其今后学习的信心和兴趣。需要指出的是，咨询者不能让来访者产生“成功只取决于努力”这种不现实的认识，应该让他们正确估价自身的能力，同时又认识到努力对于取得成就的巨大作用。

4. 帮助学生掌握良好的学习技能

学习技能会使学习效果不佳，而长期学习效果不佳又会导致学习动机的减弱。因此，要始终维持较高的学习动机，就必须掌握良好的学习技能，如复习方法、听课方法、记忆策略、阅读策略等。

**（二）有计划有策略地学习和复习**

掌握科学的学习和复习方法是提高学习成绩、顺利通过考试的关键。学习的策略根据不同的人和不同的学科，有不同的要求和技巧。其中，及时复习是很重要的。复习包括平时复习和考前复习。平时复习主要是理解、巩固当天学的知识，可以通过尝试回忆、阅读课本、整理笔记、做练习等方法进行；考前复习是用比较集中的时间对所学知识进行系统加工的过程，它具有非常明确的目的性，那就是考试成功。一般来说，考前复习时间短、头绪多、任务重，需要掌握一些相应的策略。如果是重大的考试，还需要制定复习的战略。我们以总复习考试为例，谈谈考前复习技巧。总复习考试如期末考试、中考、高考前，一般采用三轮复习法：

第一轮，根据考试范围和要求，对所有内容进行全面复习，各科内容都要从头到尾串一遍，使知识系统化。在这一轮复习中，立足于整体把握而不要急于抓重点。在此期间，一般不要急于做难题，而要进行一定量的中等难易程度的练习，以掌握基础知识为主。

第二轮，在全面复习基础上，进行重点深入复习，分清主次，抓住关键，突破重点和难点。

第三轮，综合练习。这一轮复习侧重于解题训练，提高运用知识的能力。为了使练习更有针对性，达到提高考试成绩的目的，要注意以下几点：①熟悉考试题型，掌握每种题型的特点和答题要求。②围绕各种题型，进行专项练习。如英语中的阅读、翻译、词汇等都要单独进行训练。③仿真模拟。临近考试，可以通过仿真模拟进行适应性训练。模拟试卷的设计要与真实考试一致，从题型、分值分布、难度到考试的起止时间、考试环境等都最好完全仿真。仿真模拟不仅有利于巩固所学的知识，而且有利于消除学生的考试焦虑。

### （三）积极参加各种竞赛，获得锻炼和成功的机会

学校通常组织有各种各样的竞赛活动和社会实践，这些活动对于提高学生的自信心、锻炼学生的能力都非常有用。老师可鼓励学生积极参加这些学校活动，也可以根据本班学生的特点和情况，有意识地设计一些活动来提高学生的能力，比如演讲比赛、朗诵会、智力竞赛、每天一讲、书法和板报设计活动等。

根据以上要点，我们认为学习和能力这部分的培养和训练方案可以包括这样一些单元：①我学习，我充实；②制定黄金学习计划；③学会找重点；④克服贪玩的缺点；⑤笑迎考试；⑥我活动，我锻炼；⑦真我的风采等。

下面我们看一个有关学习动机激发的教案，题目是“我学习，所以我快乐”，设计者是广州市花都区长岗中学的郑少周和黄彩娇。

## 我学习，所以我快乐

——学习动机的增强

**【活动目标】**

1. 通过活动，让学生本性中喜爱学习的情感清晰地浮现出来。

2. 帮助学生在解决问题的过程中对学习产生兴趣，而不是看重问题的难易，通过目标——顺序——过程等的实验，让学生勇于挑战，乐于挑战。

3. 通过活动，使学生明白：成功学习的关键在于坚持，从而训练学生在学习上保持持之以恒的坚强意志。

**【活动对象】** 初中一年级学生

**【活动准备】** 一张谜语表；一个故事；一台 CD 机，一张 CD 碟及配套电源。

**【活动过程】**

一、游戏：猜谜就是创造

用投影出示以下谜语让学生猜。

| | | | |
|---|---|---|---|
| 1.<br>区<br>宅<br>住 | 2.<br>开　关 | 3.　0<br>学士<br>硕士<br>博士 | 4.<br>男孩 |
| 5.<br>洋<br>洋洋洋<br>洋洋洋 | 6.　高<br>卷　云<br>雨层云<br>层　云<br>积　云 | 7.<br>糕蛋 | 8.<br>信息 |

答案：1. 住宅区；2. 电灯开关；3. 零下三度；4. 小男孩；5. 七大洋；6. 高耸入云；7. 打翻的蛋糕；8. 错误信息

讨论：这个猜谜游戏好玩吗？需要动脑吗？你觉得开心吗？

感悟：爱学习其实是人的天性。我学习，所以我快乐。

二、游戏：打开音乐并不难

具体方法：请一位学生上来打开音乐，让其他学生仔细观察打开音乐的过程与顺序，通过不断强调过程与顺序来加深学生在过程中的顺序运用与方法运用。

创意提示：好，同学们，开 CD 机很简单，可能每人都会，但我一定要大家报出有多少个顺序，可能大家还得想想。如果我一口说有 8 个程序，可能大家会吃惊，好像从没留意过。

好，我们就来放这张碟的第三首乐曲。（请一位同学上来打开音乐）我请一位同学来答答看有哪些程序？

很多同学可能都不能完整地回答出 8 个程序。

答案：插电源——开电源——OPEN——摆碟——CLOSE——选曲 SELECT（选曲键）——PLAY——VOLUME

思考：这 8 个程序有顺序吗？可以逆转吗？在回答这个问题前，你是不是觉得比较困难？那么应该怎样去解决这些"比较困难"的问题？害怕？退缩？还是去试一试？

感悟：解决问题时，别想问题的难易，只想过程方法；如果不做，什么都难。

三、故事：成功的秘诀

开学第一天，古希腊大哲学家苏格拉底对学生们说："今天咱们只学一件最简单也是最容易的事儿，每人把胳膊尽量往前甩，然后再尽量往后甩。"说着，苏格拉底示范了一遍，"从今天开始，每天做300下。大家能做到吗？"

学生们都笑了：这么简单的事，有什么做不到的？

过了一个月，苏格拉底问学生们："每天甩手300下，哪些同学坚持了？"有90%的同学骄傲地举起了手。又过了一个月，苏格拉底又问，坚持下来的学生只剩下80%。

一年过后，苏格拉底再一次问大家："请告诉我，最简单的甩手运动，还有哪几位同学坚持了？"

这时，整个教室里只有一人举起了手，这个学生就是后来成为古希腊大哲学家的柏拉图。

感悟：世间最容易的事是坚持，最难的事也是坚持。学习方面也一样，成功的学习并不是学会很难的东西，而是你是否能坚持。

四、小结

人之所以能成为万物之灵，主宰地球，是因为人有好奇心，善于学习。所以，我们每一个人其实天生就热爱学习。只是，在我们成长的过程中，我们被困难吓倒了，退缩了，以为自己不喜欢学习了。如果我们不看重问题的难易，只想着去做，并坚持再坚持，我们的学习是一定能成功的。

## 第三节　学科渗透与健康人格的培养

学科渗透作为培养学生健全人格的重要途径之一，其效果如何，怎样去操作和实施，目前这方面的研究很少，也没有成熟的模式可参照。为了探讨学科渗透的要点、方法和模式，我们分别在一所大学和一所中学进行了学科渗透的实验研究。现分别介绍关于这两所学校的研究成果。

### 一、学科渗透对中学生人格培养的实验研究

此研究是由佛山市顺德区容桂中学的区淑玲和陈群桃负责的。

### （一）目的与方法

本研究采用教育实验研究的方法，把人格教育与常规学科的教学结合起来，以探究在学科教学中渗透青少年健康人格教育对青少年健康人格的影响。研究对象是广东省佛山市顺德区某中学的初一两个班级的学生，一个班为实验班，54人，另一个班为控制班，51人。

在实验前后，分别对学生进行人格测试。测试工具包括郑雪教授编制的青少年健康人格量表，以及自编的学生健康人格自评表。郑雪教授编制的青少年健康人格量表有三个分量表，共148个题，分别是自我和谐分量表、社会和谐分量表和实践和谐分量表。自编的学生健康人格自评表包括了11个小题，每个小题是根据人格健康所包含的因素而设计的。

对实验班的干预采用团体渗透与个案渗透相结合等多种渠道进行学科渗透的人格教育。教学实验时间为一年。具体做法是：

第一步：各学科根据课题的总方案制定出各学科具体的渗透方案。根据郑雪教授的人格理论探索中提出的人格统合良好的四个方面表现的观点，我们把人格健康教育的目标分成四大目标，即客观的认知与正确的自我意识；乐观向上的生活态度与积极的情绪体验；和谐的人际关系与良好的社会适应；实践活动的积极主动性、创造性与自我效能感。

第二步：各学科结合学科内容的特点采取分阶段分目标的方式来实施具体的干预过程。从渗透的形式来讲，主要分成团体渗透法与个案渗透法。从渗透的途径（方法）来讲，是多种多样的，如开展小竞赛、创设情境、运用时事材料、角色扮演、运用网络资源等途径来进行。

下面列举其中部分学科的渗透方案及其实施过程：

在思想品德教学中，分成4个阶段来进行实验的干预：

第一阶段，建立平等、民主的新型师生关系，营造民主、和谐的教学环境，良好的情绪、乐观向上的生活态度。在教育过程中，教师和学生是平等的关系，教师不是绝对的权威，而是与学生平等的交流者。教师充分尊重学生，包括尊重学生的体验、见解，尊重学生的个性差异，这有利于学生自信心的提高。教师要营造一个民主、和谐的教学环境，让每一位学生在融洽、有利于交往的心理氛围中无拘无束地学习。比如上课前都穿插一个小活动——“课前小老师”，就是利用课前2分钟，一位同学担任小老师（学生轮流，让每位学生都有机会担任小老师），上课的内容由学生自己定，这时的学生与教师的角色互换了，让学生在活动中体验教师的感受，学会尊重教师，同时也营造一种平等的师生关系以及和谐的教学环境。要鼓励学生发表自己独特的见解，要对学生的错误、失败采取宽容的态度，这样学生就容易养成不为生活的挫折所压倒的品质。当教师在教学中出现错误时，教师要勇于承认并善于采纳学生正确的观点。

第二阶段，通过小组合作学习的课堂模式，培养中学生和谐的人际关系、集体观念、多渠道获取信息的能力以及竞争意识。例如在上交作业时，规定每个小组只交一份共同完成的作业。在共同完成这一份作业时，学生需要互相讨论、争辩、向专家请教，取长补短，集中小组成员的智慧。由于讨论与作业同步进行，后进生可随时提出问题，小组成员可以及时地解决，带动小组成员共同完成作业，从而达到预期的学习目标。通过集体完成作业，培养了学生的集体意识，加强了相互之间“荣辱与共”的关系。

第三阶段，把握时代脉搏以培养学生良好的社会适应能力。指导学生阅读各类书刊如《半月谈》、《中学生时事报》、《时事》杂志等；其次坚持让学生每天收看新闻和《焦点访谈》，并做好摘记，在课堂上花一部分时间进行新闻发布会；另外还可以组织学生开展社会调查，撰写政治小论文，并在学科组内设奖进行评比。

第四阶段，用以学生自主学习为主的教学模式和鼓励学生发表自己独到的见解的方式来培养学生自我意识与创新能力。在课堂上教师要淡化自我权威中心意识，实行由“师道尊严”向师生民主平等转变，能善于倾听学生的不同见解。鼓励学生进行讨论，甚至辩论。引导学生多角度、多方位思考问题，并能各抒己见，回答出多种不同的答案，充分发挥学生的创造个性。

在数学教学中，教师在设计课堂练习时采用分层设计的方法来实施健康人格的渗透。第一层是较浅显的试做题，目的是了解学生对知识的理解和掌握情况，并增强其自信心；第二层是基本练习与少量变式练习，着重于“理解消化”、“固本清源”，使学生深刻理解知识的本质；第三层是对比练习和综合练习，以便弄清知识的联系和区别，逐步提高熟练程度；第四层是带障碍性的思考题。这种分层设计的练习由浅到深，循序渐进，既有巩固知识、增强自信的内容，亦有启发思考、培养坚强意志勇于面对挫折的机会。

在历史教学中，历史老师通过组织历史知识抢答赛、历史小论文评比、开展专项历史资料（历史题材的邮票、火花、明信片、书法艺术作品等）的收集、展览、评比活动，发挥学生的个性特长和兴趣，调动他们积极向上、勇为人先的内在能动性，帮助学生形成敢于拼搏的人格品质，以推动他们人格的不断完善。

## (二) 结果

对实验班与控制班的前测进行显著性检验，青少年健康人格中的各因子均没有显著性差异，这说明实验班与控制班的被试在实验前是同质的。对实验班与控制班的后测进行显著性检验，结果显示实验班青少年健康人格因子中的自我知觉能力、社会适应、合作能力、确保个人利益的策略、应挫能力以及独立创作实践部分均有显著性差异，自我知觉能力、社会适应、合作能力、应挫能力以及独立创作实践部分的平均值均上升了，确保个人利益的策略的平均值下降了，如表 5 -1 所示，而在其他因子之间没有显著性差异。

**表 5 -1 实验后控制班与实验班的比较 (M ± SD)**

| 因子 | 实验后 | | |
|---|---|---|---|
| | 控制班 ($N=51$) | 实验班 ($N=54$) | $t$ 值 |
| 自我知觉能力 | 28.163 ±4.705 | 30.611 ±6.959 | -2.070 * |
| 社会适应 | 24.673 ±4.823 | 26.759 ±4.055 | -2.382 * |
| 合作能力 | 25.413 ±4.374 | 27.759 ±3.347 | -3.035 * * |
| 确保个人利益的策略 | 8.081 ±2.921 | 6.6111 ±2.630 | 2.688 * * |
| 应挫能力 | 25.959 ±4.163 | 28.452 ±3.805 | -3.160 * * |
| 独立创作实践部分 | 23.979 ±4.308 | 26.425 ±5.090 | -2.619 * * |

注：*，$P<0.05$；* *，$P<0.01$

自编的学生健康人格自评表的结果显示：实验班的学生比控制班每道题目回答“是”的人数增多（百分比提高）了，从平均值来看人数也增多（百分比提高）了，显示实验班学生比控制班学生对自己心理健康的自评要高。此外，控制班学生在回答“调节与控制情绪的能力是否提高”、“是否更容易与同学、教师、家人和睦相处”、“是否更能正确处理竞争与合作的问题”、“是否有更坚强的意志”这些题目选择“是”答案的百分比低于50%；而实验班学生回答“是否能更加客观地评价自我”、“是否更容易与同学、教师、家人和睦相处”、“是否更能正确处理竞争与合作的问题”、“适应环境能力是否提高”、“是否学习更有计划性”、“学习方法是否有改进”、“是否有更坚强的意志”、“是否更有创新能力”这些题目选择“是”答案的百分比都高于60%。

另外，实验后对实验班的班主任以及其他任课教师进行访谈，接受访谈的教师认为该班级的学生现在的表现很不错，相比初一时进步很大，整体的班风很好，同学之间很团结，学习的积极性很高，上课都很积极发言，思维活跃，学习的总体成绩也比其他班要好。

### （三）分析与讨论

采用青少年健康人格量表对实验班与控制班进行前后测的实验结果显示，实验班在青少年健康人格因子中的自我知觉能力、社会适应、合作能力、确保个人利益的策略、应挫能力以及独立创作实践部分均有显著性差异，自我知觉能力、社会适应、合作能力、应挫能力以及独立创作实践部分的平均值均上升了，确保个人利益的策略的平均值下降了，这说明实验班的被试在健康人格的这些方面都得到了显著性的提高，也就是说明了在学科中渗透健康人格教育的实施在这些方面取得了显著性的效果。青少年健康人格其他因子之间以及在自我和谐、社会和谐和实践和谐三个大维度上并没有显著性差异，这可能是因为我们的实验才进行了一年，而在各学科中渗透健康人格教育的过程是分阶段、分目标来进行的，每个学科、每个阶段都要根据所学的内容开展渗透教育。也就是说，这一年的实验在学科教学中会侧重健康人格的某些方面来进行，而不能面面俱到。

回顾各学科渗透的过程我们发现，在学科教学中渗透健康人格教育的过程中，各学科渗透的侧重点都是集中在自我知觉能力、社会适应、合作能力、应挫能力以及培养学生创新能力方面。如所有学科的教学过程都采用了小组合作的课堂模式，这些都是培养中学生和谐的人际关系、集体观念、多渠道获取信息的能力以及竞争意识的有效形式。实验班的语文、数学、历史、地理等学科的课堂教学中都采用了探究性的教学模式，这有利于提高学生分析解决问题的能力和实践应用能力。语文、思想品德、历史、地理、音乐等学科课堂教学中注重把握时代脉搏，引用时事材料来进行课堂教学，这有利于培养学生对社会的关注、与外界密切接触、对社会有责任感，从而培养了学生良好的社会适应能力。语文、数学、英语等学科采用了学生自主学习为主的教学模式和鼓励学生发表自己独到见解的方式，这是培养学生自我意识以及创新能力的有效途径。实验班的各科任教师在教学过程中也特别注重鼓励学生发表自己独特的见解，对学生的错误、失败采取宽容的态度，这样学生就容易养成不为生活的挫折所压倒的品质，有利于提高学生的自信心以及应挫能力。

当然，本研究中也存在一些值得注意并须进一步研究的问题。比如，人格是一个十分复杂的心理现象，影响中学生健康人格的因素是多方面的。在学科教学中渗透青少年健康人格教育所产生的效果不是立竿见影的，而是一种潜移默化的过程，故应该把本实验研究继续深化，以及与其他人格教育的方法和途径匹配起来才能取得更好的效果。

## 二、写作教学渗透心理健康教育的实验研究

此研究是由肇庆学院梁沛好老师负责实施的。

### （一）目的与方法

该研究的目的是通过充分发挥写作心理学所蕴涵的十分丰富而独特的心理健康教育的资源，以及心理学对写作教学的特殊而强大的作用，去探索一条写作教学渗透心理健康教育的实践之道，为高校的大学生心理健康教育及写作心理素质的提升提供理论及实践性依据。研究方法采用的是教育实验研究，对象是广东肇庆学院中文系一年级学生，共两个班。两个班均是新生入学时随机编排的，其中随机确定一个为实验班（54 人），一个为对照班（53 人），任课教师为梁沛好老师，实验时间为一学期。

在实验研究前后，对两个班的学生进行了人格测试。采用的是华南师范大学郑雪教授编制的《大学生健康统合人格量表》及自编的《写作心理调查问卷》。《大学生健康统合人格量表》分自我和谐、社会和谐和实践活动能力等三部分共 18 项因子。《写作心理调查问卷》分写作的认知、写作的情感、写作与社会人际关系及写作的实践共四部分 8 项因子。两份量表均具有良好的信度与效度。

学科渗透的教育手段是在不改变现行的教材体系、不改变实验班级的教学计划、不增加教学时数和练习次数的基础上进行的。对照班按常规的教学方法进行课堂教学及写作指导，而实验班则按《写作教学渗透心理健康教育实施方案》进行课堂教学、写作指导及心理健康教育。两个班均采用现代多媒体教学手段及形式多样的教学手法，包括讲授法、讨论法、户外现场作文指导等。不同的是，实验班的课堂教学每章节都渗透一些与写作理论相关的心理学科知识及心理引导。

### （二）结果

1. 写作心理方面

实验班及对照班的前后测结果及显著性检验，如表 5－2 所示。

表 5－2　两班在写作心理量表上前后测结果

| 因子 | 实验班 | | | | 对照班 | | | |
|---|---|---|---|---|---|---|---|---|
| | 前测分 | 后测分 | *T* 值 | *P* 值 | 前测分 | 后测分 | *T* 值 | *P* 值 |
| 对写作的客观认知 | 23.36 ±3.35 | 24.68 ±2.57 | 2.279 | * | 24.45 ±2.97 | 26.31 ±2.44 | 3.489 | * * * |
| 写作主体的自我意识 | 13.83 ±2.78 | 15.00 ±3.03 | 2.073 | * | 14.04 ±2.27 | 14.55 ±2.21 | 1.163 | 0.248 |
| 对写作的感情 | 11.66 ±2.33 | 13.60 ±3.63 | 3.282 | * * * | 13.42 ±4.66 | 14.88 ±5.84 | 1.420 | 0.159 |
| 写作的情绪体验 | 11.87 ±2.09 | 13.62 ±3.38 | 3.212 | * * | 12.28 ±1.83 | 13.53 ±1.62 | 3.672 | * * * |
| 写作与人际关系 | 13.60 ±1.98 | 14.79 ±2.40 | 2.781 | * * | 13.77 ±1.68 | 14.57 ±1.40 | 2.622 | * * |
| 写作实践的主动性 | 16.83 ±1.84 | 18.13 ±8.55 | 1.084 | 0.281 | 17.11 ±1.70 | 17.63 ±2.05 | 1.397 | 0.165 |
| 写作实践的创造性 | 10.93 ±1.52 | 12.89 ±4.11 | 3.257 | * * | 10.81 ±1.84 | 12.45 ±1.40 | 5.093 | * * * |
| 写作实践的自我效能感 | 11.87 ±2.32 | 13.81 ±3.35 | 3.475 | * * * | 12.11 ±2.03 | 13.16 ±1.68 | 2.856 | * * |

注：* $P<0.05$；* * $P<0.01$；* * * $P<0.001$；下同。

从表 5－2 中可看出，通过一学期的教学，两班在写作心理量表上都有多项因子发生显著性差异，但实验班达到显著性差异的因子项更多，除了与对照班在对写作的客观认知、写作的情绪体验等五项有相同变化外，还有写作主体的自我意识及对写作的感情因子上达到显著性差异（对照班则无显著变化）。写作的自我效能感一项也明显高于对照班。这三项因子在写作心理素质中，更具有心理健康意义及更能体现出写作心理的良好品质。

2. 健康统合人格方面

实验班与对照班的前后测结果以及显著性检验分别如表 5－3、表 5－4 和表 5－5 所示。

表5-3 两班在“自我和谐”分量表上前后测结果

| 因子 | 实验班 | | | | 对照班 | | | |
|---|---|---|---|---|---|---|---|---|
| | 前测分 | 后测分 | *T*值 | *P*值 | 前测分 | 后测分 | *T*值 | *P*值 |
| 总体自我知觉 | 14.346 ±2.619 | 15.240 ±1.697 | 2.054 | * | 15.481 ±4.198 | 14.922 ±1.998 | -0.860 | 0.392 |
| 自我接纳 | 17.509 ±4.220 | 17.820 ±2.819 | 0.439 | 0.661 | 17.115 ±3.729 | 17.824 ±3.309 | 1.019 | 0.311 |
| 情绪调节能力 | 14.672 ±3.238 | 15.900 ±2.801 | 2.067 | * | 15.231 ±3.490 | 15.745 ±3.463 | 0.751 | 0.455 |
| 良好的情绪和幸福感 | 11.667 ±3.453 | 12.220 ±2.469 | 0.933 | 0.353 | 12.412 ±4.504 | 12.373 ±3.470 | -0.049 | 0.961 |
| 生活目标 | 19.055 ±6.756 | 17.940 ±3.178 | -1.064 | 0.290 | 19.333 ±3.708 | 18.275 ±2.434 | -1.705 | 0.091 |

从表5-3中可看出，通过一学期的心理健康教育的学科渗透，实验班在“自我和谐分量表”中总体自我知觉和情绪调节能力两项因子发生显著性差异；而对照班则各项因子均未达到显著性差异。

表5-4 两班在“社会和谐”分量表上前后测结果

| 因子 | 实验班 | | | | 对照班 | | | |
|---|---|---|---|---|---|---|---|---|
| | 前测分 | 后测分 | *T*值 | *P*值 | 前测分 | 后测分 | *T*值 | *P*值 |
| 人际关系和谐 | 8.456 ±2.523 | 8.780 ±2.179 | 0.703 | 0.484 | 9.462 ±6.235 | 8.922 ±2.834 | -0.564 | 0.574 |
| 社会知觉能力 | 14.309 ±2.645 | 14.420 ±2.408 | 0.224 | 0.823 | 15.577 ±6.027 | 15.157 ±2.158 | -0.469 | 0.640 |
| 社会适应 | 14.537 ±3.318 | 15.040 ±2.996 | 0.809 | 0.420 | 15.280 ±3.540 | 15.137 ±2.993 | -0.219 | 0.827 |
| 社会支持 | 3.309 ±0.979 | 3.460 ±0.952 | 0.799 | 0.426 | 3.500 ±1.146 | 3.588 ±0.942 | 0.426 | 0.671 |
| 合作能力 | 17.890 ±2.800 | 19.000 ±2.507 | 2.130 | * | 21.346 ±13.262 | 17.961 ±3.194 | -1.773 | 0.079 |

从表5-4中可看出，实验班在“社会和谐”部分中的“合作能力”因子达到显著性差异，而对照班则各项均未发生显著性差异。虽然实验班在这五项中只有一项有显著性差异，但“合作能力”的显著性提高，能大大有利于大学生正确处理人际竞争与合作的问题，从而令人际关系和谐。这点最能体现一个人“社会和谐”的程度。

表5－5　两班在“实践活动的能力”分量表上前后测结果

| 因子 | 实验班 | | | | 对照班 | | | |
|---|---|---|---|---|---|---|---|---|
| | 前测分 | 后测分 | *T*值 | *P*值 | 前测分 | 后测分 | *T*值 | *P*值 |
| 学习方法计划性 | 16.236±3.300 | 15.580±3.411 | －1.002 | 0.319 | 16.750±2.996 | 15.863±2.885 | －1.531 | 0.129 |
| 良好的学习习惯 | 12.407±2.975 | 12.700±3.318 | 0.488 | 0.627 | 13.137±2.482 | 12.824±2.917 | －0.585 | 0.560 |
| 意志 | 15.148±2.890 | 16.000±3.077 | 1.456 | 0.149 | 15.863±3.118 | 15.628±3.600 | －0.353 | 0.725 |
| 进取心 | 3.490±1.034 | 3.340±1.042 | －0.744 | 0.459 | 3.600±0.955 | 3.451±0.945 | －0.775 | 0.440 |
| 注意力 | 8.815±2.155 | 8.440±2.242 | －0.869 | 0.387 | 8.941±2.148 | 8.628±2.474 | －0.684 | 0.496 |
| 应挫能力 | 10.259±6.016 | 9.580±1.970 | －0.761 | 0.448 | 9.863±2.750 | 9.745±2.270 | －0.236 | 0.814 |
| 创造力 | 19.704±2.661 | 21.020±2.591 | 2.552 | * | 21.196±3.268 | 20.706±3.716 | －0.707 | 0.481 |
| 自我效能 | 12.764±3.174 | 13.980±2.803 | 2.073 | * | 13.212±3.627 | 13.451±3.002 | 0.365 | 0.716 |

从表5－5中可看出，实验班在“实践活动的能力”分量表中，“创造力”和“自我效能”两项因子达到显著性差异变化，而对照班则没有一项发生显著性变化。以上这两项因子的显著性变化，说明实验班在实践能力方面有较大的提高。

**（三）讨论与思考**

本研究结果显示，实验班共有五项显示健康统合人格的重要因子发生显著性改变，而对照班则没有一项达到显著变化，表明通过写作教学渗透心理健康教育是提升大学生写作心理素质以及心理健康水平的成功有效的途径之一。而要获得这种心理教育的有效性，我们认为有下面几个关键点：

1. 了解研究对象的心理现状包括写作心理现状是学科渗透成功的前提

因为，教育的主体是学生，无论采取何种教育的形式、方法，都要以主体为核心。只有了解研究对象——学生在某一阶段的心理困扰、心理障碍和心理需要，才能在教学渗透中做到有的放矢，收到良好的渗透实效。所以，对研究对象做事前的心理调查研究是学科教学渗透的突破口和着眼点。

2. 对学科教材的深度把握是学科渗透成功的关键

因为，对学科进行心理健康教育的渗透，需要根据学科教材所蕴涵的可利用的健康人格心理学的资源，寻找其渗透的最佳点。切不能为了某种“任务”而牵强附会，走进学科渗透心理健康教育的误区。当代写作学科本身吸取了大量的心理学研究成果，在教材《基础写作》中，所蕴涵的心理健康教育内容就非常丰富，所以在每一章节，都可以针对大学生健康人格的培养，选择一些合适的渗透点，制订出具体详细的渗透方案，进行有机、自然、贴切的渗透。

3. 对心理学知识的深入研究是学科渗透成功的有力保证

学科的心理健康教育的渗透，有别于传统的课堂“教书育人”的模式，仅在课堂上对学生进行一些思想、道德的教育，而要给学生传授一定的心理学专业理论知识并对学生进行适当的引导。所以，开展这种跨学科的渗透教学，教育的主导者要较为系统地掌握与渗透相关的心理学理论知识，特别是有关健康人格的理论体系，从中精选与学科教学及研究对象心理健康需要相关的知识点进行有目的的渗透。

4. 讲究渗透策略是学科渗透成功的重要渠道

渗透策略包括渗透教学的手段、方法和艺术，这是渗透至关重要的渠道。学科渗透是不同性质的两门学科的有机糅合，是一门富有创造性的教学改革。在课堂教学上，一方面要完成专业课常规的教学任务，另一方面又要插入相关的心理学理论知识点，并对研究对象进行相应的心理健康问题的引导，其课堂的信息密度非常高，只有运用现代多媒体教学手段，才能容载这样高密度的教学内容。此外，要采用灵活多样的教学方法，如讲授法、讨论法、视频、图画、户外实践活动等，无论何种方法，都进行相关的心理健康教育的渗透。这样，一方面提高学生对学科渗透的教学改革的兴趣，另一方面又利于学生对心理学知识的掌握及内化，以及对专业课学习的知识迁移，从而达到专业学习与心理健康教育“1+1>2”的最优化的双赢教学效果。最后，还要讲究富于情感的教学艺术。因为教学的对象是一个个心理复杂、情感丰富的活生生的人，只有教者动之以情，才能真正开启学生的心理之门和感情之窗，从而更快更有效地促进学生健康统合人格的形成与发展。

综上所述，写作教学渗透心理健康教育的实验证明：学科渗透是学生心理健康教育的一个可行的、成功的重要途径；引入心理学的内容，也能把传统低效的写作教学引至一片开放高效的教改新天地，从而成为当今写作心理学一项富有建设性意义的实践，也是高度重视大学生心理健康形势下的高校教改的一项富有价值的探索。

## 参考文献

1. 郑雪．人格心理学．广州：高等教育出版社，2004
2. 黄希庭．人格心理学．杭州：浙江教育出版社，2002
3. 聂衍刚．智力与人格协调发展的教育．广州：广东高等教育出版社，2005
4. 郑雪．健康人格的理论探索．华南师范大学学报（社会科学版），2006（5）
5. 申荷永．社会心理学：原理与应用．广州：暨南大学出版社，1999
6. 卢秀安，曹梅静．现代心理教育．广州：广东高等教育出版社，2002

# 第六章　学生心理健康问题的预警与干预

学生心理健康问题预警和干预的根本目的是通过对学生心理状况、行为模式等事实或现象的解读和剖析，认识其发展规律，预测其变化趋势，并借以发布预警信号，采取防范措施，从而帮助学生合理地缓冲与释放一些潜在性的心理风险。在构建和谐社会的进程中，学生作为思想政治教育中特殊关注的群体，其心理风险无时无处不在。因此，学生心理预警机制的构建，不论对于学生心理问题、学校心理健康教育还是社会和谐来说，都具有非常必要和十分紧迫的现实意义。

第一，建立学生心理预警机制是对学生心理健康问题的积极应对。处于青春期的学生，对自己的期望较高，对未来充满了美好的憧憬。但是，由于自身的阅历尚浅，人生观、世界观、价值观还不成熟，复杂多变的社会关系给他们的理想追求带来了较多的困惑。对生活、学习环境的不适应，自我认知和评价的偏差，新的人际关系问题、恋爱问题、升学和就业的压力等困扰着他们。近年来，学生因不能正确应对一些问题而出走、自杀等危机事件时有发生。因此，研究学生的心理问题，建立预警机制进行危机管理，对于培养学生的危机意识、预防危机事件的发生、使学生适应多变的社会环境、提高学生的心理素质均能起到积极的作用，是十分必要的。

第二，建立学生心理健康问题预警机制是学校心理健康教育的客观要求。一方面，心理教育是学校思想政治教育的基础，“是最初级、最低起点的教育内容，构成了思想教育、政治教育、道德教育的基石”。心理预警机制吸收和借鉴了心理学的理论与方法，是心理健康教育必不可少的实施环节之一。另一方面，学校的心理健康教育工作取得了一定的成绩，但也存在不足与缺憾，主要是超前性和预见性差，防范意识薄弱，反应能力迟钝，在具体内容上缺乏连贯性和系统性，忽视了亟待解决的心理问题；在实际操作中缺乏对特殊群体的深入研究和对特殊心理的准确把握。这种局面下的心理健康教育，效果仅是流于表面，不能深入实际。所以，学校心理健康教育要主动出击，以心理过程和行为特征的规律性为依据，通过构建学生心理预警机制，创设一种心理情境，以至于能对心理问题提前判断，及时干预，避免滞后和被动，从而促使学生的心理朝着健康状态发展。

第三，建立学生心理健康问题预警机制是建设和谐社会的基础条件。2004年9月，中共十六届四中全会明确提出，要“不断提高构建社会主义和谐社会的能力”，“构建和谐社会”应运而生，成了我们党的执政新理念。“从根本意义上来说，和谐社会是指人与自然、人与社会、人与人自身三大矛盾的全面和谐。”在这三对和谐关系中，人与人自身和谐是整体和谐发展的前提和基础。而在“人的和谐发展”的进程中，由于学业压力、就业竞争等的加剧，学生的心理健康已成为全社会关注的突出问题。心理预警机制的构建，能够及时发现不和谐的心理因素，提早察觉，提前预案，将问题消除在萌芽状态，防患于未然。它还有助于学生心理品质的培养和心理潜能的开发，由浅层心理问题的防治向心理健康水平全面提高的深层推进。因此，针对学生的年龄特点和心理特点，构建预警机制，启迪学生正确地看待问题，对建设和谐社会具有重要意义。

## 第一节　学生常见心理健康问题

心理健康问题是指个体在心理、生活领域中出现了矛盾、冲突，发生了心理危机，使得心理和行为出现了不协调，甚至产生了失衡、焦虑、痛苦等异态表现。

学生是心理健康问题的高发群体，学生的内心世界相对复杂，他们一般有较高的理想和需求，而现实环境、生存条件又往往与他们的理想与需求产生着很大的矛盾，使得他们经常承受着巨大的心理压力。同时，他们又处在身心发生巨大变化的时期。一旦心理失去平衡，他们又往往不能依靠自己的力量在较短时间内迅速恢复到常态，长此以往，频繁、普遍的心理问题就不可避免地成为现代学生经常遭遇到的困扰与危机。

### 一、大学生常见心理健康问题

大学生常见的心理问题有焦虑、迷茫、孤独、苦闷、压抑、失衡、自卑等。产生这些不良心理主要有以下几方面原因。

**（一）适应问题产生焦虑感**

适应是指个体借助已有的知识、技能、态度、行为方式等身心素质实现与所处环境的平衡、协调，表现为在环境发生变化的情况下，个体能通过对自身态度、思想观念、行为方式等的调节，积极主动地应对处于不断变化中的自然环境、社会环境。大学是一个类似于现实社会的复杂环境，学生的生活环境发生了根本性的改变，吃、住、行基本由自己安排，这就要求有较强的独立生活能力、自我管理能力和自我教育能力。然而，独生子女占大多数的这一群体，对父母的依赖性普遍较强，一部分学生进入大学后适应问题接踵而来。

1. 生活上的问题

对于刚入学的大学生来说，第一次远离家乡和亲人，面对着陌生的老师和同学，心里感到孤独，又缺乏独立生活的能力，难以习惯相对独立的大学集体生活，不能独立自主地安排自己的生活，甚至连洗衣服、挂蚊帐、叠被子这些基本的生活小事都需要别人帮助，很容易在生活自理上出现问题。一名2003年考入南京某名牌大学的学生，入学后仅一个月便将自己的各种证件、钱物等丢失了，无法处理简单的日常生活。不得已，学校只能要求他的家长来学校帮助其料理生活，然而这名同学还是感觉不适应，最后只好休学回家。也有因生活习惯不同而引出问题的，如有的同学喜欢早睡早起，而有的同学喜欢晚睡晚起；有的同学好静，而有的同学看书时喜欢放着音乐，还有人在宿舍里通宵玩游戏，这些都容易造成一些学生的生活不适应。

2. 自我地位的改变导致自我评价失衡

多数大学生在中学时代都是班级学习中的佼佼者，深得老师、家长的重视，心理上有较强的优越感。但进入大学以后，多数人失去了中学时的优势地位，慢慢发现自己只不过是大学生中最普通的一员。每一个人都面临着对自己重新评价和定位的问题，学习成绩不再是衡量一个人的唯一标准，比较的方面越来越广泛，包括知识面、才艺、人际关系、家庭背景、经济状况乃至身体容貌等各个方面，发现身边的很多同学都有过人之处，失落和自卑随之而来，由此导致了自我评价失衡，自信心动摇甚至完全的自我否定。

3. 理想与现实差异带来的负面情绪

许多学生在中学时由于缺少对现实社会和大学生活的客观了解，凭借着主观想象，编织着大学生活的美景，存在着不切实际的幻想和过高的期望。当他们真正踏入大学，现实生活中的苦恼往往会与过去对大学生活的过高期望形成强烈的反差。理想与现实的冲突，必然导致心理落差的产生，使他们感到困惑、迷惘，加深了他们的挫折感和失落感等负面情绪。

### （二）学业问题带来迷茫感

目前大学生在学业上的主要问题是：

1. 学习压力大

面对社会竞争的愈演愈烈，大学生认识到知识对人生的重要性，感受到知识、技能的匮乏对未来的发展十分不利。他们在学习专业知识的同时，还积极参加普通话等级、计算机等级、英语等级等考试。有些同学为了保住“佼佼者”的地位，废寝忘食地学习，长期处于紧张的学习气氛之中，学习压力很大。

2. 学习动力不足

表现为学习缺乏热情和动力，求知欲不强，缺少恒心和毅力，视学习为苦差事。主要原因有：一是学生对前途失望，认为没有出路，所以对学习失去兴趣，因而不愿意做作业，上课不认真听讲。二是因为个别课程教学内容枯燥、教学方法单一，使学生对该门课程失去兴趣。三是因为对管理制度的抵触。四是感情压抑，有些学生是迫于家长的高期望、高要求，才来到学校读书的，自身缺乏学习动力。

3. 学习目的不明确

有些同学由于学习目的不明确，有厌学情绪，抱着“混文凭”的态度应付日常学习任务。学习成绩自然不理想，严重者甚至被退学。

4. 学习注意力不集中

进入大学后，生活空间、生活节奏、生活内容、生活形式都发生了较大变化。有些同学明显感到学习注意力不像中学时代那样集中，上课时不专心听课，课后沉迷于网络游戏。有的同学抱怨没人引导，不知道自己要学什么，该怎样学习，以及该怎样打发课余时间。

### （三）人际关系困扰产生孤独感

大学生自我意识强烈，渴望与别人交往，希望得到别人的认可，与人建立一种平等的关系。但是由于每个人的生活环境不同，教育背景也不一样，又缺少社交经验，在与同学交往中难免会出现各种各样的冲突。有的学生因为以自我为中心或自负而不屑与人交往；有的学生因自卑、恐惧而不敢交往；有的学生虽能主动交往，但因对他人的认识存在偏差，或过于苛求，或经验不足而不被接受或不受欢迎；有的学生因嫉妒心强或性格内向而不能与他人正常交往。人际关系问题的困惑让大学生经常感到抑郁、孤独、寂寞。

**（四）情感受挫产生苦闷感**

大学生已经进入青年期，性生理发育成熟，性心理发育也已趋向于成熟。这一时期大学生的恋爱心理及行为的产生与其性心理发展密切相关，与性有关的各类问题日渐增多，如性意识、性行为、性压抑等。恋爱与性心理适应不良给他们带来了许多心理压力和困惑，主要是：①当前大学生恋爱的特点，一是低龄化，二是公开化，三是从众，四是轻率，五是逃避。在恋爱问题上，绝大多数大学生能够遵守道德和行为规范，但也有部分大学生出现心理问题，难以把握住自己的情感，易冲动，好走极端。有的学生因热恋而学习成绩急剧下降；有的学生因恋爱波折而导致精神失常、心理变态；有的学生因恋爱失利而否定自身价值，给学习、生活造成极大的负面影响。②在性心理问题上，随着性心理的发展，大学生会出现一系列的性心理行为，如对性知识的兴趣、对异性的爱慕、性欲望、性幻想、性冲动以及性自慰行为等。但由于性知识的匮乏，一些学生往往陷入苦闷和彷徨之中，常常为性心理行为的发生感到羞怯、紧张、恐惧、自卑、自责甚至产生罪恶感，并出现一系列心理问题。

**（五）就业问题产生压抑感**

一方面由于近几年我国新增劳动力呈上升趋势，就业机会相对减少，另一方面是用人单位对毕业生素质要求越来越高，大学毕业生的就业形势越来越严峻，因而给学生带来了很大的压力。有些学生在择业过程中，期望值过高，不能正视现实，个人意愿与社会需求产生明显的反差，难以找到自己的准确定位，因而导致心情烦躁、精神不振、自卑惶恐、无所适从。还有部分学生没有做好就业心理准备，不能根据自己的实际情况，盲目从众，以致找不到满意的工作，变得焦虑或烦躁。

**（六）家庭经济困难造成失衡感**

伴随着经济的发展和教育成本的提高，学费标准逐年趋升，一般高校学费达到每年4 000 ~5 000元不等，加上生活费及其他开支，一个大学生一年的花费可达到6 000多元，完成大学学业大致在2.5万到3万元。这对贫困家庭来讲无疑是一个沉重负担。目前，因家庭困难、经济紧张而陷入困境的在校学生占有相当大的比例。据统计，每年全国26.4%的大学生支付不起学费，13.5%的大学生甚至连生活费用都有问题。来自边远和贫困地区的学生更是如此，家庭困难、经济窘迫、费用没有着落，从吃穿到言行举止都与城市学生有很大的差距，又肩负着全家人的期望，这些使他们心理负担沉重，深感苦闷和压抑。因此，贫困学生与普通学生比较，更多地表现出自卑和敏感，在交往中也就常表现出沉默寡言、孤僻和不合群的特点。更令人担忧的是，小部分同学由于心理失衡，经受不住物质上的诱惑，贪慕虚荣，从而走上违法犯罪的道路。

### （七）自我意识偏差问题

大学生自我认知偏差主要表现在自负心理和自卑心理两个方面。大学生是自信和自卑的复杂综合体。

1. 自负心理

一些大学生在对外界事物的评价上往往存在简单化、主观化、理想化的倾向，对一些存在的问题持有偏激的看法，认为有些问题解决得不好是某些人无能，而忽视了客观制约因素。这就使得他们在看待社会、看待他人时，容易从消极、否定的观点出发，批判一切；在看待自己时，容易从积极、肯定的角度出发，过分欣赏自己，认为自己是最优秀的，常常抱有怀才不遇的心理。

2. 自卑心理

入学后面对新的环境，每位学生都需要重新认识自己，只有正确评价自己，才能摆脱困扰，悦纳自己，更好地适应大学的学习和生活。由于缺乏正确的引导和积极有效的交流，一部分学生表现出自我评价过低，自卑感严重。另外，从20世纪90年代以来，大学生的社会地位发生了巨大的变化。昔日的诸多光环逐渐消失，原有的优越感被打破，加之就业困难等社会压力，使得一些大学生丧失了信心，自暴自弃。

### （八）个性心理脆弱，心理承受挫折的能力差

现在的大学生大部分是独生子女，在家受到父母和亲人的呵护，又都有一个比较顺利的成长经历，从小就养成了只愿听表扬，不愿意听批评的心理，心理承受能力很差，在挫折面前常感到束手无策。另外，部分大学生在学校里，社会交往能力差，缺乏合作精神；抗诱惑、排除干扰的能力差；意志力的强度比较低。表现在学习和生活上有信心没恒心，目标不明确，怕苦怕累，不能吃苦耐劳，经不起挫折。

## 二、中学生常见心理健康问题

### （一）学业问题

中学生在学习上的心理问题，其表现是多方面的。

1. 学习兴趣和教学要求的矛盾冲突

中学生的学习兴趣既广泛而又有偏向性。他们都有自己所偏爱的学科，但从升学竞争和全面发展的角度考虑，他们必须学好规定的所有学科，这便与他们的学习兴趣或多或少发生了冲突，从而降低了他们对某些学科的积极性。

2. 学习方法和习惯上的困惑

中学的学习要求学生由被动变主动，更多发挥学生的自主性、主动性与自觉性，要求学生有一定的自学能力等。有的学生没有养成良好的学习习惯，学习没有计划，凭着一时的兴趣和情绪去学，目的不清，方向不明，遇到干扰就半途而废，缺乏自觉性和主动性。有的习惯于拖拉和应付，有的热衷于题海战、疲劳战和死记硬背，学习效率低。因此，中学生在学习上时常感到困惑、苦恼，有压抑感，产生自卑厌学的情绪。

3. 学习压力过大，心理负担过重

繁重的学习任务，会给学生带来过重的心理负担，导致食欲不振、失眠、神经衰弱、记忆力下降、思维迟钝、学习效率不高，造成心理失调。中学生的学习压力主要来自以下几个方面：①家长对子女的期望过高。绝大多数家长认为，只有学习成绩好，将来才能找到好的工作，因而对子女学习成绩的要求很高。②教师出于带班和教学压力，对学生提出了一些超出学生承受能力的要求，或因某些方法使用不当，造成一些成绩较差的同学不愿意学习。同时一些成绩较好者亦出现厌学情绪、考试焦虑，特别是遇到重要的考试，这种焦虑表现得更为严重。③社会上重视学历，舆论导向使每位学生重视分数的高低。④学生对自己的期望值过高，而耐挫能力又不强。⑤同学之间的竞争，学习成绩的不断攀比。

4. 厌学情绪严重

不仅是学习成绩差的同学不愿意学习，一些成绩较好的同学也出现厌学情绪。甚至可以说，厌学心理在中学生中已经有一定的普遍性。它表现为学习动力不足，学习欲望低下，丧失上进的信心与动力，严重者甚至对学习失去兴趣，把学习视为苦差事，上课不认真听课，作业不能独立完成，盼望着早点毕业，更严重者根本不学习，终日浑浑噩噩，经常迟到、早退、旷课，对老师、学校缺乏感情，部分学生最终辍学。

5. 考试焦虑

许多学生一听说要考试就紧张起来，考前吃不下饭、睡不好觉，刚开始考试的时候也会很慌乱，但慢慢能平静下来，进入状态。这属于一种正常的兴奋性紧张，如果适度，可以促使学生发挥高水平。但部分学生考试时会产生一系列的心理反应，如肌肉紧张、心跳加速、血压升高、思维混乱等，导致发挥失常，考试失利，这便是一种需要矫治的病态心理。

### （二）青春期心理问题

中学是花样的季节，是人生最美好的时期，也是人生中成长最快的阶段，在这一阶段，中学生的第二性征渐渐发育，性意识也慢慢成熟。此时的中学生较为敏感，容易冲动，对异性充满了好奇与向往。但由于学校及家庭性教育的滞后性，中学生的性心理往往得不到正确引导，从而给他们带来许多迷惘和困惑。有的与异性交往不适应，在异性面前表现得过分拘谨、局促不安、手脚无措，无法以平常心大方地与异性交往；有的过分陷于性诱惑，沉溺于性幻想、性冲动，并渴望得到体验，甚至走上越轨、犯罪的道路；有的因分不清友情与爱情而苦恼；有的陷入早恋；有的因正常的男女同学交往被人误解或受到指责而感到委屈，在心理上陷入困境。

同时，成长发育期的学生心理发展和生理发育并不同步，心理发展相对落后于生理发育，他们特别在乎自己的生理特点和动作方式，从而导致中学生过分看重自己的缺点和不足，夸大别人对自己的态度和关注，容易产生心理不平衡，这使得这些心理尚未完全成熟的学生很容易出现自卑、嫉妒、怨恨、抑郁等心理问题。

另外，中学生的心理具有闭锁性。可以说，闭锁心理是青春期心理的一个普遍存在而又特殊的问题。其主要表现是趋于关闭封锁的外在表现和日益丰富、复杂的内心活动并存于同一个体。一些中学生跳楼、割腕自杀的最主要原因也就是闭锁心理。

### （三）人际关系问题

中学生的人际关系大体可分为三个方面：亲子关系、师生关系、同伴关系。心理健康的学生能正确处理这三个方面的关系，并且能进行正确的社会交往，能适应社会交往活动，接受社会所规定的道德规范和行为准则。但是，只要其中一个方面人际关系紧张，中学生就容易出现心理问题。

在家庭关系上，与父母关系不融洽以及家庭的不正常关系会给中学生的心理带来较大的负面影响。在很多家庭中，由于父母工作忙，无暇与子女交流，造成父母与子女之间缺乏沟通；也有的因为家庭关系不和睦、家长不理解、专制造成心灵伤害，给其以后的成长带来诸多的不利因素。同时，随着社会的变化给家庭格局带来的冲击和影响，一些家庭中出现的不正常的情感关系如离婚、婚外情等又对中学生产生了不良的心理影响，导致一些中学生对父母十分敌视和冷漠，由此影响了中学生的正常成长。

在师生关系上，主要表现为由于对教师的敬畏而不敢主动接触教师或因某些教师缺乏对学生的理解尊重等而使学生的心理遭受伤害，使其产生对抗心理、逆反心理、压抑心理等。在中学时期，老师仍然是学生们崇拜的对象，他们希望得到老师的关心、理解与爱护。如果老师对学生缺乏理解、耐心与爱心，不能真诚、热情地给予学生指导帮助，就会降低学生对老师的信任度，影响学生与老师之间的沟通与交流。

在同伴关系上，缺乏必要的交往技能，与同学关系不融洽。有的学生流露出孤独情绪，与人交往退缩畏惧，很想被同学接纳却不知怎么去做；有的学生妄自尊大、目中无人，不愿意与人接触，不合群，总是游离于集体之外，与周围人格格不入。

### （四）自我意识的问题

自我意识是个体对自身以及自身与周围世界的关系的意识。良好的自我意识是心理健康的标志。中学生对事物开始有了自己的观点，自我意识逐步发展。但中学生正处在从儿童幼稚期向成熟期过渡的阶段，依赖性与独立性共存，看待问题容易固执己见、片面化和绝对化；爱按照个人好恶和主观臆断来论事论人，缺乏理性和客观标准；遇事沉不住气，易激动，缺乏克制力。因而，中学生极易出现自我意识方面的障碍，不能正确地认知自我。表现在部分学生要么过低估计自己的能力，看不到自己的长处或优势，自我否定、悲观失望、缺乏自信，有强烈的自卑感；要么自我意识膨胀，过高估计自己的能力，对自己充满信心，甚至认为自己比谁都强，而一旦遭受挫折，便容易自我否定，甚至一蹶不振。

### （五）挫折适应问题

中学生受到的挫折是多方面的：有学习方面的、人际关系方面的、愿望方面的，以及自尊心方面的。遭受挫折的原因也是多方面的：有来自学校的，有来自家庭的，有来自社会的。面对挫折造成的困难与痛苦，中学生的反应有两类：消极的反应与积极的反应。许多同学都知道自己会遇到挫折和困难，但是当他们遇到时，却又不知道该如何去应对，或对挫折听之任之，或从此一蹶不振，或采取过激行为（如攻击）等。这种消极的挫折适应方式一旦习惯化、固定化，就容易转化为较严重的心理健康问题。此外，由于大多数的同学缺乏对挫折的承受力，他们为了避免遭受到挫折，做事往往小心翼翼，无形中给自己增添了巨大的压力。倘若压力无法得到缓解，就会对中学生的心理产生影响。

## 第二节　学生心理健康问题的预警

### 一、预警机制的建立

#### （一）确定预警对象和范围

预警对象可分为群体对象和个体对象。

1. 群体对象

群体对象指具有某类相同特征，条件和情况相似的特定的某一类人。群体对象主要有以下几类：

（1）贫困学生。

因生活条件艰辛、强烈的无助感及社会和家人的高期望，贫困学生都会产生心理压力，从而产生较深的焦虑和自卑情绪，如果这些情绪不能得到缓解，就很容易引发心理危机。

（2）新生。

新生进校后面对各种新环境和新情况不能顺利地适应而产生压力。虽然大多数压力都可以在几周内消失，但也有一些会逐步增强，当这些压力超过了其应对能力，就可能会导致心理危机。

（3）毕业学生。

毕业、升学和就业的压力以及自我认知和社会接纳的矛盾，可能会引发一些心理问题。

（4）失恋学生。

由于受情感的束缚，摆脱不了失恋的痛苦，导致对生活失去信心，也会引发危机事件。

（5）优秀生。

优秀生一般对自己具有较高的期望，在学习与社会工作的同时也挣扎在付出与获得、功利目的与平常心态的矛盾冲突之中，一旦期望与现实发生碰撞，也容易出现一些倾向性的应激问题。

（6）独生子女。

近几年，独生子女在学生中所占比例不断攀升。他们的总体生活水平较高。他们在家时或是受宠爱、溺爱、依赖性强，或是家教严格、独立性差，或是与父母缺乏沟通，得不到父母的理解支持，导致心理不能与生理同步发展和成长，很容易滋生一些值得注意的心理问题。

（7）复读生。

他们因为高考落榜，或未能被理想的学校录取而自卑感重。他们带着沉重的心理压力复读，对学校和自己的期望值也会更高一些。到校后的适应问题、内心的各种冲突也会更加强烈，由此而产生的压力和焦虑也会比应届生高。

（8）患有重大身心疾病的学生。

这类群体是由于遗传或其他原因导致身体缺陷和疾病，或者精神曾有异常反应，这类学生生理上的不足往往引起心理失衡问题的出现。

（9）受到行为违规困扰的群体。

这类群体是曾经因旷课、作弊、打架等而受到校规校纪处罚的学生，他们害怕这些不良记录会影响自己未来的就业和生活，压力很大，甚至行为明显偏离常规。

（10）其他特殊学生群体。

主要指依赖性强、生活自理能力差、沟通能力差、自我封闭、心理与生理不能同步成长的学生群体。

2. 个体对象

个体对象是指受某些刺激，具有某些人格特征，家庭、社会环境、人际关系较差，行为表现有偏差的不特定的个人。这些个体可能是因家庭突然发生重大变故或受意外刺激而患有抑郁症、恐怖症、强迫症、焦虑症、精神分裂症等严重心理疾病的学生，也可能是一些内向、思维方式特别、情绪不稳定、行为冲动的学生，以及在成长经历中有过轻生的记录，最近又遇到新的挫折或在心理测试中表现出较强的狂躁倾向和反社会倾向者。

存在心理危机倾向与处于心理危机状态的学生是关注与干预的对象。心理危机者一般表现为情绪剧烈波动或认知、躯体、行为等方面有较大改变，暂时不能应对或无法应对正常的生活模式等。表现出高度的紧张、焦虑、抑郁、悲伤和恐惧，部分人甚至会出现恼怒、敌对、烦躁、失望和无助等情感反应。对存在下列因素之一的学生，应作为心理危机干预的高危个体予以特别关注：

（1）过去有过自杀企图或行为，家庭亲友中有自杀史或自杀倾向者的学生；

（2）患有严重心理疾病，如患有抑郁症、恐怖症、强迫症、癔症、焦虑症、精神分裂症、情感性精神病等疾病的学生；

（3）存在诸如失恋、学业失败、躯体疾病、家庭变故、人际冲突等明显的动机冲突或突遭重挫者；

（4）情绪低落、抑郁、不与家人或朋友交往者；

（5）性格过于内向、孤僻、缺乏社会支持的学生；

（6）家境贫困、经济负担重、深感自卑的学生；

（7）存在明显的攻击性行为或暴力倾向，或其他可能对自身、他人、社会造成危害者；

（8）长期有睡眠障碍者；

（9）有明显的精神障碍者；

（10）心理健康普查列为有心理问题者。

对近期发出下列警示讯号的学生，应作为心理危机的重点干预对象及时进行危机评估与干预：

（1）谈论过自杀并考虑过自杀计划和方法，包括在信件、日记、图画或乱涂乱画的只言片语中流露出死亡念头者；

（2）不明原因突然给同学、朋友或家人送礼物、请客、赔礼道歉、述说告别的话等行为明显改变者；

（3）情绪突然明显异常者，如特别烦躁，高度焦虑、恐惧，易感情冲动，或情绪异常低落，或情绪突然从低落变为平静，或饮食睡眠受到严重影响等。

### （二）运用学生心理健康问题预警指标及预警信息评估

传统的预警多采用事件跟踪的方法，现在则更加重视预警指标的方法。预警指标是依据预警对象（事件、个人）的情况建立的一套有监测功能的预警指标体系，通过预警指标，利用某种理论与经验，分析确定预警对象与危机情势发展之间的因果关系，可以进行危机早期预测。可以选取以下预警指标作为预警信息分析的依据：

(1) 个体发展状态指标，包括学习动力、兴趣、成绩，就业信心，成长机遇，个体人格、气质特征，个人对挫折的应对方式，个体的社会适应能力等。

(2) 社会环境指标，包括与家庭成员的关系，家庭及教养环境，对学校教学、管理、生活的满意度，对社会氛围的满意度等。

(3) 人际交往指标，包括与同学、老师的关系及其满意度，对亲情、友情、爱情的看法及其满意度等。

(4) 负性情绪指标，包括负性情绪类型、强烈程度、持续时间、排解方式，刺激源，躯体症状等。通过预警指标收集信息，分析判断危机的成因、规模、类型、发生频率、强度、影响后果及发展和变化规律，从而进行危机预测。

危机表现为个体或群体之间的互动行为，人的态度和行为自始至终影响着危机的发生和进程。因此，确认与危机相关的个体或群体为预警对象，分析他们的认知态度、行为方式特点，根据预警指标，评价其危机的严重程度，才能确定是否进行危机预告。预警信息评估是整个预警系统的关键，评估是否得当决定了危机的预告是否正确。预警信息的评估包括：①评估危机者的精神状态：是否达到平衡、稳定状态。②评估危机的严重程度：危机个体的认知（思维方式）、情感（感受或情绪反应）以及精神活动（行为）处于何种水平。③评估危机的时间因素：是一次性的还是反复发生的。④评估危机个体的情绪承受程度或应付能力。也可以从危机环境分析和预警信息分析的角度对预警信息进行评估。首先是有关危机环境分析。环境分析是指对可能或已经引起危机发生的经济、文化、社会等环境因素进行了解、评价和预测。通过对学生所在的外部环境的分析研究，掌握客观环境的发展趋势和动态，了解与危机事件发生有关的微观动向，从而敏锐地察觉环境的各种变化，保证当环境出现不利的因素时，能及时有效地采取措施，趋利避害。其次是有关预警信息分析。在对信息的分析方面，真实性、可靠性是至关重要的，任何虚假、失真的信息都会导致因预测不准而出现失稳的状态。

危机干预前要对危机作出准确的评定，如果评定错误，不仅干预失败，还可造成终生的破坏性影响。评定危机和消除危机的重要性在于取代因精神疾病而住院和预防自杀。危机评定的独特性在于抓住关键所在，取得有关个人解决问题能力和既往应付应激的历史，结合社会文化因素，作出迅速评定。心理危机产生后常见的突出反应是：①抑郁。表现为悲哀，严重者会自杀。②麻木。起初表现为冷漠、茫然，随后消极情绪会爆发。③焦虑。表现为害怕、忧虑、恐惧、紧张。④假装适应。表面似乎很稳定，但潜在着爆发的危险。具体的评定表现：①情绪反应：当事人表现高度的焦虑、紧张、丧失感、空虚感，且可伴随恐惧、愤怒、罪恶、烦恼、羞惭等。②认知方面：沉浸于悲痛中，导致记忆和知觉改变，反应力减慢，不能集中注意力思考、推理、判断问题，难以区分事物的异同，体验到的事物关系含糊不清，决定和解决问题能力受影响，有时害怕自己发狂，一旦危机解决可迅速恢复知觉。③行为改变：不能专心学习、工作或劳动；逃避现实；回避他人或以特殊方式使自己不孤单；令人生厌或具有黏着性；与社会的联系遭到破坏，可发生对自己或周围的破坏性行为，如一些强迫观念和强迫行为的产生；拒绝帮助，认为接受帮助是软弱无力的表现；行为和思维情感不一致；出现过去没有的非典型行为；此外还有社会退缩，放弃以前的兴趣等。④躯体方面：表现为失眠、头晕、食欲不振、胃部不适等。当学生出现其中两个或两个以上方面的表现时，我们认为该生出现了心理危机。

此外，对自杀高危人群及时进行评估是十分必要的。目前对自杀危险性的评估主要是采用临床法进行的。自杀者除了具有上述各种危机表现外，还可能具有以下一些表现：

（1）自杀者的亲友或近邻曾发生过自杀，形成负面暗示。

（2）抑郁后突然表现出高兴，悲恸哀哭后出现反常的穿着。

（3）患有或患过精神疾病，最近经历了特殊应激事件。

（4）个人卫生恶化，学习兴趣丧失，变得抑郁和退缩。

（5）自杀的企图和行为。处于危机中的人在做出自杀行动之前，既可能表现得很平静，也可能表现得很激动。如果既处于明显的抑郁之中，又伴随着焦躁不安，这时出现自杀的危险性最大。

心理学家罗森鲍姆和比伯（1975）认为，自杀意图可在精神检查中通过三种情绪迹象观察出来：

（1）许多病人表现出自暴自弃，觉得活着没用，无意义了，最好是就此自我结束。

（2）有些病人在抑郁之后表现出空虚的欣快，同多数自杀者一样，他们为自己能否把自杀计划进行下去而精疲力竭，最后决定结束这一切，并对自己的决定感到轻松和“愉快”。

（3）精神运动迟滞，病人回答问题很慢，动作也缓慢吃力，他们常表露出生活存在不可克服的困难的想法。但不可否认，有三分之一的潜在自杀者对其打算秘而不宣。

还有几种因素可能会加强其自杀企图：①容易得到致命的工具。②缺少容易得到的支援系统。③不可挽回的损失所造成的生活压力。④因严重失眠而大量饮酒或服药。⑤抑郁症，特别是当有绝望感，或对过去和现在失去了连续性的意识时，很容易有自杀企图。

根据自杀者的一般心理表现和有关知识经验，对学生自杀危险性的评定可从以下几方面进行：

（1）具有明显的外部精神因素的刺激，如学习成绩下降、失恋、人际关系危机、患有严重的躯体疾病或身体有残疾等；

（2）情绪低落，悲观抑郁，对自己自责，有强烈的罪恶感和缺陷感；

（3）性格孤僻内向，与周围的人缺乏正常的感情交流；

（4）有严重不良的家庭成长环境，如家庭破裂，缺乏家庭温暖等；

（5）缺乏明确的生活目标和信心，对事物易产生悲观失望的情绪；

（6）曾有过自杀企图或亲人中曾有人自杀过；

（7）突然收拾东西，无缘无故向关系亲密的人道谢、赠送礼物；

（8）谈论自杀，诉说关于准备自杀的实际想法，直接或间接地有过自杀的暗示和威胁。

上述每个方面都代表一个危险因素，当它们在一个人身上同时起作用时，危险性则更大。

### （三）构建学生心理健康问题预警体系

构建学生心理危机预警体系就是通过学生个人、学校、家庭和社会各方形成合力来预防学生心理危机的产生。其功能是及时监测相关个体的运作发展状况，根据对预警对象、预警指标和预警信息的分析和研究，预测其发展趋势，及时发现和识别潜在的或现实的危机因素，以便主动采取防范措施，减少心理危机发生的可能性、突然性和意外性，将可能发生的心理危机的影响控制在最小范围内，使危机造成的损失最小化。之所以把个人、家庭和社会都纳入预警体系，是因为这样的建构有利于让学生从不同渠道、不同角度和不同深度接触到心理科学知识，学会关注心理健康和主动寻求心理帮助。

概括地说，学生心理危机预警系统是一个以学校为核心，个体、家庭、社会相互配合、相互影响的整体预警模式。从各部分所处的地位及其所起的作用看，学校是主导、个体是中心、家庭是基础、社会是补充。

#### 1. 倡导学生的自我教育

在心理教育中，学生既是客体，又是主体，其主体性就表现在学生的自我教育上。主体的自我教育、自我排遣是防范心理危机的重要保障，只有主体的自我觉悟才能从根本上排除心理障碍。加强主体自我教育除了人生观教育外，学校还要定期开展心理健康教育系列讲座，强化学生的自我教育意识和能力；培养学生自我检查、自我评估和自我纠正的能力；教会学生一些心理调适方法，鼓励学生进行自我调适和排解。最重要的是，要让学生明白，当有心理困惑时，积极寻求帮助、解决是非常明智的，鼓励学生在发现问题时，及时、大胆地走进心理咨询室。

2. 重视家庭的基础作用

心理学研究表明，学生所有的心理问题几乎都可以在其童年时期找到背景。换句话说，学生心理问题主要形成于家庭，表现于学校。因此，学校在建立心理危机预警系统时，应充分考虑家庭的基础作用。家长要不断更新观念，了解学生的心理特点，做好其心理压力的调节和疏导工作。具体方法是与子女加强沟通，了解其思想、学习、生活状况，和他们共同探讨问题，通过子女的言行表现了解其思想、心理矛盾，当他们有困惑时给予及时的帮助。学校通过家长会、家访和日常联系等形式与家长建立合作关系，及时了解学生的动态。更重要的是，学校要向家长传授与学生身心发展有关的知识，使家长懂得，学生出现的新行为中哪些是正常的，应该接受；哪些是异常的，应及早向学校或医疗机构反映，积极寻求帮助。

3. 发挥学校的主导作用

学校对学生的心理发展和完善起着至关重要的作用，在心理危机预警系统中，学校发挥着主导作用。学校主导作用的发挥是通过三级梯队来完成的。

（1）学生朋辈。

学生朋辈是学生的重要他人，在日常生活中，学生的负面情绪和异常行为表现最容易被同学、朋友发现。如果学生朋辈心理健康意识强就可大大减少恶性事件的发生。为了进一步完善心理危机干预机制，做好早期预警工作，力争将学生心理危机消除在萌芽状态，可以专门设立班级心理委员，心理委员负责及时地传达学校开展心理健康教育的举措和心理咨询中心组织活动的信息，配合开展各项活动；及时收集和反映同学们对心理健康教育的建议，促进学校心理健康教育有效地开展；关注班级同学的心理健康状况，适时、适当地对身边同学进行心理帮助；及时发现并转介有严重心理问题的同学，做第一个危机干预者；在开展班级心理健康教育中做好保密工作，严格保护同学的隐私，维护同学的权益。

（2）教师。

这里所说的教师是指班主任或各院系负责学生工作的辅导员，是学校系统中的第二梯队。这支队伍具有承上启下的重要作用，是学生心理危机预警系统中的骨干力量。他们可以及时发现学生存在的心理问题，并运用心理学原理和方法予以疏解，防患于未然，工作更直接，更有针对性。

(3) 学校心理咨询中心。

学校心理咨询中心是学生心理危机预警系统中的最高机构。这一级梯队无论从工作内容、性质、范围，还是从机构的设置、人员的配备、设备的建设等方面都更加接近或达到专业化水准。心理咨询中心的主要任务是：对学生进行心理普查并给出统计分析的结果和提出教育对策；对普查不合格的学生进行预约辅导和跟踪随访；培训教师和接受学生朋辈的反馈意见；对危机个体进行心理辅导和危机干预；建立学生心理档案；具体负责学生心理危机预警系统的建设和实施等。

4. 强化社会的补充作用

学生心理危机的产生与社会的影响是分不开的，因此，全社会一起来帮助学生预防心理危机的发生及度过心理危机期非常重要。目前，我国的社会教育系统还处在刚刚起步阶段，其系统性还不够。为此，需要建立以家庭、学校、社区和单位为基础，以群体组织、社会团体和新闻媒介为辅助，以医疗单位、专业预防救援机构为保证的预警系统，从而强化公众对学生心理的人文关怀意识，提高对学生心理教育的科学性和针对性。同时，建立学生社会预警体系，也是引导学生健康成长，正确对待心理上出现的危机，适时克服心理上的障碍，最终获得全面发展的重要保证。现在很多城市都已经出现了以“心理求助”为主题的热线电话、献爱心志愿者协会等组织与机构，这些社会预警机构和措施的建立和运行，起到了危机干预和治疗作用，收到了很好的社会效果。

## 二、预警模式的实施

### (一) 实施方法与途径

做好学生心理危机早期预警工作，应做到对学生的心理状况变化早发现，早通报，早评估，早治疗，信息畅通，快速反应，力争将学生心理危机的发生消除在萌芽状态。

1. 建立学生心理档案

建立学生心理健康档案，可以记录学生每个阶段的主要心理状态，掌握学生整体健康状况及普遍存在的心理问题，及时发现有心理疾患的学生人群并及时给予引导，为学校心理健康研究提供大量的、客观的第一手材料。学生也可以通过心理档案了解自己的心理状态，扬长避短，充分发挥潜能，努力形成良好的个性品质。学生心理档案的建立是一项非常复杂、严肃的工作，它包括以下程序：确定心理档案的内容，学生资料的搜集，对资料进行整理、分析、解释等。

（1）确定学生心理档案的内容。

心理档案的内容又称心理档案的项目，是指能从中揭示或了解到的有关学生心理状况、心理特点等材料。学生心理档案的内容应尽可能全面反映学生的心理特点，从而为学校教育提供可靠、准确的信息。学生心理档案的构成有下列几部分内容：

①学生基本情况。学生基本情况主要是一些背景资料，以帮助教师深入分析学生心理，正确诊断学生问题产生的原因。它主要包括以下几个方面：

一般资料。主要是姓名、性别、出生年月、籍贯、民族、政治面貌、年级、个人兴趣、爱好特长等。

身体状况。主要包括血型、一般健康状况、身体发育状况、生理缺陷、既往病史、各个时期的体检表等。

学生的家庭情况。如家庭成员结构、父母的职业、受教育程度、经济水平、家庭居住环境、对父母教育方式和家庭气氛概要评价、本人在家庭中的地位和作用、重大变故等。

学生的学习情况。主要包括学生的学习成绩、学习态度、学习习惯、思想品德、行为习惯、体育运动、交际水平（含师生关系、同伴关系）、担任班干部情况、获奖情况等。

对学生个人生活有影响的重大社会生活事件。如家庭成员的死亡、父母离异、与教师和同学关系紧张、生活条件改变、影响生活的重大挫折等。

②各种心理测验及诊断结果。旨在全面了解学生心理健康状况及个性心理特征。根据针对性和实用性，具体选择以下心理测验：

《精神症状自评量表》（SCL－90）。主要用于测量学生的各种临床疾病。

《心理健康诊断量表》（MHT）。主要用于测量学生是否存在心理障碍，以及产生心理障碍的原因、种类和程度。

《瑞文标准推理测验》（SPM）或《卡特尔联合性智力测验》（CCT）。主要用于测量学生的知识结构和智力发展水平。

《卡特尔16种人格因素测验》（16PF）。主要用于诊断学生的性格特征。

《艾森克个性问卷》（EPQ）。主要用于诊断学生的气质特性及气质类型。

《爱德华个性偏好量表》（EPPS）。主要用于诊断学生的兴趣、爱好等特点。

学习适应性量表（AAT）。主要测量目前学生学习的适应状况，寻找目前学习状况的成因和存在的问题。

人际交往量表。包括学生和家庭的关系，学生与教师的关系，学生与学生之间的关系等。

职业咨询测验。如职业定向测验、职业兴趣测验，主要了解学生对各种职业的态度及择业趋势。

③心理咨询记录。咨询时间、主诉内容、观察印象、交谈情况、心理问题的性质、疏导措施及效果评价、反馈信息、接待人员等。

④学生心理发展的动态资料。主要包括学生自身材料，家长、学校、老师对学生的各种鉴定、评语。

⑤综合印象。有无兴趣特长、同情心的强弱、生活变故、消极情绪表现、心理创伤史、失眠情况、轻生意念、自我对身心健康状况的评价、以往接受咨询或治疗史、需要咨询的问题等。

（2）学生资料的搜集。

确定学生心理档案的内容后，就要搜集反映这些内容的资料和信息，这是建立心理档案的关键。学生资料的搜集方法主要有观察法、自述法、谈话法、问卷法、作品分析法和心理测验法等。在这些方法中，观察法是一种简单易行的方法，问卷法和心理测验法是使用普遍的方法。作品分析法是指借助学校的各种评定和记录以及学生的作品（如学生的学习心得、笔记、试卷等）来获取信息的方法，了解学生的心理活动。学生资料的搜集实际上是心理档案建立的实施阶段，为了确保资料的有效性，要注意一个重要的问题——对参与辅导学生测试的教师进行培训，包括指导语的解释、测试时间的控制、测试问卷或量表的发放及回收、测试结果的保密等。

（3）测量结果的统计与解释。

搜集学生资料后，要对每一种资料，尤其是心理测验的结果进行统计并作出解释，并结合学生情况提出指导建议、建立心理档案。统计过程中要完成的一项工作是把学生的测评数据输入电脑，由专业人员采用一定的统计方法对数据进行处理。在进行分析解释时，要参考常模资料、效度资料，还要考虑测验情境等其他因素，做到客观公正。根据结果的解释，围绕如何发展能力、培养创造力、优化人格、促进心理健康、提高学习成绩以及指导升学或就业等方面来提出教育对策，这是建立学生心理档案的目的所在。对存在突出心理问题的学生，心理咨询中心可通过主动回访、排查做好危机的预防与转化工作。下一个环节是整理、归档。学生心理档案的形式主要有文本式和电脑软件式，电脑软件的形式使用较普遍。心理档案一经建立，必须由学校心理健康的专业教师统一保管，不能随便给其他人员看。此外，心理档案建立之后，在研究上，要做到共性研究与个性研究相结合，即既要注意大多数学生共有的问题，又要注意学生的个别问题；在教育方法上也要坚持全面普及心理学知识与个别心理辅导相结合。

（4）进行日常行为观察。

通过日常生活对学生进行观察，掌握学生的情绪变化，了解其内心活动。对学生日常行为的观察要依靠教师、家长、学生三方的相关活动来共同搜集心理健康档案材料。

2. 建立学生心理健康汇报制度

为掌握全校学生心理健康的动态发展，随时掌握高危个体的心理状况，学校建立学生心理问题报告制度。

（1）班级心理委员要随时掌握全班同学的心理状况，将班上学生的心理状况每月向心理咨询中心汇报一次，并填写《班级学生心理健康状况表》上交心理咨询中心。发现同学有明显的心理异常情况要及时向心理咨询中心汇报。

（2）班主任或辅导员要深入学生之中，通过班级心理委员及心理咨询中心了解学生的心理健康状况。院系或年级组发现有学生心理问题迅速恶化或新发现有严重心理问题的学生，应将该生的情况迅速以电话的形式上报，并在24小时内以书面形式向学生心理危机干预工作领导小组汇报。

（3）心理咨询老师在心理咨询室值班期间发现学生存在心理危机，应在24小时内将相关信息以书面的形式报告给学生心理危机干预领导小组。

（4）对学生中存在的严重的心理危机、发生的心理危机事故及其处理情况，学生处应及时向学校学生心理危机干预领导小组汇报。

3. 建立《学生心理危机预警对象库》录入制度

心理危机干预领导小组办公室建立《学生心理危机预警对象库》，将全校有心理危机倾向及需要进行危机干预的学生信息录入其中，实行动态管理。

4. 建立学生心理健康信息反馈制度

心理危机干预领导小组办公室及时将全校学生的心理健康状况、进入《学生心理危机预警对象库》中的学生名单、学生心理健康测评和排查结果、年级组或学院上报的有心理危机倾向的学生的心理评估结果、通过其他途径获取的有心理危机倾向的学生名单及其心理评估结果等相关信息反馈给年级组或学院以及学校的主管领导。

### （二）实施过程中需要注意的问题

学生心理健康问题预警系统模式只是提供了一个应对学生心理问题的总框架，学校在具体建设与实施危机预警系统的过程中，应注意以下几个方面：

1. 领导重视是前提

要让学校领导充分了解心理危机预警系统的意义与功能、内容与机制，使他们对预警工作有一个基本的把握，认识到预警工作的重要性，从而将心理危机预警系统的建设列入工作日程，最终保证此项工作顺利、扎实、有效地开展。

2. 重视硬件建设与经费投入

建设和实施心理健康问题预警系统，使其在学生心理健康建设中发挥应有的作用，必须解决硬件建设与经费投入问题。

3. 加强心理师资队伍建设

只有当处于预警系统中的教师不仅自身心理素质高，而且专业素质过硬、实践经验丰富时，心理危机预警系统才能真正发挥实效，起到预防问题发生、促进学生心理素质发展的作用。

4. 利用各种资源

构建心理健康问题预警系统、提高学生心理素质是一项全民工程，仅仅依靠学校的力量是远远不能解决学生所有的心理问题的。这就需要学校充分利用各方面的资源优势，将校内外各方面的力量结合在一起，全方位地开展工作。

5. 持之以恒

心理健康问题预警系统的建设与实施，必须持之以恒，常抓不懈。否则就可能流于表面，流于形式，收效甚微。

总之，心理危机预警系统的建立可以通过早期预测，评估预警信息，发出危机警报，为下一步的准确决策、制订计划、实施危机干预奠定坚实的基础。这是建构学生心理危机预警系统的初衷，也是为学生营造良好心理环境，促进其全面发展的重要保证。

# 第三节　学生心理健康问题的干预

## 一、学生心理健康问题干预支持系统

心理学家研究表明，社会支持可能在压力事件与健康状况的关系链条的两个环节上发挥作用。其一，可能作用于压力事件与主观评价的中间环节上，如果个体受到一定的社会支持，那么，他将低估压力情境的伤害性，通过提高感知到的自我防御能力，减少对压力事件严重性的评价；其二，社会支持能够在压力的主观体验与疾病获得之间起到缓冲作用，可以提供解决问题的策略，降低问题的严重性，从而减轻压力。

社会支持是学生从学校、社会网络、亲戚朋友那里获得的物质或精神的帮助。研究表明：青少年获得的社会支持具有可靠同盟、价值增进、工具性帮助、陪伴支持、情感支持、亲密感、冲突、惩罚和满意度等调节功能。同时，社会支持水平影响着学生应对策略的特点，学生心理健康水平低下与社会支持缺乏有正相关关系。因此，包括学校支持、家庭支持在内的社会支持是学生心理干预工作的重要环节和途径。①学校支持可以由四级干预系统共同完成。一级系统以早期发现为主，学生心理委员、班主任或辅导员要密切关注和发现重点学生，并及时报告心理咨询中心和学生处。二级系统以预防为主，学生工作管理人员及心理咨询中心人员要与高危人群保持密切联系，及时向他们宣传普及心理健康知识，增强心理保健意识，并加强与家长的联系。三级系统以咨询为主，主要针对长期陷入困境的个体进行干预和定期咨询。四级系统以治疗为主，对曾经有过自杀念头或患有严重心理疾病而无法进行正常学习的学生，要及时送往医疗机构治疗，并与家长和医院保持联系，详细记录治疗的具体情况。有针对性地制定个体干预计划，包括措施、预案和定期谈话制度。②家庭支持除物质支持外，主要是亲子沟通。学生所在年级组或院系部采取日常联系的方式督促和指导学生家长正确地实施亲子沟通，对于防治心理障碍具有良好的作用。③社会支持是指全体社会成员要共同努力，关注学生的心理健康；为学生创设一个和谐、融洽的交际空间，以促进学生的人格健全和个性和谐；社会各界协调一致，利用社团组织向学生宣传心理健康知识，提供服务机构；引导和鼓励学生同伴组成团体开展思想交流、问题讨论和生活互助等活动，用以克服自卑和无助心理的产生；对待心理可能存在问题的学生，不能歧视、嘲笑，而要关心、帮助他们。

支持系统中社会和家庭应该起到更大的作用。许多案例表明，学生的心理和行为问题与社会和家庭环境不利密切有关，因此，需要建立积极的社会和家庭支持系统，使之成为干预系统的一个重要的组成部分。社会和家庭支持系统应该包括：政府、社会机构、家庭和各类专业人员，如教师、社会工作者、心理学、教育学、医学和其他的专业人员。在这个支持系统中，政府应该对学生的心理问题给予更多的关注，并且起到主导作用。政府应建立国家一级学生心理问题预防协调组织，各地建立起相应的学生心理问题干预组织，开展学校和社区预防服务。同时，还要解决好以下几个问题：①通过各种渠道争取心理问题预防及研究经费。②确定心理问题的各种影响因素，实施多种预防和干预措施。③加强各类专业人员的培训，尤其是教师在心理学方面的工作能力和解决实际问题能力的培训。④定期公布我国学生心理问题的状况和相关数据。

就我国目前的状况看，建立健全的社会支持系统，可以从下面几方面进行：

①设立救助热线。有效的危机干预必须依靠特定的社会机制，以提醒社会重视对危机的预防，并给处于危机状态的人以及时援助。目前，许多人虽然意识到自己有危险情绪，但常常不知如何求助，向谁求助，最后只能任由情绪恶化。而设立救助热线是危机干预的有效方法。救助热线的职责包括：与产生心理危机的人建立联系、评估危机的程度、确定并掌握其核心问题和拟定治疗及康复计划等。救助热线设立并推广之后，学生一旦出现心理问题，很自然就会想到求助于救助热线，并能及时得到帮助。

②开辟网络对话，进行朋辈心理保健培训。采用网络对话、宽带视频、手机短信等方式，对有自杀企图者进行救助是一个好办法。进行朋辈心理保健培训，就是在学生中选择一些性格开朗乐观的人，经过必要的培训后让其充当义务心理咨询员的角色。同龄人通常较易沟通，且同学之间朝夕相处，既便于及时发现危机，又可以及时有效地进行干预，这是进行朋辈心理保健培训的有利之处。

③提供心理咨询和心理矫正服务。处于一个急剧变迁的社会中，学生在成长过程中会遇到各种各样的问题，产生种种困惑和各种不良的消极情绪。如果得不到及时有效的引导和解决，学生的身心健康会受到严重影响，甚至会导致非常恶劣的后果。为此，提供心理咨询和心理矫正服务，加强学生的心理教育，对学生的健康成长有着非常重要的意义。

## 二、学生心理健康问题干预措施

### （一）危机干预模式阶段划分

危机干预模式分成危机前、危机中与危机后三个阶段的干预，各阶段有不同的干预方式，如下表。

危机干预模式表

| 危机出现前 | 危机过程中 | 危机处理后 |
|---|---|---|
| 心理健康教育 | 面谈咨询 | 团体辅导 |
| 生活适应指导 | 认知治疗 | 后期干预 |
| 良好个性培养 | 行为治疗 | 压力调适 |

1. 危机发生前

①在日常教育中加强和落实学生危机意识和心理健康教育，培养学生良好的认知方式和健全的人格，提高危机应对心理准备和应变能力；②每年对全校新生进行心理健康普查，建立学生心理健康档案，并根据普查结果筛选出心理危机高危个体；③构建班级学生心理委员网络，建立学生心理健康信息反馈制度，以做到心理问题早期发现，早期干预，防患于未然。

2. 危机过程中

危机中有切实可行的干预方法，如心理咨询、心理健康材料发放等，危机干预的时间一般在危机发生后的数个小时、数天，或是数星期，干预的最佳时期一般在事件发生 24 小时之后，72 小时之前。干预策略要具有立即性、灵活性、方便性、短期性、创造性。

1976 年美国临床心理学家 Butcher 和 Mandal 对消除危机的有效办法进行了研究，提出的危机消除策略如下：

①给当事人精神支持，使其有足够的信心，坚信自己处理危机的能力，赞同当事人的决定，表明你对他充满信心，有别于假安慰。可使用“我相信你有这个能力完成这个任务”等激励语。

②给当事人提供宣泄的机会，有助于疏导那些可能会造成自我毁灭的情感，如愤怒、恐惧、憎恨。一个注意理解的听众可帮助当事人表露闷在内心深处的情感。

③帮助当事人建立希望和乐观精神，选择恰当的时机使其看到希望，对前途充满信心。但不能在当事人处于消极情境中，其精神负担还没完全暴露之前传给其希望和乐观，这等于是轻视、逃避和否认负担。一般在处于消极情境的当事人面前，可以先鼓励其诉说心中真实情感，再给予希望和乐观。

④在与当事人交谈时有选择地倾听。在与当事人交谈时，回答要有选择性，就重避轻，如你可以忽略天气和体育的闲聊，但当事人开始谈到情感时，你就可以有所反应。

⑤对当事人劝告，一般情况下应避免直接的建议和限制。但在心理危机者陷入困境情绪，思维很混乱时，按实际情况提出劝告和建议，限制不利情况的发生还是比较合适的。应用劝告建议时要谨慎和深思熟虑，否则会因建议的消极后果，遭到当事人的责怪或直接反驳，比如他们会用“是的，但是”、“是的，我考虑一下，但我想不会成功”等来否定你的建议。给建议时应尽量取得他们的信任，一般的临时建议是解决不了问题的，深思熟虑的建议可能会行之有效，建议应考虑每个问题的特征和考虑是否切合实际。

以上只是在理论上提出了学生的心理危机理论和一般的干预策略，但实际情况是相当复杂的。在真正面对学生出现的各种问题时，应有区分地对待。另外，当发生病理性悲痛反应时，还要配合药物疗法或生物电技术。

3. 危机处理后

危机后实施适当的抚慰与成长教育，使学生能从危机中学习到有效的自我调节方法。

**（二）实施干预的相关系统**

对于名单已进入学生心理危机预警对象库的学生或突发心理危机的学生，学校根据其心理危机程度实施心理危机干预。

1. 建立治疗系统

对有心理危机的学生应进行及时的治疗。对症状表现较轻、危机程度不高者，以在校接受心理咨询或到本校附属医院等专业机构接受心理治疗为主，可辅以药物治疗。症状表现较重者必须在医院等专业机构接受药物治疗，在此基础上在校或在相应的专业机构接受心理咨询。对症状表现严重、危机程度很高者，必须立即将其送本校附属医院或其他专业精神医院治疗。

2. 建立阻控系统

对于学校可调控的引发学生心理危机的人事或情景等刺激物，年级组或院系应协调有关部门及时阻断，消除对危机个体的持续不良刺激。对于危机个体遭遇刺激后引起紧张性反应可能攻击的对象，年级组或院系应采取保护或回避措施。心理咨询老师、医院医生在接待有严重心理危机的学生来访时，在其危机尚未解除的情况下，应不让学生离开，并立即报告给心理危机干预领导小组办公室及学生所在年级组或院系。

3. 建立监护系统

对有心理危机的学生在校期间要进行监护。

①对心理危机程度较轻，能在学校正常学习者，年级组或院系应成立以学生干部、心理协会骨干为负责人及同学为主的不少于三人的学生监护小组，以及时了解该生的心理与行为状况，对该生进行安全监护。监护小组应及时向年级组或院系汇报该生的情况。

②对于危机程度较高但能在校坚持学习并接受治疗者，学校应将其家长请来学校，向家长说明情况，家长如愿意将其接回家治疗则让学生休学回家治疗，如家长不愿意接其回家则在与家长签订书面协议后由家长陪伴监护。

③经评估确认有严重心理危机者，年级组或院系应通知学生家长立即来校，并对学生作休学处理，让家长将学生接回家或送医院治疗。在学校与学生家长作安全责任移交之前，学校应对该生作24小时特别监护。对心理危机特别严重者，年级组或学院应派人协助保卫人员进行24小时特别监护，或在有监护的情况下送医院治疗。对于出现危机事故的学生，在其在医院接受救治期间，年级组或学院亦应指派学生协助保卫人员根据医院要求在病房进行24小时特别监护。

4. 建立救助系统

对于突发的学生自伤自毁事故，学生所在年级组或院系的专职学生工作干部，应在闻讯后立即赶赴现场，并立即报告给心理咨询中心、学生处、保卫处、校医院等部门。上述各部门在接到通知后应立即派人赶到现场，进行紧急援救。特殊情况下，年级组或院系可先将学生紧急送医院治疗，然后向有关部门汇报。实行现场紧急救助，各部门职责如下：

①学生处负责现场的指挥协调：控制环境、分散人群，调配人员、请示主管领导，作出决策。

②保卫处负责保护现场，配合年级组或院系对当事人实施生命救护，协助有关部门对事故进行调查取证，配合年级组或学院及医疗部门对学生进行医疗救护过程中的安全监护。

③校医疗部门负责对当事人实施紧急救治，或配合相关人员护送其转至相关医院住院治疗。

④班主任或辅导员、班级心理委员收集当事人应急事件、情绪变化、人际关系、家庭情况等相关资料，及时提供给心理咨询中心人员。危机事件后组织开展危机后团体辅导。

⑤心理咨询中心负责制定心理救助方案，实施心理救助，稳定当事人情绪。

⑥危机干预后应在第二天召开学生工作会议，通报总结此次危机干预事件及安排善后工作。

### （三）危机干预的方法、步骤及注意事项

1. 危机干预的方法

危机干预方法很多，通常采用 Belkin、肖永源提出的三种危机干预模式：平衡模式、认知模式和心理社会转变模式。

（1）平衡模式（equilibrium model）。

平衡模式是针对学生心理和情绪不平衡而提出的。学生群体生活中，事实上存在一些令人心理不平衡的事情。在这种情况下，原有的应付机制和解决问题的方法不能满足他们的需要。平衡模式的目的在于帮助学生顺利过渡到新的平衡状态。在危机的早期，个体通常感到无法控制事态，不能清楚地分析问题，作出适当的选择。此时可采用平衡模式，将主要精力集中在稳定个体的心理和情绪方面，重新达到某种程度的稳定。

（2）认知模式（cognitive model）。

认知模式认为，处在危机之中的学生，在思维的方式、着眼点和归宿点等方面进入了一个误区，以自己短浅的目光和狭隘的胸怀分析事物，看到的并不是事件本身和相关的事实。现实生活中，学生有时给予自己否定和歪曲的信息，而长时间处于痛苦的两难处境，导致其对境遇的内部感知向越来越消极的自言自语发展，直到他们不再相信危机中还有积极的成分。接着，他们会随着消极的否定性的自言自语，更加确信自己对危机无能为力，行为上更加消极。该模式的基本方法是，通过改变思维方法，尤其是通过认识其认知中的非理性和自我否定部分，通过获得理性和强化思维中的理性和自我肯定部分，摆脱错误认知对自己的控制。对于新生宜用认知方式实施早期干预，使他们认识学校生活和学习规律、认识环境、认识人际关系的变化等，及时调整心态，可以避免许多学生进入误区，造成不必要的损失。对个体而言，干预的任务在于纠正学生自我否定和扭曲地接受外在信息的认知模式，培养正常、正确的认知模式，通过练习和实践从而使个体的思维变得更为积极、正确、肯定，产生自我

发现、自我接纳而自觉走出误区。认知模式适合于情绪稳定下来并接近于危机前平衡状态的个体。

（3）心理社会转变模式（psychosocial transition model）。

该模式认为，心理状况是特定的社会环境中学习的产物。人在不断地变化、发展和成熟，他们所在的社会环境和社会影响也在不断地变化，危机可能与内部和外部（心理的、社会的或环境的）困难有关。人如何正确认识环境，适应环境，即人的社会适应性问题。干预的目的在于与求助者合作，分析、测定与危机有关的内部和外部困难，帮助他们改变原有的行为、态度和利用环境资源的方法，建立新的行为方式、态度和方法，去认识社会，了解社会，适应社会。社会潮流无法逆转，生活在社会转型与变革中的现代人，必须掌握好自己的命运，才能够在激烈竞争的社会中免受精神疾病之苦。心理社会转变模式适合于情绪已经稳定下来的个体。

2. 危机干预的步骤

采用不同的心理治疗方法，其具体的操作可能各不相同，但通常可以遵循这样一些基本步骤：

（1）保证安全。

无论使用哪种方法，安全都是危机干预的首要目标。比如，将学生带离危险的场所或离开危险的物品，避免他们被人围观或受到威胁，保护他们的隐私等。

（2）确定问题。

询问学生的有关基本情况，了解学生求助的动机和期望的效果，通过启发详尽的叙述，引导他们敢于讲出心灵深处的矛盾。从学生的角度，倾听和理解其所认识的问题，澄清他们所面临的困难和冲突，同时帮助他们充分宣泄、疏导那些有可能会造成自我毁灭等严重后果的不良情绪，使他们的紧张状态得以缓减。

（3）给予支持。

通过与学生真诚的交流和沟通，给予学生无条件的接纳，让他们感受到有人关心并能够理解、帮助他们，激发他们度过危机的勇气和信心。

（4）提出并验证可替代的应对方式。

帮助学生直接面对危机，客观地看待问题，探讨各种可能的选择，从中找到有效的应对方式。

（5）制定计划和解答方案。

一方面，干预者与学生一起制定行动计划以改变心理的失衡状态。另一方面又需要体察干预进程中发生的一切情况，收集并重视各种反馈信息，引导学生主动、轻松地通过联系自己的实际理解干预和解答，鼓励学生对干预者的讲解、处理方法等各方面提出不同的意见，通过质疑，提高和强化心理素质，由此转化为自身力量和主动应付应激的方法，学会处理现实问题。

（6）得到承诺。

协助学生弄清楚他应采取的行动是什么、应如何实施，并且明确承诺他将严格按照计划进行。

（7）跟踪监控。

让学生逐渐回到正常的学习生活中，尝试行为的改变，并获得成功的体验，恢复自信心。开始阶段，情绪还会出现反复和波动，干预者要给予正面的强化，巩固已经取得的效果。学生如果能够将学习到的新的信念和应对方式迁移到生活中去，危机干预即可结束。另外，对干预的结果与干预前的情况、干预的预期目标进行比较和确定，对干预效果作出全面而客观的判断和评价，同时为保持良好的干预效果，对今后的随访进行设计和安排。

3. 危机干预的注意事项

通常，进行干预需要注意以下几个问题：

（1）建立特定的友好关系。

能否建立良好沟通关系是成功干预的基本保证。学生与干预者经过交往和信息传递，由起初建立信心发展为产生信赖，而这种对干预者的信赖又可进一步加强其自信心。这是一个双向反馈的过程。干预者可通过以下干预技术来与学生建立良好的沟通关系：第一，“同感”技术。所谓同感，是指在干预过程中，干预者不仅要有能力正确地了解、体会学生的感受和那些感受的意义，同时还要将这种了解、体会传达给对方，从而促使学生对自己的感受有更深的自觉的认识。它包含两方面内容：一是充分理解，二是准确传达。第二，“接纳”技术。在干预过程中，干预者要把学生当作一个可以接纳的人，不论学生表现出怎样的感情或态度都予以接纳，接受他们，容忍他们不同的观点、短处等，否则就会导致学生的不服气，甚至对干预者产生反感、敌意。第三，“真诚”技术。真诚对于良好沟通关系的建立是非常重要的，因为干预者的真诚不仅给对方一种安全感，而且为对方提供了一个榜样，面对干预者的真诚开放，学生也会慢慢诚实地开放自己、表达自己，有助于学生正确地认识自我。

（2）重视分析评估。

干预者尽可能地获得各种信息，并进行整理、分析、概括和归类，对学生的心理问题在分析和评估的基础上作出判断，帮助学生查明导致心理问题、心理危机、心身疾病的根源。学生往往存在非理性信念，这些信念导致学生归因错误、逃避现实、迷信固执、自卑绝望、要求自己十全十美等，当这些非理性信念占据主导地位时，就会产生情绪困扰。著名临床心理学家 A. Ellis 提出的“合理情绪疗法”对此类学生的干预是有效的。A. Ellis 的人格理论认为：人的情绪后果不是由引发事件引起的，而是由他对事件的信念系统引起的。如果除去这些非理性信念，情绪问题往往可迎刃而解。因此，一个成功的干预者应准确指出学生存在的非理性信念，并力图促使学生放弃这些非理性信念。

（3）创造轻松的环境氛围。

对学生叙述的问题和看法，要注意倾听，避免立即评论，更不要表现出漠不关心，应尽量创造出一种轻松的环境气氛。当学生面对失恋、人际冲突、亲人亡故等重大应激事件时，其心态、认知、行为、情绪表现有别于常人，故不能用常人的标准来衡量和对待学生。他们最需要的是安慰、理解和同情而不是说教和指责。对学生的充分理解，体现在干预者不仅要关注他们说话的内容，还要关注言语中所隐含的情感和内心的矛盾冲突，干预者要设身处地地去了解学生的思想、情感和行为，而不是站在自己的立场去主观臆断。缺乏理解和同情心，干预就会毫无效果。在此基础上，帮助学生分析之所以产生危机，是与其使用了较多的破坏性防御机制和消极应对有关，进而达成干预目的。

（4）做到认识与实践同步。

这是解决心理障碍、提高心理素质的有效途径。当学生有了一定的正确认识后，不论是肤浅的还是本质的，都要让他们通过实践检验。这样既可以增强学生的信心，又可以解决其心理上的实际问题。同时，对他们取得的每一点进步，都应给予肯定、鼓励和支持，以增强其必胜的信心。美国心理学家 W. Glasser 在 20 世纪 60 年代提出了“现实疗法”以用于那些不能面对现实生活、对自己行为不负责任的人的临床心理治疗技术。该疗法认为：如果人的基本需要得不到满足，就会产生问题，对生活、学习不满，引发一些不负责任的行为，形成失败认同感的人格。现实疗法就是协助失败认同感的人改变不负责任的行为，学习通过现实及负责任的行为去满足自己的需要，逐步形成成功认同感的人格。

（5）统筹兼顾。

干预作为一种科学的、实践的学问，是改进学生心理素质的一个综合性的再教育过程，需要统筹兼顾，建立一个完整的系统，不能只强调某一方面，忽视其他方面。

## 三、干预实践案例

**案例：因舍友突然病故所致的心理危机干预**

一、个案背景资料

1. 来访时间

2005年9月30日至2005年10月30日期间共三次辅导。

2. 来访者身份

某系一宿舍七名女生，是大一新生，平均年龄19岁，皆为广东籍，广州附近区域，最远的为韶关。

3. 接案背景

2005年9月30日清晨，接到某系辅导员电话，称该系一女生在凌晨因病突发身亡，其他女生还未知情，但情绪不稳，需要心理咨询中心援助。接到电话后，几位心理咨询中心的老师立即赶往事发校区，见到几位女生，实施了必要的心理干预。

4. 个案背景资料

9月30日清晨七时左右，寝室中七位女生陆续起床，因昨夜谈论国庆节假期如何度过至凌晨两点才就寝，故较晚起床。上午还有最后四节课，作为新生来说，她们虽然归家心切，但还是无人打算逃课。七位女生起床后，发现有一同学毫无动静，叫了几声也没有反应，大家还以为该生昨晚太兴奋，睡得太沉了，于是有一韶关籍女孩（该寝室大姐，家在农村，年龄也略微大些，独立性强些）走到该女生铺前（上铺）拉其手，想把她叫醒，一拉，觉其冰凉，吓了一跳，赶紧退开，又有两名学生上前，确认该女生无论怎样叫唤都没有应答。于是立即报告给保安，几分钟后，两名女保安到场，一保安迅速将女生背起送往附近医院，两位女生跟随，另一保安维持现场秩序，通知该系负责老师到场。彼时，五位女生人心惶惶，不可名状。

八点三十分，在一行政办公室见到五位女生，此时咨询老师已经得到确切的消息，送往医院的女生已经在凌晨四点左右因先天性心脏病突发死亡，陪同前往医院的两位同学已经知道这一确切消息，情绪很激动，当时有心理中心另外一位老师在场陪护。目前要做的工作主要是帮助五位还未知道事情真相的女生平稳度过真相揭示的关键一刻，控制和稳定她们的情绪，以及消除负面情绪的影响。

二、心理危机者出现的主要行为障碍及分析诊断

1. 七位女生主要行为障碍

未得到确定舍友正式死亡消息之前，情绪不稳定：担忧、害怕、恐惧、猜疑；在确定了舍友死亡的事实后，悲痛，皆抱头大哭。

国庆节期间，六位同学回家，韶关那位同学在广州亲戚家住，国庆节后给七位同学调换了宿舍，但还是有些学生不敢经过原宿舍，有两位同学失眠严重，夜晚不敢独自睡觉，需要与人同榻而眠，情绪紧张，伴随焦虑，影响学习和生活。

2. 分析与诊断

(1) 性质。

病故女生来校时隐瞒病情，一个月期间状况稳定，系里老师及同学皆不知该女生患病，导致老师及同学对其突然病故的事实一时难以接受。尤其是同宿舍舍友，头天晚上还与该女生有说有笑，第二天清晨竟然人世两隔，这种变化显然使她们在认知和情感上皆难以接受，心理上产生了严重冲击。

该事件符合因亲友突然死亡而给周围人带来较重心理冲击的性质，并具突发性、震慑性等特点，应属于心理危机干预范畴，咨询老师应当充分了解和分析该类事件特点，实施有效的心理干预，给予危机者以精神支持，调动必要的社会支持资源给予危机者关心、帮助以及适当的认知干预。

(2) 程度。

新生入学时间为 9 月 7 日，距离 9 月 30 日未足一个月，八个女生从广东各地来到广州，相处时间不长，情感卷入程度不高，且病故女生家住番禺，周末回家，与其他女生相处不多，减少了因情感卷入给他人带来的心理伤害。但由于广东某些地区还存在一定迷信思想，认为人死之后会有回魂现象，甚至有个别学生受父母迷信思想影响极深，认为该女生年纪轻轻病故，属于非正常死亡，难以重新投胎，除非拉一个垫底的，故心理上引起较大的恐惧感和焦虑感。还有些最接受不了的是自己竟然和死人睡在一个房间里将近五个小时，心理上也存在严重冲突，这些冲突多属于认知方面的偏差，故此次危机干预以调整认知偏差为主，宣泄情感为辅。

(3) 可利用的社会资源。

①家人支持系统。七位女生除了一位家在韶关之外，其余皆在中山、东莞等广州附近，知道同学出事后，一些同学在第一时间内和家长联系，寻求精神上的支持。中午吃完饭后，除韶关女生之外，其余都选择了回家度国庆节。

②校方资源。该系老师在第一时间赶到现场，安排处理后事，为七位女生调换寝室，换一个新的环境居住，以七位女生为首，组织班上同学进行悼念活

动，抒发思念之情。安排心理咨询中心老师随时进行心理干预，为这些同学提供较好的支持系统。

三、辅导原理及过程

1. 辅导原理

一般情况下，人们对危机事件的反应经历三个阶段：

第一个阶段为冲击阶段（立即反应），发生在危机出现的同时和危机刚过，当事人感到震惊，不相信或否认事件的存在，刺激过强时，可出现眩晕、麻木、呆板、不知所措等现象，可称为“类休克状态”。

第二个阶段为完全反应阶段，具体表现为：在情绪上当事人表现为悲痛、愤怒、恐惧、忧郁、焦虑；在生理上，当事人出现心慌、气喘、肌肉抽搐、头晕、头痛、疲乏、失眠、梦魇等反应；在认知上，出现感知觉异常、记忆力下降、精神不易集中、思考和理解困难、判断失误、自我评价能力降低、失去现实感，不能不想灾害事件，但又害怕谈及危机情景，对工作和生活失去兴趣等认知障碍；在行为上，则表现出攻击、强迫、下意识动作、坐立不安、情绪失控、举止僵硬、退缩、拒食，重者精神崩溃、自杀、自伤、毁物伤人等。此外，危机事件还可改变人的信念，使人失去信心，重大灾难使人沮丧，使人类怀疑自己的渺小和无能等，从而使人改变原有的信念：从“原认为这些事不会发生在自己身上”到“随时都有可能发生”。

第三阶段（消除阶段），当事人开始接受事实并为将来做好计划。这时候当事人会努力恢复心理平衡，控制焦虑和情绪紊乱，恢复受到损害的认知功能，面对现实寻找应对的方法和出路。而应对的措施可以是积极的，如合理地宣泄、控制调节情绪及沉着、冷静地面对；也可能是消极的，如回避、退缩、依赖烟酒和药物等，前者能使当事人顺利度过危机，并使当事者掌握新的处理困难的技巧，促使当事人心理成长。后者则可能使当事人虽度过了危机，但却在心理留下了“隐患”，或当事人不仅未能克服困难，反而引发新的心理危机。

本次心理危机干预所用到的心理咨询的原理与方法有情感宣泄、调整认知、NLP 空椅法等方法。

2. 辅导过程

一个月里总共为七位女生进行过三次心理辅导。

第一次辅导：事发当天，帮助她们接受舍友已经病故的事实，宣泄情绪，避免在心理上留下隐患。

消除恐惧、悲痛或悲观等消极情绪。中国传统的鬼神迷信思想还在某些人头脑中有残留，即使是在大学生中也存在，因此，这个阶段主要是消除害怕和恐惧的思想。

帮助其认清生命的本质。人生是一个过程，生老病死是一种规律，只要是人就无法避免。缅怀过去，悼念故人很重要，但更重要的是立足现在，珍惜眼前的人，面对眼前的事，以活在当下的心态去过好每一天，在大学里认真地学习，积极乐观地生活，而不要因意外失去一位同学而导致对生活的悲观和对人生的消极态度。帮助其建立好未来的良好生活模式。

当天中午，七位女生相继离校回家过国庆节。

第二次辅导：国庆节过后学生回校上课后一周，该系辅导员反应，七位女生中有四位还不能从事件中摆脱，恐惧感不能消除，晚上不敢独自上洗手间，不敢独自睡眠，需要与同学一起睡一张床。有的失眠严重，有的出现类似于幻觉的状况，总感觉那位已病故女生还在学校出现。

针对这种情况，将七位女生请到辅导中心进行了第二次心理辅导，请她们将两个星期内的各自情况一一讲述出来。从其讲述中了解到有一半的同学已经基本可以恢复正常的休息和学习，另一半暂时还不能从中完全走出来，其中两位女生失眠严重，不敢独自睡眠，需与人同住。

这些情况表明，面对同一事件，各人的反应存在差异性，有的调节能力强些，有些则较弱些。这种情况下可利用同学之间的同质性来进行影响，即请那些已经恢复正常学习和生活的同学讲述她们是如何走出这一事件的，给其他几位女生起到一个示范作用，因为具有同样负面经历的人互相具有一种信任感。

这次辅导完后，约好在下个星期同一时间再到办公室来。

第三次心理辅导：第二次辅导后一周，是10月30日。

这天正是那位同学病故一个月的忌日，大家来到辅导室时都有些神情萧索。辅导员了解到这一个礼拜中还是有同学失眠严重，于是决定在这次辅导中使用“空椅法”进行疏导。

普遍来说，人们具有这样一种心理，就是对于某一件事情总希望是有始有终的，既有开头也应当有一定标志性事件作为结尾，如果一件事情由于难以预料的因素而突然间停止，必定会给当事人造成一定的心理影响，因为客观上该事件已经结束，但主观上当事人并未结束其心理过程，因此在心理干预中可采取模拟或者角色扮演的方法帮助当事人结束这一过程。

七位同学中，有的之所以还不能完全从这次事件的阴影中走出来，除了某些认知偏差及情感卷入之外，还有一个因素就是该同学病故过于突然，使得几位同学在来不及告别的情况下就被迫接受其死亡的事实，在心理上留下遗憾，为了结束这种遗憾，咨询老师决定为她们模拟一个场景来帮助她们结束这种心理过程。

首先让大家围成一个半圆坐下来，然后在她们对面放了一把空椅子，当时灯光朦胧。

然后，咨询老师开始用语言引导她们进入一种氛围：今天是阿珠（化名）离开我们一个月的时间，尽管是匆匆地离开，可也是安心地离开，因为在她离开的前一个月中，她上了大学，她多了七个姐妹，是你们给了她最大的快乐，她非常感激你们。

（有同学开始低声抽泣）

咨询老师继续引导：这一个月中，你们对她的思念，她在天之灵都是有感应的，在你们为她哭泣时，她也很难过，她希望你们不要沉浸在悲痛中，希望你们能够完成她未了的心愿，那就是在大学中快乐地生活，努力地学习。所以，今天，她决定再次回到你们身边，与你们做最后的告别。（咨询老师特意强调"最后的告别"几个字，暗示大家，从今天起，让所有的悲伤结束掉）

咨询老师语音放得更为缓慢，继续引导：现在，请你们手拉着手，用心感觉（让她们拉手，是为了防止她们害怕，寻求同伴的支持力量），她已经来到了你们面前，就在你们面前的空椅子上坐着，微笑着看着你们，她满心的期待，期待你们给她最后的祝福。她想跟你们做最后的告别，今天离开后，再也不会回来了，她要去遥远的地方。同学们，把你们想说的都告诉她吧，让她安心地上路吧。

大部分同学泣不成声，沉浸在悲痛中。在咨询老师的提示下，七位女生轮流表达了对她匆匆离去的哀伤和遗憾，同时奉上最真挚的祝福，祝她一路走好。

最后，咨询老师暗示：有你们的祝福，她很开心，感受到她的感激和喜悦了吗？有了你们的祝福，她会在另外一个世界中获得安详。这一次她走了，真的离开了，从此之后，再也不会回来，她也许什么也没有带走，但一定带走了你们的祝愿，还有你们给予她的快乐。

接着，咨询老师示意几位女生站起来，互相拥抱，用彼此身体的温暖治愈曾经留下的心理创伤。几位女生相互拥抱在一起，静默了几分钟之后，情绪都慢慢稳定了下来。

咨询老师在与她们探讨了一些生命的本质之后，结束了这次辅导。

至此，本次心理危机干预结束。

四、追踪辅导及案例小结

1. 追踪辅导

在随后两个月中，电话访问某些同学，皆称已无大碍，可以正常生活和学习。半年之后，即2006年上半年，该寝室有几位同学选修了"青年心理学"

课程，课堂上精神面貌俱佳。

2. 对该案例的总结

本案例的心理辅导基本上帮助几位同学度过了一次心理危机期，但也存在相应的不足，主要是在事发前没有相应的心理危机干预机制模型，致使初期干预状况比较忙乱，虽有一定效果，但没有起到较好的根除作用。

学校心理辅导中随时可能出现一些不同类型的危机事件，应当尽早建立相应的危机干预体制，最好是能够系统化、具体化以及可操作化，这样可使在危机出现时，做到有理可依，有方法可循。

## 参考文献

1. 蔡哲，赵冬梅．大学生心理危机的干预与调解．河南师范大学学报（哲学社会科学版），2001（4）
2. 曹成刚．青少年学生心理干预的思考．中国健康教育，2004（8）
3. 陈灿军．大学生心理健康普查及档案建立研究．湖南大众传媒职业技术学院学报，2003（3）
4. 陈世联．大学生心理危象及其干预．重庆工业高等专科学校学报，2004（1）
5. 管孟华，徐永凤．初中生的心理问题及教育对策．山东教育学院学报，2001（6）
6. 郭兰，傅安洲，霍绍周．大学生心理危机及预警系统研究．中国地质大学学报（社会科学版），2001（3）
7. 华道云，李义丹，张丽霞，王祖尧．大学生自杀人格的心理分析与干预模式．人文杂志，2004（6）
8. 黄建榕，陈建新．论我国大学生的心理危机及其干预系统的建构．华南理工大学学报（社会科学版），2004（5）
9. 蒋志勇．建立大学生心理危机预警及干预机制的探讨．中国成人教育，2006（3）
10. 雎密太，张建新，云炜恒，王焕邦．关于大学生心理障碍干预模式的理论建构．心理科学，2005（6）：1463～1467
11. 李洪华，张朝晖．论大学生心理预警机制构建之意义与实现途径．煤炭高等教育，2005（4）
12. 梁守英．建立大学生心理档案　加强心理健康教育．平原大学学报，2005（3）
13. 刘杰．论大学生心理危机及干预策略．山东社会科学，2005（6）
14. 鲁武霞．大学生入学预警教育探析．江苏工业学院学报，2005（4）
15. 濮宁镇．大学生自杀心理的研究与干预对策．教书育人，2001（20）
16. 钱晓玲．当代大学生常见心理问题及学校干预对策．佳木斯大学社会科学学报，2003（2）
17. 宋凤宁，张琼．大学生心理危机预警系统研究．广西师范大学学报（哲学社会科学版），2006（2）

18. 谭云鹏．一次成功的危机干预．教师概念，2005（12）
19. 谭正萍，黄丽珊．大学生心理危机及其干预策略．西南民族大学学报（人文社科版），2005（5）
20. 王成果．青少年心理危机与危机干预．中国青年研究，2003（1）
21. 席云玲．大学生心理障碍与干预对策研究．商丘师范学院学报，2005（4）
22. 张光涛，李海红．大学生心理档案建设及危机干预研究．烟台教育学院学报，2005（2）
23. 周春开，芮鸿岩，姜继红．大学生心理档案的建立与利用研究．广西青年干部学院学报，2002（3）
24. 朱舜．完善心理预警干预系统 促进大专生心理健康．中国校医，2006（4）

# 第七章　学生心理健康的网络教育

我国的学校心理健康教育从20世纪80年代初期起步，现已有了不少的研究成果，如大学及中小学普遍重视学生心理健康教育的研究，进行积极的探索和实验，已取得了不少成功的经验。心理健康教育正成为素质教育的新的生长点。但是，学校心理健康教育在我国还是一个新生事物。在具体实施学校心理健康教育的过程中，目前还面临着诸多问题。其中突出表现在心理健康教育资源的严重不足、心理健康服务水平不能满足学生的迫切需求，以及现行的心理健康教育模式还不能适应日益增长的社会需求。

现代信息网络的高速发展，使人类发展到了一个新的时代——网络时代。随着无障碍、超时空信息交流的网络技术的迅速发展，网络教育的时代已经到来。信息网络技术为心理健康教育的创新提供了新的机遇，运用网络技术开展心理健康教育已成为不争的事实。如何正确地认识心理健康教育的这场变革，客观地分析网络心理教育的优势和存在的问题，积极推进网络心理健康教育，是当前值得研究的一个重要课题。

## 第一节　网络心理健康教育概述

### 一、网络心理健康教育的界定及特点

#### （一）关于网络心理健康教育的界定

网络心理健康教育是一项全新的理论和实践。对网络心理健康教育的科学界定将有助于我们更好地把握其实质。国内有学者认为，网络心理健康教育是指受辅者（来访者，Client）通过专业网站提供的信息，学习并掌握有关心理健康知识和技能，主持网络的辅导者（咨询者，Counselor）通过网站的各种

互动功能，向受辅者介绍心理学知识，提供心理健康教育的有关服务。网络心理健康教育中的误区表明，我国许多教育者对这项工作的认识存在片面性。这种片面性主要来自两个方面：一方面是由于对心理健康教育的一些不正确甚至是错误的认识；另一方面是因为对网络心理健康教育的认识存在误区，即仅仅习惯性地将网络教育理解为传统意义上的电视多媒体教育，而没有看到网络对当今教育所产生的深刻变革。网络对整个教育的影响不仅局限于表层的教育技术和工具层面上，即不仅将“书页”变成“网页”，其影响面已涉及了中层的教育制度乃至深层的教育观念。网络的应用将引起“教育组织形式、教育中的人和人的关系、教与学的各种行为等社会的、文化的、心理的变化”。

如果仅从字面上把网络心理健康教育理解为通过网络进行的心理教育过程，未免望文生义，过于简单。网络心理健康教育是一个开放的、动态的概念，它至少包含五个层面的内容：第一，网络心理健康教育是通过网络进行的心理健康教育过程，网络被视为心理健康教育的一种工具或媒介；第二，网络心理健康教育意味着把网络作为心理健康教育的一种环境，网络成为开展心理健康教育超越时空的“大教室”；第三，网络心理健康教育是开发和利用网络知识与信息的资源，网络心理健康教育是对资源的开发、利用和再生；第四，网络心理健康教育把网络作为心理健康教育的内容，关注、预防和矫正与网络有关的各种心理障碍与问题行为，如“网络焦虑”、“网络成瘾”等；第五，网络心理健康教育着力于利用网络所提供的快捷便利条件形成心理健康教育的网络系统，即利用网络来矫正网络问题行为。

因此，对于网络心理健康教育的内涵，我们可以从五个方面去认识：在网络心理健康教育中，网络是心理健康教育的工具、环境、资源、内容和系统。网络心理健康教育既是信息网络社会发展的客观需要和必然，又是一种专门的网络教育活动。它大致包括准备性网络心理健康教育、过程性网络心理健康教育和补救性网络心理健康教育三个方面。网络心理健康教育是心理健康教育适应现代科技发展的表现，是计算机网络和心理健康教育的联姻，是心理健康教育的一种现代化方式。它在主体、客体、内容、方法等方面具有不同于传统心理健康教育的显著特点。

### （二）网络心理健康教育的特点

#### 1. 多元化

多元化是指心理健康教育内容及其形态的多元化。在网络时代由于信息的全面性、开放性和即时性，当代青少年的认知方式和价值体系受到了前所未有的影响，由于网络世界的开放性、虚拟性，因此，在网络上面具被摘除，真实的内心得以袒露，现实生活中的种种抑郁与苦闷可以尽情倾诉，种种扭曲的与病态的心理可以尽情展现。心理健康教育必须提供多元化的教育内容，以满足当代青少年的自身发展需要和时代对青少年的要求。学生心理健康教育工作的内容除了传统的知识普及、心理调适和心理问题干预之外，还包括以下内容：帮助青少年掌握认识自我、评价自我、发展自我的方法与技能，使青少年适应自身变化和社会时代变化带来的环境变迁，帮助青少年健康、科学、合理地使用网络，自觉抵御有害信息，防止产生网络成瘾症；帮助青少年发展潜能、促进人际交往能力的提高；在网络时代，在青少年心理受到强烈冲击的情况下，提高青少年心理素质、防范心理事故、促进人格的全面发展也是当今网络心理健康教育非常重要的主题。

2. 交互化

交互化指心理健康教育的方式。网络的交互式沟通将吸引人们由传统的被动式接受“灌输”教育变为主动参与心理交流，在心灵的碰撞中自然而然地接受引导。在因特网上，信息资源与用户、用户与用户之间可以进行全方位的、能动式的实时互动。通过网络，师生间、同学间的交流更加方便、充分和有效。在虚拟的空间内，更易于学生提出疑难和独到的见解，这与传统教育模式下课堂上沉闷的气氛形成了鲜明的对照。人—机互动的教育模式可以消除学生的心理疑虑，可以满足不同层次的心理需要，有效地防止心理问题的产生。

3. 自主化

传统教学是围绕着教师、学生和教材进行的，教师是整个教学过程的主宰，学生的自主性培养受到限制。网络时代，学生的自主意识得到强化，心理健康教育在多元化的内容和价值体系中，课内课外、网上网下都提供丰富的心理健康教育内容，学生可以自主选择，大大提高了资源的利用率和教育的效果。利用网络还可以建立学生的心理档案，及时调查学生的心理动态，及时掌握学生心理的变化趋势，防止形成心理障碍。提倡自主化教育还特别有利于普及心理知识、传播健康理念、开发潜能、张扬个性，使青少年的身心健康保持良好的状态。

## 二、网络心理健康教育内容

网络心理健康教育内容十分丰富，而且是一项需要长期建设、研究的系统工程。学生网络心理健康教育的内容主要包括以下几个部分：

### （一）心理健康课程教学

心理健康课程教学是培养心理健康教育工作者、传授心理健康专业知识、开展心理健康教育的正规渠道。主要有两方面的内容：一是利用现代多媒体教学手段辅助教学；一是建立交互式多媒体教学信息系统，让学生能够通过远程教育进行专业知识的交互式学习，也就是教育技术在心理健康教育中的具体运用。

交互式多媒体教学信息系统能够通过网络化的计算机提供文本、图形、音频、图像、动画，甚至电影和虚拟现实等多种形式的综合信息，它不仅使学生能够以最短的时间获得最大量的信息，而且由于通过多种感觉通道进行信息加工，大大减轻了学生的学习负担。此外，在交互式多媒体网络环境中，信息的组织形式呈非线性结构，学习者可根据自己的需要、兴趣、任务要求以及认知方式，选取各种形式的学习材料。这种教学情境有利于学生积极主动发现、探索和生成知识，有利于主动地建构知识。

### （二）心理保健

网络心理健康教育的一个重要工作内容就是心理保健问题，即心理疾病的预防问题。由于信息网络技术及传播手段发生重大变革，互联网已成为高校学生获取知识和信息的重要渠道，因此，利用网络开展心理保健工作包括宣传心理健康的概念，传播心理健康知识，调查群体或个体心理需要，研究如何针对个人特质和需要进行心理辅导，从而达到预防心理疾病发生和发展的目的。

### （三）心理测量

利用现代信息技术开展心理测量工作也是网络心理健康教育的一个重要内容。利用网络开展心理测量可及时进行反馈。测量完毕后，全部资料会上传到服务器，服务器一方面进行及时计算，根据工作人员预先设置的指令，将测量的结果返回或不返回给被测者，或根据测量情况确定是否对被测者采取预约心理咨询，及时进行干预；另一方面，将所有结果保存到服务器相应的档案库中，供未来查询使用。

### （四）心理咨询

传统的心理咨询主要是通过面询、书信、电话、广播、电视等来进行的。在现代信息社会，这些途径已经远远不能满足学生日益增长的需要。因此，利用信息技术开展网络心理咨询是学校开展网络心理健康教育，提供网络心理健康服务的一项重要的具体工作，包括两方面的内容：一是采用现代信息技术手段来辅助心理咨询，使心理咨询服务更加有效；二是心理咨询适应现代信息社会发展的需要，提供更加全面的心理咨询服务。网络环境下的心理咨询途径主要包括：利用电子公告板进行咨询、利用网络聊天室进行咨询、利用网络寻呼机进行咨询、利用留言簿进行咨询、利用电子邮件进行咨询、利用网络会议系统进行咨询。

## 三、网络心理健康教育的理论基础

### （一）建构主义教育思想

建构主义认为，人的心理发展是主体与客体以活动为基础不断双向建构的结果。建构主义的学习理论强调要以学习者为中心，学习的发生是学习者与周围环境交互的结果，在这个环境中，应该有促进学生学习的各种工具和资源。建构主义强调学习者的主动建构性、社会互动性和情境性，网络协作探究学习集中体现了建构主义的观点。

建构主义理论认为，学习是学习者通过个人的经验构建知识和理解事物的一个主动的过程。个体在遇到新的经验时，通过适应或同化来调整自己的知识结构。在网络教学中，学习者对意义的建构有助于学习者学习的社会交互，有助于学习者在各种情境中解决问题，这体现了建构主义学习理论的特点。Von Glaserfeld 认为，学习者根据自己的经历建构自己的理解。我们可以根据这一点，帮助学生把衔接所学内容这一过程变成一种有意识的过程，从而帮助他们理解自己的思维结构，联系自己的经历。建构主义理论支持学习过程中的社会互动。人们对于世界的许多了解取决于个人间的交流，虽然每个人看待和理解世界的方式不同，但通过社会互动可以产生理解的共同点。在网络心理健康教育中，师生间、学生间的交流补充着学生们的经历。

### （二）人本主义教育心理学思想

人本主义心理学是一门研究人类积极本性的心理学，人本主义心理学相信人的人格具有无限发展的可能性，人有实现自己潜能和不断超越自我的能力。人本主义心理学重视人的内在体验，诸如感情、态度、信念、价值、抱负等，关注人的需要，特别注重自我实现的需要对促进人的发展的重要意义，强调无条件的积极自我看待对自我实现的重要价值。

按照人本主义教育心理学思想，网络心理健康教育应当关注教育内容对于学生心理需要和心理发展的意义，关注学生在学习和解决问题过程中的心理体验，提倡课题学习和合作学习，提倡自主探索和相互协作，关注在网络学习环境下师生间及学生之间的情感互动。人本主义教育思想与网络技术的有机结合，有利于建构网络心理健康教育模式、方法和课程体系的基本框架，改善在网络封闭的环境下，个体面对没有情感、表现敏捷而机械的网络世界和技术，人、机间枯燥、生硬和被动的关系。

### （三）行为主义教育心理学思想

网络教育的心理学基础最早为行为主义学习理论，并受到程序教学理论、掌握学习理论和社会学习理论等思想的影响。在网络心理健康教育中，可以根据学生的心理水平和思维速度，将学习内容分成若干小部分，以特定的心理顺序呈现给学生，并给予及时的反馈和强化。利用人机对话技术和多媒体技术，其强化会更有成效。实践表明，以行为主义理论为指导的计算机辅助教学，在促进青少年掌握知识技能方面效果更为突出。

## 四、网络心理健康教育应该注意的问题

### （一）知识传输与互动交流并举

目前，国内许多心理健康教育网站或心理健康教育网络课程只注重提供一些有关心理学概念、心理现象或心理疾病等方面的信息资源，忽视了访问者与心理健康教育专家之间，或学生与网络心理健康教育专业教师之间的交流与沟通。这一方面使一些访问者面对网上浩如烟海的信息时感到应接不暇，无所适从，另一方面使许多访问者的心理问题得不到有针对性的及时解决。“师生分离”的虚拟教学环境较之传统的课堂教学来说，师生间和学生间的互动、交流，尤其是情感方面的互动、交流都受到很大的影响，因此，在开发心理健康教育网络课程和开展网络心理健康教育时，应充分考虑情感互动的问题。

教学中的情感互动过程可以说就是师生、生生之间的情感交流过程。在情感互动过程中，如果学习者的情感需求得到满足，他们除了积极地进行认知加工以外，还会以一定的外显行为或情绪作用于教师或学习伙伴，从而使教师或学习伙伴的情感也得到升华。同样，积极的情感又会使教师或学习伙伴以一定的方式作用于学习者。

### （二）疾病防治与发展教育并重

点击一些心理健康教育网站不难发现，网页上呈现的大多是有关心理压力、心理障碍和心理疾病的预防、调适和治疗的障碍性的内容，而鲜见有体现发展性的教育内容。马斯洛曾经指出：“如果一个人只潜心研究精神错乱者、神经病患者、心理变态者、罪犯、越轨者和精神脆弱者，那么他对人类的信心势必越来越小，因此对畸形的、发育不全的、不成熟和不健康的人进行研究，就只能产生畸形的心理学和哲学。”消极心理学研究模式把人们的注意力引向人类心理的消极层面，而忽视了人的积极品质、自我实现。我们认为，网络心理健康教育应以大多数正常的社会个体为主要研究对象，体现发展性原则，以培养个体良好的心理素质、优化心理结构、开发心理潜能为主要目标，以提升网络的教育功能，进而促进个体心理健康的和谐发展。因此，心理健康教育网站既应提供旨在预防疾病、心理保健的知识，同时也应提供如何培养人的积极心理和健康人格的发展性的教育内容。

### （三）通俗性与科学性有机结合

网络心理健康教育的对象是大众化的，这要求心理健康教育信息要有一定的通俗性，易于理解和接受。但由于网上信息的来源渠道异常多样，在很多情况下，信息是由个人提供的，这导致了网上知识信息良莠不齐，甚至有些内容缺乏科学性。特别是一些心理测验，未经过任何标准化处理，缺乏必要的信度和效度，结果解释也不规范。这种测验极易误导访问者，易使其产生不必要的心理阴影，加重其心理负担，不利于其心理健康发展。心理健康教育是一项具有很强的科学性、专业性的工作，因此，网络心理健康教育信息必须经过专家和专业机构筛选和辨别，保证其科学性。心理健康教育网站应提供具有较高的信度和效度的规范化的心理测验，对测验结果的解释也需经过有关专家的认定后方能置于网站上。

## 五、网络心理健康教育的优势

### （一）网络环境丰富的信息整合了心理健康教育的资源

有效的心理健康教育依赖于丰富的心理健康教育信息资源。纵观 20 多年来我国学校心理健康教育发展的历程，无论是理论知识、技术方法、实践经验还是队伍素养，都严重滞后。现有的学校心理健康教育资源已无法满足社会发展和学生日益增长的心理健康方面的需求，一定程度上抑制了学校心理健康教育的实效性。互联网中高实效性与无穷存储量的心理健康知识与心理辅导信息，为学校心理健康教育工作提供了取之不尽用之不竭的教育资源。通过网络可以使全社会各个方面的心理健康教育主体形成教育合力，构建一个无边界的全球性心理健康教育网络系统，为学校心理健康教育提供一个互通有无、相互协作的工作平台。通过网络可以将异时异地但有相似心理需求的学生聚于同一社区，创建一个虚拟的心理健康教育工作坊，同时开展网上的团体心理咨询与辅导。

**（二）网络环境的无边界性拓展了心理健康教育的时空**

学校心理健康教育的传统途径主要是心理健康教育课程、心理健康知识讲座、心理咨询与辅导和心理健康教育社团活动等。由于是在固定的时空中以教学活动为载体，以言传口授为方式进行心理健康教育的，仅仅使少数人获得了帮助和解决了问题，却无法使心理健康知识广为传播，产生更大的影响。互联网的速度优势使学生不必按传统的方式在规定的时间到规定的场所接受教育，而是可以在任何设有终端的电脑上随时浏览各种信息，及时与心理健康教育教师或心理健康专家进行对话或开展心理咨询，探讨自己所关心的问题，与同学进行沟通和交流，发挥朋辈心理健康教育的作用。网络环境下灵活、快捷的心理健康教育方式极大地拓展了心理健康教育的时空，使教育工作无处不在，无时不有，增强了工作的即时性、针对性和前瞻性。

**（三）网络环境的交互性有利于心理健康教育的主动参与，增强其预警功能**

在传统心理健康教育模式下，由于社会对心理健康问题存在偏见，以及青少年心理发展的闭锁性，多数学生无论是在学校的心理健康教育课堂上，还是在心理咨询门诊中，都不愿或不敢暴露自己，不敢去学校的心理咨询机构寻求帮助，教师也就难以及时、准确地了解学生的内心世界。而由于网络世界的虚拟性、自由性，青少年比较容易接受这种隐蔽性的“心声交流”，并以不同的方式探索他们无法在其他世界发掘的自我。通过设置网上论坛、电子信箱、留言板、聊天室等多种交流方式来满足学生的不同需要。网络的匿名性使学生直接而真实地表述自己内心的抑郁与苦闷，无所顾虑地畅所欲言。这样，心理健康教育工作者通过分析研究，可以及时、准确地了解学生的心理动态，把握当前学生的整体心理健康状况，对症下药，及时引导、沟通和化解，从而提高工作的针对性、灵敏性和准确性。

### （四）网络环境的多媒体效果丰富了心理健康教育的方法和手段

多媒体是指向公众提供集声音、文字、影像、数据等多种通信媒介为一体的，具有集成性、同步性与交互性的通信方式。网络利用超文本检索方式，多媒体集成技术，将文字、图片、声响、动画有机融合，充分调动了人的视听功能，给人留下深刻印象。网络心理健康教育，通过组织一些思想性高、教育性强、趣味性好、适应性广的信息资源，使心理健康教育工作从平面走向立体，从单调走向多彩，使我们能够深入、细致地把心理健康教育工作进一步发挥，以增强工作的科学性、生动性、实效性。

## 第二节　网络心理健康教育资源建设与共享

丰富的网络教学资源对开展网络教学的意义是不容置疑的。要有效地开展网络心理健康教育，其中网络教育资源的建设是一个重要的环节。网络心理健康教育资源包括网络心理健康教育信息资源、知识资源和人力资源。网络心理健康教育信息资源的开发，主要是对有关心理健康教育类信息的基本元素，包括数字、词汇、声音和图像等进行采集编码、数字化、存贮、分类、传输、检索等，使这些基本元素或称素材彼此之间建立一种关联。心理健康教育知识资源的建设，则是对心理健康教育信息资源的组织、加工和提炼，是将众多的心理健康教育信息资源的内在联系进行综合分析，从而得出系统结论的过程。网络心理健康教育资源建设中，人力资源的开发是至关重要的。拥有心理学专业的高等院校，师资力量雄厚，教学经验和教学资源丰富，建设网络心理健康教育资源有着独特的优势。

目前，心理健康教育网络课程和综合性的心理健康教育网站是学校网络心理健康教育的重要资源。下面我们将结合具体案例来探讨心理健康教育网络课程和综合性心理健康教育网站的建设与资源共享问题。

### 一、心理健康教育网络课程设计

网络课程是通过网络表现的某门学科的教学内容及实施的教学活动的总和，它包括两个组成部分：按一定的教学目标、教学策略组织起来的教学内容和网络教学支撑环境。网络课程是在网络环境下开展系统化的心理健康教育的一种重要教学资源。心理健康教育类课程与其他学科课程相比，有其特殊性，它是一种旨在提高学生心理素质，增进心理健康的课程，强调知识的内化和具体应用，在教学中强调师生心灵与情感的交流与互动，强调自主性的学习。由于网络课程与一般的多媒体教学软件在使用环境、教学功能和教学作用不同，因此，探索和研究心理健康教育网络课程开发的意义、设计与开发的理论基础、原则和教学设计中应注意的问题具有重要的意义。

**（一）开发心理健康教育网络课程的目的和意义**

当前，大力开发心理健康教育网络课程具有以下三方面的目的和意义：

1. 心理健康教育信息化建设的需要

发展现代远程教育，构建终身学习体系是教育信息化的一项重要任务。随着人们对心理知识渴求的迅速升温，对心理疾患预防意识的逐渐增强，以及对个体自身存在的各种心理、行为问题的关注，心理健康教育显得非常迫切和必要。而人才培养的速度无法满足心理健康教育活动增长的需要，传统的心理健康教育服务方式显得有点力不从心，为了提供更好的教育服务，为了满足现代社会对心理健康教育的迫切需要，心理健康教育有必要通过多种途径，寻求自身的发展。走信息化的道路，是全球信息化对心理健康教育的巨大推动的结果，也是信息社会心理健康教育发展的新途径。开发系列化的心理健康教育网络课程，是促进心理健康教育信息化的有力保证。

2. 心理健康教育课程教学模式改革的需要

在信息化社会，学习和受教育是开放的，任何人都可以在任何年龄阶段，以适合自己的方式，选择自己最需要的内容进行学习；学习和工作不再分为两个截然不同的阶段，而是可以在人的一生中交替进行或同时进行；同时，终身教育使教师和学生的身份也发生了变化，每个人都可能时而是教师时而是学生。在这场革命中，教育的目的就是培养学生的创新意识和社会适应能力，培养学生对终身学习的兴趣，以及终身学习的能力。传统心理健康教育课程模式提供给学习者学习的机会较少，无法满足学生日益增长的需要，课程中的教学方式缺乏弹性，不利于因材施教。因此，面对新的形势，我们必须借助多媒体技术和网络通信技术等，开发网络课程，探索新型的心理健康教育课程教学模式和教学方法。

3. 创新人才培养的需要

心理健康教育网络课程不仅为学生提供了系统的心理保健知识，同时网络课程上丰富的信息资源和图文音像并茂的、丰富多彩的交互式人机界面，能为学习者提供符合人类联想思维与联想记忆特点的、按超文本结构组织的大规模知识库与信息库，易激发学习者的学习兴趣，并为学习者实现探索式、发现式学习创造有利条件，因而对于培养学习者的创新能力和合作能力具有重要的意义。

### （二）心理健康教育网络课程设计、开发的理论基础

1. 现代课程理论

传统的课程是计划的理念，强调课程是制度化了的、专门的实体性学科知识，是事先预成的固定性的计划，教师与学生没有参与课程计划与设计的权利。而且，传统课程知识主要是文本，内容的组织主要是线性的，教师只是按部就班地按照统一的进程进行讲授。现代课程理论认为，课程应该是能被教师与学生实实在在地体验到、感受到的课程，它是一种体验式的课程，而不只是"文本课程"。在特定的教育情境中，教师、学生在对课程文本的理解和解释中总要融入个人独特的生活经验，形成不同意义的生长域。在这种课程观下，学生、教师、课程之间是互动的、交流对话的，他们通过反思人类的生存状态和个体生活方式来理解课程、创造课程。

2. 现代远程教学理论

网络课程的教学是以网络为载体、师生分离的教学。学习者主要是借助于网络课程学习教学内容，并以其他教学支撑作为辅助途径的学习方式。因此，网络课程的开发与运用离不开现代远程教育理论的指导。穆尔理论的核心是交互距离和学生自治。交互距离是对话和结构这两个变量的函数。"对话"描述"教育系统中师生间进行交流相互响应的程度"，而"结构"则描述"教育计划课程设计适应学生个别需要和条件的针对性程度"。穆尔理论的第二个维度"学生自治"的核心规定如下：一个高度自治的教育计划课程设计是以学生为中心和学生自治的，而一个较少自治的教育计划课程是以教师为中心和由教师严格控制教学过程的。

3. 现代教学设计理论

教学设计是应用系统方法分析和研究教学问题和需求，确定解决它们的教学策略、教学方法和教学步骤，并对教学结果作出评价的一种计划过程与操作程序。现代教学观认为：教学设计不再是简单的设计之后加以实施的问题，而是一个在学与教的具体情况下和在学与教的互动中发展演化的过程。在网络课程的设计中要强调教与学的结合，重视学习环境的设计，强调和注重情景、问题、学习资源、协作、互动、交流、引导、帮助等支持自主学习的教学策略的

设计，充分考虑学生综合能力的发展，以便使网络课程对教与学的支持作用的优势和潜能得到充分发挥。

4. 建构主义理论

建构主义学习理论认为，学习活动是学生通过一定的情景，借助教师与同学的帮助，通过协作和会话的方式，达到对知识的意义建构。在这个过程中，学生是认知活动的主体，教师是学生学习的帮助者、促进者、引导者。在建构主义学习理论指导下的网络课程的设计与开发应注重情境的创设、体现学生的认知主体地位、体现教师的主导作用、反映知识的意义建构过程。

### （三）心理健康教育网络课程设计的原则

1. 个性化

学生是学习的认知主体，学习的过程是学生通过主动探索、发现问题、意义建构的过程。网上心理健康教育应坚持以学生为主体，提供丰富的心理健康教育资源，营造一种有助于学生探究性学习的环境。在设计心理健康教育网络课程时，要重视学生作为认知主体的作用，体现学生个性化学习的特点，充分满足不同学生对各种心理健康知识的需要，发挥学生在学习中的首创精神，如提供灵活多样的检索方式，实现学习路径的自动记录功能，设计供学生随堂使用的电子笔记本等。

2. 合作化

合作学习是备受国际教育界推崇的学习模式，因为它有助于培养学习者的合作精神和协同解决问题的能力。通过网络进行学习，学习者可以不受时空限制，不仅能够进行交流研讨，还可以利用适当的软件工具支持协同创作。在心理健康教育网络课程设计中，要注意两类合作和协商关系：

（1）学生与学生的合作。

这是合作学习的关键，学生的合作互动取决于如下几个因素的设计：任务的提出、回报的获得、小组的状态、交互的技巧等。我们可以将有同类心理问题或对同一心理健康问题感兴趣的同学组成合作学习小组，通过合作与交流，充分发挥朋辈心理互助的作用，促进他们的心理共同成长。

（2）教师与学生的合作。

教师应成为学生学习过程中的主导人物，引导、帮助、促进学生的学习。教师可为合作小组提供有关心理健康问题的研究课题，指导合作小组通过调查研究，了解心理健康问题产生的原因及解决的对策，促进学生对心理问题的理解和提高应对策略。

3. 多媒体化

由于 Internet 和 Intranet 向宽带、高速发展，网络课程的多媒体传输成为可能。为提高学生的学习兴趣，使学生多种感官并用，立体化接收信息，在设计心理健康教育网络课程时，应根据需要把文本、图形、图像、声音、视频和其他多媒体教学软件的先进技术有机地融合在一起，提高学生的学习兴趣，激发学生学习心理健康知识的学习动机，促使学生主动利用网络课程中丰富的学习资源，开展更为广泛的心理健康自我教育。

4. 交互性

在网络环境下的教学，师生处于分离的状态。在这种师生时空分离的教育形态当中，人—机交互与人—人交互成为学生学习过程中具有代表性的交互形式。心理健康教育网络课程应能保证信息资源与用户、用户与用户之间进行全方位的、能动式的实时互动。通过网络，师生间、同学间的交流更加方便、充分和有效。在具体设计课程中，将课程内容以超文本方式呈现，提供良好的导航系统和功能支持。设计灵活多样的学生练习和训练内容，实现在线反馈，提高网络课程的交互性。心理健康教育网络课程中的 BBS 可为学生提供一个心理沟通与交流的平台，有效地增进朋辈心理互助，促进学生心理健康发展。

5. 开放性

在我国，由于历史原因和经济发展水平的差异，心理健康教育资源主要集中在大中城市、东中部地区和高等院校，而小城市和农村地区的教育资源严重不足，因此，在开发网络课程时，应提高网络课程结构的开放性，提供相关的参考资料和相应的网址，提供师生在课程中共同生成的资源。对于同一知识内容，提供不同角度的解释和描述，让学生通过多种观点的辨析与思考，提高分析问题和解决问题的能力。

## 二、心理健康教育网络课程的设计案例

下面，我们以高等师范院校心理专业的“心理卫生”课程为案例来阐述心理健康教育网络课程的开发与设计。（网络课程网址：http：//202.193.170.1/xlwswl/）

### （一）设计的原则

1. 要有利于满足不同学习者的需要

“心理卫生”网络课程主要用于心理专业学生的教学，同时也可作为其他专业学生及相关的社会工作人员系统学习“心理卫生”课程的网络资源。因此，在设计网络课程之前，必须考虑到所设计出来的课程，应该能够满足不同学习者的需要。

在内容设计上，课程针对学生对课程内容的学习选择性大、覆盖面广的特点，在内容上进行了相应的扩展，力求内容全面，以满足学生不同层次的要求。在体现出学科本身的系统和内在的联系的同时，还要按照学习者心理发展的特点，以及兴趣、需要、经验背景等来组织。

在资源模块设计上，充分体现“有利于满足不同学习者的需要”这一原则。在设计过程中，建立相应的模块来满足学习者的不同需求，以更好地进行网络教学。

2. 要方便学习者的使用

所开发的网络课程的功能模块必须方便学习者使用，这一原则是所有网络开发所必须重视的。网络课程主要的访问者是学生，学生的学习时间十分紧迫，浪费过多的时间在尝试、学习一个网络课程的各个按钮的作用上，对其学习专业知识或能力的培养来说是得不偿失的。

因此，网络课程的导航系统应十分清晰，可为学习者提供方向，避免学生产生迷航。这就需要建立可以帮助学习者了解学习该课程所需要的知识水平、自己的知识层次、学习进度和学习方法的系统；需要有支持学习单元之间的查询、检索功能，学习单元之间的切换，适合于跳跃性学习的功能；有便捷的检索方式来帮助学习者使用网上资料等。另外，学生可根据各自的特点，有选择地进行学习。此外，各功能键的类型应朴素，不应太花哨，做些适用的链接按钮。

3. 给学习者营造一个开放的教学环境

现代教学模式理论认为，教学是一种环境的创造。一种好的教学模式，最重要的是能够创造出激动、高昂、活泼的教学环境，使教与学双方始终处于“活化”状态，只有这样才能强化知识信息的相互传递。优秀的教学过程并不是要包罗全部的教学资源，而应给学生营造一个开放的教学环境，作为教学的一部分可以向学习者提供尽可能多的、相关的其他资源，力求掌握更多的知识，而绝不能仅仅是简单的“课本搬家”。

开放的教学环境包括：学生主动探索的时间、空间；师生、生生间相互交流的时间、空间；可以让学生在开放时间、空间当中主动地学习，积极地思维，不断地提出问题，并解决这些问题，从而获得发展。

4. 注重理论联系实际

理论联系实际是人类认识或学习应遵循的一个重要原则，也是教学应遵循的重要原则。古希腊智者派认为，没有实践的理论和没有理论的实践都没有意义。通过多种知识的展示，将理论与实际相联系，可以更好地让学生将间接经验转化为直接经验、将感性认识升华为理性认识。

怎样使课程内容中理论性的知识生动化，怎样才能让学生学到更多的知识，更好地学到知识？知识的多种展示方式即是达到目标的良好方式。

5. 要有利于交流、合作

交流与合作是任何学习过程都应该重视的一个原则。网络课程是一个人机交互学习的环境，而人毕竟是社会性的，其学习也必须在社会化的交流与合作中进行，才能取得更好的效果。设计一门网络课程应克服人机交互时的刻板。

（1）要有利于师生间的交流、合作。

教师在教学中的指导作用至关重要，在新课改中把教师的作用定位为教师是学习的指导者和引导者。有了教师的指导，学生的学习可以少走些弯路，教师在人机交互的网络课程当中也具有同样的作用。因此，有利于师生间的交流也是“心理卫生”网络课程设计时应考虑的主要原则之一。同时可以使学生感觉到不是纯粹地在向计算机学习，而是在老师的指导下与其他学习者一起在共同学习，体现了人性化的交流，弥补了单独学习的缺憾。

（2）要有利于生生间的交流、合作。

生生合作模式，也是合作理论下另一种重要的合作模式，在网络课程的设计中也很重要。通过互相启发，将学生个人独立思考的成果转化为共同的认识成果；通过互相帮助，纠正教师无法纠正的错误；通过互相竞争，为学生创造更多的表现机会；培养学生的群体意识和群体活动能力。

在网络环境下的人机交互中，怎样维持学习者之间的交流，是设计中的一个重要的环节。

6. 要有利于学习者知识面的扩展

“心理卫生”课程内容的生活化，还要求在知识价值的理解上，超越学科的局限，去深切体悟知识的生活价值及其对学生人生成长的重要意义。所有这一切，都可归结为学习者视野和能力的提升。心理学本身就是一门中间学科，在整个科学大家庭中，心理学处在中间的位置，因而也可以叫做边缘学科。心理卫生也如此，学习者若要学好有关心理卫生方面的知识，常常不可忽略生理学、心理咨询、教育学、变态心理学等方面的知识。因此，是否能在网络课程的设计中开发出能扩展学习者知识面的模块，将影响课程开发的效果。

7. 要有利于心理健康教育的开展

“教学永远具有教育性”。学习的作用不仅仅在于个体获得了学科的知识，还在于个体是否获得了成长。从发展的角度来看，心理健康是一个终生相随的人生课题。大学生的内心封闭，不愿意与人交流；自理能力较强，但缺乏集体意识，不善于团结协作；有自己的主见，但考虑问题、处理事情不够冷静，甚至走极端等，这些问题日益引起人们的重视。面对诸如刘海洋、马加爵等大学生的行为，很多人都疑惑——大学生究竟怎么了？如此看来，高校当中如何增强大学生的心理素质也是至关重要的。以什么样的方式进行更有效呢？仅仅以课余的活动、辅导，得到的效果不是很令人满意，将课堂的教学利用起来，将是一个新的开展途径。

### （二）设计的实践

1. 界面设计

“心理卫生”网络课程每一个主题下面有不同的分支及具体内容，因而以主题为支撑点，选取最有代表性，具有一定艺术性的可视形象、具体形象、元素制作成各个画面和界面，以构成较合乎习惯的认知手段和审美感知。

（1）页面色彩的搭配。

网页的色彩是树立网站形象的关键之一。好的网站必须有好的网页设计和适当的色彩选择，否则就不能吸引学习者。

设计过程中要巧用标准色彩。所谓“标准色彩”指的是能体现网站形象和延伸内涵的色彩。而标准色彩要用于网站的标志、标题，以及主菜单和主色块。

“心理卫生”网络课程整个网页中采用蓝色为主的色调，将蓝色作为网站形象和延伸内涵的色彩。在选定以蓝色为主导色调之后，还应该考虑网页的辅助色彩。一般来说，一个网站的标准色彩不超过 3 种，太多则让人眼花缭乱，给人以整体不统一的感觉。

（2）文字、排版的设计。

网络课程通常具有的内容是文字、图片、符号、动画、按钮等，其中文字占很大的比重，因为网络基本上是以传送信息为主，而文字是传递信息非常有效的一种方式，它的主要功能是在视觉传达中向大众传达作者的意图和各种信息。

网络课程中的文字应给人以清晰的视觉印象。因此，设计时，文字应避免繁杂零乱，应使人易认、易懂。文字设计的成功与否，不仅在于字体自身的书写，同时也在于其运用的排列组合是否得当。主要内容文字应用非彩色（黑色），突出的文字可相应地变换颜色或变换字体的大小，但需要和背景相协调。原则上标题的字体较正文大，颜色也应有所区别。这样可以使页面整体不单调，读者在浏览主要内容时也不觉得会眼花。

因此，在设计“心理卫生”网络课程时，主要采用黑色字体，采用淡蓝色背景。这样的设计主要就是基于以上的理论背景，可以让学习者既清晰阅读，又可以避免过度疲惫。

(3) 技术的实现。

从技术的角度分析，该网络课程是一个软件系统，由提供给客户端的web页面，服务器端的处理程序和Access中的数据库组成。网络课程基础部分中的web页面都是使用Dreamweaver生成的Html文档，其中嵌入Asp代码。对于第一层界面我们可以先在稿纸上画出草图，然后用Photoshop或Firework绘制，最后切片制成网页。对于一些常用的元素我们可以单独制作成gif图片，方便使用。课程中的视频全部采用wmv格式，这样既有利于网上传播又兼顾了兼容性。

2. 结构的设计

“心理卫生”网络课程的整体框架由主导部分、辅助部分、学习交流区和实践区组成，主导部分即“学习专题”和“在线考试”两个栏目；辅助部分包括“课程资源”、“专家讲座”、“心理专刊”、“心理测试”、“本站导航”；学习交流区包括“学术论坛”和“学习园地”两个栏目；实践区包括“心理咨询”。

下面是“心理卫生”网络课程的功能结构图，如图7－1所示。

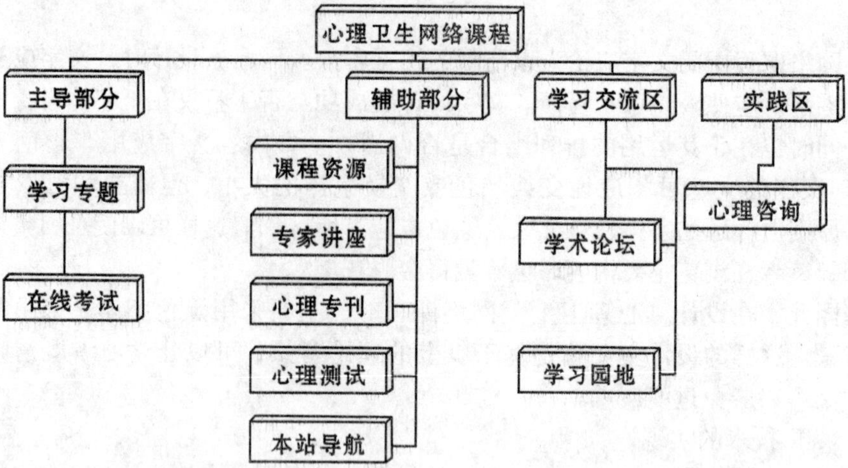


图7－1 “心理卫生”网络课程功能结构图

（1）个性化学习环境的设计。

网络课程是学习者在网络环境下学习的重要资源，这种学习形式更强调学习者主体性的发挥。在网络环境下是否能发生自觉的学习行为，在很大程度上取决于网络课程提供的内容是否能满足学习者的需求。因此，我们在课程设计中开发了多个能充分满足学习者需要的功能模块。

①教学内容模块的建设。

A. 学习导航。首页中设计的“学习者分析”，通过了解学习者的需求，提供详细的学习建议，避免学习者盲目地浏览网络课程。

“课程导论”中提供了关于本课程的性质、目标、学习要点、学习建议及考评方式，帮助学习者充分了解所学习的内容，这些设计都体现了我们对学习者的关照。

B. 学习专题。学习专题包括心理卫生概述、应激与心理健康、挫折与心理健康、异常心理、妊娠与婴幼儿心理卫生、小学生心理卫生、中学生心理卫生、大学生心理卫生八个专题，这是本门课程的基本内容和学习要点。在教学内容设计中注重问题情境的创设、注重激发学生的思考、注重学生的经验与体验、注重理论与实践相结合、注重交流与合作；在语言的表述上力求避免过分学术化的死板，追求一种幽默、诙谐、亲切、引人深思、发人深省、会心一笑的自然随和的风格，让个别化的学习不再枯燥。同时在字里行间加入课程设计者的许多关于学习内容的评论和对学习者的特别提醒，给学习者以亲切感，让学习者感觉到在学习过程中始终有人陪伴，排解了网络学习中容易产生的孤独感。

在此模块的建设中，还注重拓展学习者的知识面。在每一章中采用视频链接、阅读文章链接的形式，以方便学习者在学习某个内容时还能学习与其相关的其他知识。让学生在掌握基本内容之后，加深对基本内容的理解，扩大学生的知识面，供有兴趣的学生学习，并充分利用辅助部分提供的相关资源库，从库中获取各种相关信息，以加深对课程内容的理解和更好地理解各专题的问题。此模块中还设置了思考题、推荐阅读、案例分析、研究课题、参考数目、参考论文等模块的链接，为学习者提供全方位的学习信息，有利于个性化的学习。

C. 在线考试。“在线考试”用于期中和期末考试，以及章节复习。每一章节都建立一个自测题的题库，在一章的学习结束后，当学习者打开自测题时，系统就会随机地从题库中选取一定数量的题目供学习者作测试。采用随机系统，在很大程度上可以方便学习者再次进行同一章的测试、复习，以更好地巩固知识。测试一结束，马上给予试题答案，以方便学习者对知识的掌握。

此模块为学生提供覆盖面较广的形成性练习，帮助学生自测对知识的掌握程度，可以让学生随时了解自己的学习效果。

②资源模块的建设。

以上已谈及“心理卫生”课程有知识覆盖面广、内容丰富的特点，“心理卫生”课程不仅要求学生掌握基本概念、基本原理和基本技能，还要做到学以致用，能用所学知识分析、处理学校教育中出现的各类心理卫生方面的问题。因此，应该在网络课程中建立一个资源库，以方便学习者扩大自己的知识面。

“心理卫生”网站的资源库将网站中所有的材料内容都作为资源保存于库中。有文字的（案例、论文）、影视的、图片的、课件的资源。并建立搜索、查询系统，以方便学习者查找资料。“专家讲座”模块提供了大量的有关心理卫生方面的专家讲座的视频，学习者可根据需要和兴趣点击观看，“课程资源”模块包括“论文库”、“案例库”、“课件库”、“视频库”。

（2）协作学习环境的设计。

学习者在学习过程中若能随时接受同学和教师的帮助，对自己的学习将会有很大的促进作用。在本课程中，对协作环境的设计主要体现在“学术论坛”模块、“学习园地”模块上。

①构建功能完善的论坛。

学术论坛提供了多种交互手段，包括学习者与学习者、学习者与教师之间的交互。此外，怎样在课程中利用这些手段，提高各种交互的有效性已成为课程设计中的又一热点。在课程中提供教师和学生发布信息的空间，为他们提供交流思想的场所和解答疑问的方式，这是教学中不可忽视的因素。

学习者在学习过程中，可结合“中心议题”或在学习中遇到的困难，加入讨论小组，与教师和同学进行在线讨论；或进行学习情况的交流，以从同学和教师的观点中获得有益的启示和帮助。

但是，这种异步的交流讨论因缺乏实时交互，使得信息反馈处于滞后状态，限制了学习者的积极性。德国杰出的教育学家 Wolfgang Klafki 也认为，如果一所大学漠视人与人之间的直接交流就会失败。因此，在设计时，在学术论坛中嵌入了“即时聊天”。学习者可借助学术论坛展开异步、同步的广泛讨论，消除了个别化学习中的孤独感，拉近了网络学习中学习者与学习者、学习者与教师之间的距离。

②开发便于交流和学习激励的学习园地。

在学习园地中，设置了提交作业的功能，以方便学习者提交作业，在学习园地中，还可以看到所有学习者的作业，学习者可通过对别人的作品发表评论并提出意见和建议。从对其他作业的评价中获得更多知识。

作业提交后，系统还附带一项自动的功能，可以将上交的作业自动存入资源库，以便学习者在后来的学习过程中可以进行再次的学习。

评价与反馈是教学中不可或缺的环节。目前网络教学的评价方式很少考虑对学习者自身和同伴的评价。学习园地就实现了教师、同伴的评价，而这两种评价对于学习者获得学习成就感非常有效。

③开发“学术论坛”，提供讨论心理健康问题的平台。

论坛有助于协作环境的学习，学术论坛在心理健康教育中的作用主要在于对相关问题的讨论有助于提高自身认识，同时交流经验，获得心理的共同成长。论坛中提出的讨论主题并非都是学习上的问题，来访者还可以在论坛相应的模块中针对自己成长中的困惑等提出论题，这样在其他学习者的回复中，获得成长的知识，共同探讨人生的真谛。

④开发“心理咨询”，提供咨询服务的平台。

心理咨询是心理健康教育中的重要环节，在网络设计时也不能忽视。此模块共有两个子页面。在子一界面中，又分了四大块：“学习与发展咨询”、“情感问题咨询”、“人际关系咨询”、“其他问题咨询”，以方便来访者的使用，让其根据自己所要咨询的内容选择，更快地得到咨询人员的回复。另外，用红色字体在页面的左上角标明“我要咨询”字样，并在此做超链接进入咨询主页(子二界面)，可方便来访者进入。

在本模块中，主要遵循了“方便学习者使用”、“有利于心理健康教育的开展”两个原则。

⑤开发“心理专刊”，提供获取科普性的心理卫生知识的平台。

建立心理专刊模块的原因，也是基于“有利于心理健康教育的开展”、“要有利于学习者知识面的扩展”、“方便学习者使用” 的原则。

“心理专刊”栏目从课外领域中拓展学习者的知识面，了解更多的心理健康知识，以更好地培养自己的心理素质。另外，设计“返回首页”的按钮，以方便学习者在整个网站中的学习。

⑥开发“心理测试”，提供个体了解自身心理品质的平台。

从某一方面上说，心理测试有助于学习者增加对自身心理品质的了解，在没有咨询者辅导的情况下对自己心理的各个方面做一些了解，以便更好地进行心理健康工作。

## 三、大学生心理健康教育综合性网站的设计

### (一) 大学生心理健康教育网站开发的意义

青年，本应是“早上八九点钟的太阳”，当代大学生更应充满主动精神和快乐的情趣。然而，现实恰恰相反，今天，大学生心理问题已经成为困扰高校学生工作的严重问题。随着大学生心理健康状况越来越受到重视，不少学校开始逐渐开展各种各样的心理健康教育工作。然而，这些都是建立在传统教育的模式之上的。

当前的学校心理健康教育承袭了传统教学的弊端：以教师、教材为中心，忽视学生的主体地位和主体作用的发挥，缺少学生的主动参与。在进行心理健康教育时，主要表现在课程化、知识化的弊端，把心理健康教育的课堂变成了传授心理学知识的地方，使心理健康教育成了学科教学，存在着重知识轻体验、重讲授轻活动的现象。心理健康教育最基本的原则就是学生主体性原则，这一原则要求在心理健康教育中，一切从学生的实际需要出发，让每一个学生充分参与其中，尊重学生的主体地位，发挥学生主休作用，让学生在活动中接受心理健康教育。而当前这种以教师、教材为中心的心理健康教育违背了心理健康教育中的学生主体性原则。当前的大学生心理健康教育模式导致了心理健康教育没有能够发挥出应有的水平，更没有达到预期的效果。

大学生是当今社会的主力军，良好的心态决定了理想的实现和文化素质的提高，加强大学生的心理健康教育是当务之急，而有效的途径更是心理健康教育取得成功的有利保证。

进入新世纪，人类社会正迈向网络信息时代。随着无障碍、超时空信息交流的网络技术的迅速发展，互联网与高校学生的联系日益密切。信息化校园的逐步形成，使网络渗透到学校的各个角落，成为学生学习、生活不可或缺的一个重要组成部分。在网络心理健康教育中，网络是心理健康教育的工具、环境、资源、内容和系统，教育的内容更为丰富、全面并具有直观性、可选择性和不可控制性，其形态从平面走向立体化、从静态变为动态、从现时空趋向超时空；教育方法更具启发性、灵活性和创新性。信息网络技术为心理健康教育的创新提供了新的机遇，运用网络技术开展心理健康教育已成为不争的事实。网络教育作为信息技术与教学实践科学相结合的一种新的教育形态，不仅从手段和形式上改变了传统教育，更从观念、过程、方法以及师生角色诸多深层面上赋予教育新的含义。由此可见，我们应充分利用网络的优势，大力加强心理健康教育。

### （二）大学生心理健康教育网站开发、设计的理论基础和技术基础

1. 网站设计的理论基础

网站设计基于网络协作探究学习以及建构主义学习思想。建构主义的学习理论强调要以学习者为中心，学习的发生是学习者与周围环境交互的结果，在这个环境中，应该有促进学生学习的各种工具和资源。建构主义强调学习者的主动建构性、社会互动性和情境性，网络协作探究学习集中体现了建构主义的观点。

协作探究学习实质上是基于问题解决活动进行的协同性知识建构，它以协作性的问题解决活动为主线，同时整合了其他的知识获取方式。这种学习模式具有以下特点：

（1）探究性。学习开始于问题，学习过程中最主要的活动是高水平思维，学习的结果是深层整合的、可以灵活迁移的知识和高级思维技能。

（2）事例性。以问题解决学习为主线，与其他学习途径互补。在问题的推动下，学习者会主动查阅有关的资料，进行现场考察、观测分析或访问专家，而后将不同途径得来的信息综合运用到问题解决活动中。

（3）协作互动性。学习者分工协作，彼此交流分享成果经验，进行观点交锋和综合，共同贡献于探究任务。

建构主义理论认为，学习是学习者通过个人的经验构建知识和理解事物的一个主动的过程。个体在遇到新的经验时，通过适应或同化来调整自己的知识结构。在网络教学中，学习者对意义的建构，有助于学习者学习的社会交互，

有助于学习者在各种情境中解决问题，这体现了建构主义学习理论的特点。Von Glaserfeld 认为，学习者根据自己的经历建构自己的理解。建构主义理论支持学习过程中的社会活动。人们对于世界的许多了解取决于个人间的交流，虽然每个人看待和理解世界的方式不同，但通过社会互动可以产生理解的共同点。在网络心理健康教育中，师生之间、学生与学生之间的交互补充着学生们的经历。

2. 网站设计的技术基础

（1）本网站采用 ACESS 作为数据库，存储系统参数、用户信息、文章信息、作品信息等，为系统的动态更新提供了基础。

（2）本系统采用了 ASP 动态网页技术，实现数据库的链接、调用和信息的呈现，还提供了用户在线对数据库的操作（提交作品、修改个人信息、文章推荐等）。后台管理界面也是用 ASP 代码实现的，管理员几乎可以完全更改数据库的信息，便于教师更新、补充、拓展、维护网站的模块和资源，同时可为学习者在协作探究学习过程中展现自我、与教师和同伴进行交流提供工具和平台，同时网站可通过 ASP 动态网页技术实现提供多门课程、多位老师开展网络教学。

（3）本系统采用 Dreamraver 网页制作软件确定每张网页的框架结构，为 ASP 代码的实现提供了平台。

（4）本系统采用 Javascript、Vbcript 脚本语言实现一些页面特效和表单的简单测试，如页面的过度效果、检查表单的内容是否合法等。Javascript、Vbcript 脚本语言的采用减少了网页服务器的负担，使服务器能提供更多的链接。

（5）本系统采用 Photoshop、Firework 软件来进行图片的制作、处理，美化界面，按钮的制作等。

### （三）大学生心理健康教育网站开发、设计的原则

1. 开放性原则

开放性原则包含这样几个内容：学习者参与的开放性、学习内容的开放性、课程资源的开放性以及网络课程教学支撑平台的开放性。

学习者参与的开放性是指学习者可以按自己的需要参与，对于学习者的学习我们不应当有过多的限制；学习内容的开放性是指正确解释各个学习要点，让学习者正确理会各个知识点；课程资源的开放性是指要为学习者提供所需要的资源，既要便于学习者获取资源，也要便于教师随时补充资源；网络课程教

学支撑平台的开放性是指教师可以根据学习者的学习情况以及课程内容的发展情况来动态调整教学策略与教学设计。

2. 自主性原则

网络心理健康教育应该坚持以学习者为主体，营造一种有助于学习者探究性学习的环境，促进一种自主学习文化的形成。学习者可以根据自己的需要和实际情况，自主地选择学习内容、学习时间以及学习地点等。学习者自主学习活动包括自学知识、分析案例、寻找信息、探索问题解决方法、交流研讨、构建作品、自我评价等。

3. 交互性原则

交互性原则包括两层含义：一是在教学内容和教学方式上，要改变传统教学灌输式的教学方式，不能简单地把教学内容“推送”给学习者，而是让学生通过人—机交互和人际交互的方式进行学习，网络教程应当及时对学习者的学习活动作出相应的反馈，而不是教材的电子搬家，参与、交互、讨论的过程才更有利于学生的发展。二是要尽可能地为教学双方以及学习者之间的相互交流创造便利条件，使学习者可以方便地发表自己的见解、寻求帮助和相互讨论，有利于培养学习者的高级认知能力以及合作精神。

4. 便利性原则

所谓便利性原则，就是在网络心理健康教育模块设计过程中充分为学习者考虑，为学习者提供尽可能便利的学习条件。例如：提供简洁明了的导航设计，以便学习者不必经过培训即可使用；提示信息要详细、准确和恰当，不会引起歧义；网络功能的运用要尽可能提高适应性，不至于使学习者长久无法适应与接受；网络的交互方式要适合绝大多数人的习惯，使一般人都能够得心应手地使用。

### （四）大学生心理健康教育网站系统构建

1. 界面的设计

网络心理健康教育不同于一般的网络教育，因此，在界面的设计上也应该突出心理健康教育的特点。

心理健康教育的目的在于优化学生整体心理素质，促进人格全面发展与完善。心理健康教育主要围绕着学生心理健康维护、学生心理行为问题矫正、学生心理潜能和创造力开发进行。而当前高校的心理健康教育途径主要有这样几个方面：①通过加强心理健康工作者的意识，提高教师的素质。②建立学生档案，有的放矢地进行心理健康教育。③开展集体咨询、个别咨询或者专题讲座；开设相关的心理健康课程，系统地对大学生进行心理健康教育。

鉴于心理健康教育的内容、目的及教育途径，本网站界面划分为：学术动态、心理测试、心理咨询、好书推荐、网上学堂、心理论坛，如图 7－2 所示。

图 7－2　首页

栏目的设立仅仅是网站的躯壳，那么如何让这个躯壳富有灵魂呢？为解决这个问题，我们就应该使技术的发展围绕人的需求来展开，把人作为产品和环境设计的出发点，使其性能、色彩等更好地适应和满足人类的生理和心理的需要，从而使人们在工作中更安全、便捷和舒适，工作效率更高。基于这一点，本网站的设计突出了以下特点：

①同样的界面对象保持了一致性、连续性的行为；②各种提示信息简单、清晰，让用户一目了然，方便用户操作；③注意视觉效果；④色彩清新统一、协调；⑤避免了同时使用太多的颜色；⑥文字内容简洁、重点突出；⑦界面对象的动静处理得当；⑧布局合理、简洁、协调、美观，画面均衡。

2. 结构的设计

(1) 学术动态。如图 7－3 所示。

这个板块提供了一个让教师进行心理健康教育和课题研究紧密结合的机会。理论与实践相结合，两者互相补充，互相促进。

**图 7－3　学术动态**

学术动态这个板块中包含了科研动态以及学生实践。科研动态用以公布相关的科研信息，心理健康教育工作者可以通过这个板块了解相关的研究课题以及相关的科研成果。而学生实践用于发表有关学生在心理健康教育方面的实践活动的文章，便于教师了解学生在这一方面的知识、技能的增进，以及学生心理健康水平的发展，依此进行心理健康教育工作的计划及调整。

大学生心理健康教育工作是一项复杂的工程，心理健康教育工作者除了在日常的教育与管理中探索思路、总结经验、开拓创新外，还应对大学生心理健康状况和心理素质发展的规律进行系统的研究，以界定不同年级、不同群体学生在心理健康教育、心理咨询和心理治疗方面的需要，从而使不同心理健康需求的学生，获得不同程度的改善和发展的能力。还要发扬合作精神，不断扩大不同区域间、不同学校间的学术交流，在互助互补中，基本掌握大学生心理发展的规律和特点，进一步探索大学生心理健康教育工作的新途径、新方法，不断解决大学生心理素质培养中遇到的各种问题，努力实现广大教育工作者的个体素质和这支队伍整体水平的进一步专业化，推进大学生心理健康教育工作朝着系统化、科学化、整体化和规范化的方向迈进。

(2) 心理测试。如图 7－4 所示。

这个板块给学生提供了一个自我检测的机会，以便学生通过测试了解自己的心理健康状况。

**图 7－4　心理测试**

在学者的研究中涉及的心理测试，常常有着特定的目的，一般来说都是研究中的一部分；在心理咨询中运用心理测试的目的则是咨询员想要更好地、更准确地把握被试的心理问题，从而提供合适的建议、有效的干预，以提高来访者的心理健康水平。而在心理健康教育网中的心理测试则不同于这两类测试。在这里，心理测试的目的是让学生更好地了解自己的心理健康状况，以便他们根据自己的情况及时寻求帮助。

（3）心理咨询。如图 7－5 所示。

这里是学生吐露心声的自由空间。

**图 7－5　心理咨询**

很多学生对咨询有顾忌，他们往往认为只有那些心理有病的人才需要咨询，就像那些生病的人才要去医院一样，虽然心理咨询员一再强调会为他们保密，结果还是大部分人不能接受，这导致了学校心理咨询没有起到应有的作用。而网上心理咨询具有隐秘性，可以更加体现心理咨询的开放、接纳、沟通和平等。网上心理咨询的这一隐秘性使得网上心理咨询能让学生感到“这才是真正的保密”，学生也因此愿意吐露自己的心声。网上心理咨询的平等性让学生摆脱了日常生活中由于社会地位、生理差异等形成的“不平等”，这使得学生把真实的情感表达出来。此外，网络信息量大、传播快捷，这为心理咨询人员提供了一个案例研讨的机会，以促进共同发展，而咨询人员专业水平的提高又促成了心理健康教育工作的成功。

（4）好书推荐。如图 7－6 所示。

教师们可以在此推荐一些优秀的书刊杂志给学生，让学生吸取文章中的精华，在读书的过程中不断完善自己。

**图 7－6　好书推荐**

读书有益发展。在日常的教学活动中，很多教师常常注意到了这点，于是他们常常推荐一些比较好的书让学生自己阅读，让学生在阅读的过程中学会自我调整、自我完善……在这里，我们可以根据大学生的心理特点以及大学生的主要问题分为各类书目介绍，比如大学生适应性、学习与考试、良好情绪的培养、人际交往策略、性心理与恋爱、直面挫折与自信心培养、就业方略等几个方面。

（5）网上学堂。如图 7－7 所示。

网上学堂是学生进行心理健康知识学习的大课堂。

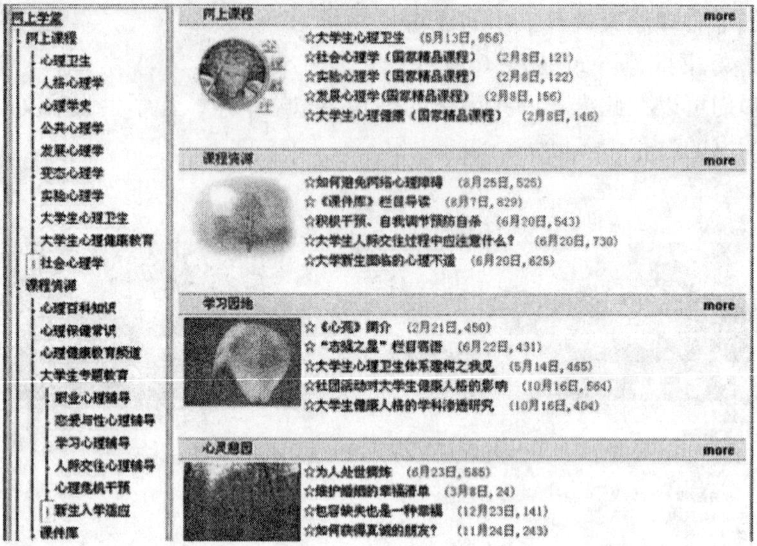


图 7-7 网上学堂

很多学生的心理问题是无形中形成的，而心理问题形成之后，他们往往又不知道怎么处理、解决，于是小问题变成了大问题，久而久之，心理问题就成了他们学习、生活的障碍。网上学堂包括网上课程、课程资源、学习园地、心灵憩园等栏目。课程资源中有丰富的心理健康教育资源，如大学生心理健康知识专题、心理百科知识、心理保健常识等，以便为学生提供更丰富的心理健康教育资源。

（6）心理论坛。如图 7-8 所示。

心理论坛这个板块包括同步讨论区和异步讨论区。在这里，同步讨论区指的是聊天室，异步讨论区指的是论坛。讨论区的设立，为学生提供了对主题的思考和建立思考框架的空间。

**图 7－8　心理论坛**

心理知识在很多方面都涉及了个人隐私，在传统的教室里，有相当部分学生出于种种顾忌心理，不敢发表自己“与众不同”的见解，而讨论区的设立可以让学生“畅所欲言”，大胆地发表自己的见解，以此解决自身的疑问。另外，还有些学生在日常面对面的学习生活中羞于开口向老师提问，这些学生可以利用网络的隐秘性大胆地向老师请教，及时解决自身的问题。

在异步讨论区里，学生的学习不受时间限制，学生的交互在时间上是滞后的，参与讨论的学生可以对讨论话题进行充分的思考，并通过不同观点和立场的碰撞与交流，甚至可以做些研究活动，然后再作出反馈，这样的学习使学生对主题的理解进行提炼和调整，使学生可以对一个复杂的事物达到一个相对全面且深刻的理解，这一特点尤其有利于学生对心理知识的消化及掌握，学生在这个思考与研究的过程中，也有了一个重构自我的机会。

而在同步聊天区里，学生的交流是实时的交流，学生的交流时间受到一定的限制，他们必须要在聊天室内有人的时候，才可以实现同步的交流，然而，由于这样的交流方式与一般日常生活中的交流不同，它结合了 QQ 聊天的功能，聊天室里又有多种辅助工具，可以辅助表达他们的情绪情感，学生还是很乐意参与到这样的讨论中去。学生在这种学习中很容易受到他人的影响，发觉自身的问题；另一方面，学生可以立即针对发现的自身问题与其他学习者进行讨论，或者他们还可以就这些问题及时寻求其他帮助，比如心理咨询和借此机会解决自身存在的问题等。

## 四、建设与利用网络心理健康教育资源的策略

网络教育资源的建设和利用既是心理健康教育信息化建设的基础工作，也是心理健康教育现代化建设的长期任务。心理健康教育信息化是心理健康教育的纵深、全面发展，是信息技术融入心理健康教育活动的一个发展阶段，是心理健康教育走向信息社会、走向现代化的必由之路，是包括心理健康教育的运作模式、管理理念、工作方式的根本变革。推进心理健康教育信息化，目的是使心理健康教育在信息时代达到高标准、高效率、高效益和低成本，使心理健康教育活动能够满足信息时代环境下人们对心理健康教育的迫切需要。建设与利用网络心理健康教育资源是心理健康教育信息化的一个重要组成部分。要科学合理地建设与利用网络心理健康教育资源，必须对其进行研究。

### （一）加强对网络心理健康教育资源建设与利用的研究

网络心理健康教育资源建设是学校心理健康教育现代化首先要解决的问题。网络心理健康教育资源建设与利用在近年才受到人们的重视，现在还没有具有普遍适用性的模式可供套用，因此，各地区或学校要根据现有的条件开展研究，探索能够满足自身需要的网络心理健康教育资源建设与利用的方式方法。诸如探讨网络心理健康教育资源建设的规律、原则、方法和网络心理健康教育资源的共享问题。加强对网络心理健康教育资源建设的研究，可以帮助学习者有效地解决自身的学习资源需求，为网络心理健康教育资源的利用提供有效的途径。加强对网络心理健康教育资源利用的研究，可以使学习者更好地获取信息，提高学习质量和效率，同时促进优质教育、教学资源共享。

### （二）加强教育者网络心理健康教育资源建设与利用的培训

目前，很多高校的网络心理健康教育资源建设主要是由学校心理健康教育中心负责的，这类资源大都是综合性的心理健康教育网站，主要是用于学生个性化的心理健康教育和普及心理健康知识。目前还缺乏适合开展系统化的心理

健康教育的网络课程。网络课程的开发和应用就目前而言是以教师为主体的，教师负责网络课程的设计、资源的更新、管理与应用，要保证教学资源质量和适应教学工作需要，在一定程度上取决于教育者的网络运用水平。但目前很多从事心理健康教育的教师尚缺乏相关的网络课程设计的专业知识和开展网络教学的经验。因此，只有做好教育者的网络教育资源的建设和利用的培训工作，才能加快心理健康教育信息化进程，实现跨越式发展。我们认为目前应主要培训心理健康教育专业教师掌握一些基本的软件应用、硬件操作、网络课程设计的原理，能结合课程的特点进行网络课程模块及功能的设计，以便专业技术人员能根据专业教师的设计开发出适合学科特点的网络课程，另外，还应培训专业教师掌握开展网络教学与网络课程资源建设的技能，如利用网络论坛指导学生进行讨论、指导学生如何在网上查询信息、提交作业、教师如何进行网络资源的更新和添加等。

### （三）加大网络心理健康教育资源建设的投入和共享程度

网络教育资源的建设是投入，包括资金、技术、设备和人员的投入；网络教育资源的共享则是资源的交流、互动、完善和增值的过程。网络教育资源建设与利用首先需要经费投入，如果不具备基本条件，则难以开展网络心理健康教育。然而，网络心理健康教育资源缺乏是许多学校面临的问题，如网络基础设施建设较差、信息资源建设不到位、缺乏技术力量、师资培训跟不上等。因此，要开展有效的网络心理健康教育，学校必须投入一定的资金进行网络基础设施的建设，保证学生能有必备的基本设施来开展网络环境下的个性化学习。另外，还应投入相应的资金进行网络心理健康教育信息资源的建设。在具备有心理专业和教育技术专业的高等院校，应鼓励相关的专业教师结合课程改革，联合进行系列化的心理健康教育网络课程的开发与建设。目前，国内网络心理健康教育资源建设还处于各自为政、低水平重复建设且比较分散的状态，应通过开展精品课程建设，尽快组建统一的、高度集约的、一流水准的心理健康教育资源网站，实现全国心理健康教育网的互联与共享。

## 第三节　网络心理健康教育中教师的角色与素质

高素质的心理健康教育队伍是推进学校心理健康教育科学化、规范化、专业化发展的关键所在。通过网络进行学校心理健康教育与传统的教育有着很大的区别。网络教学环境下，教师的角色发生了变化，相应地，对教师素质提出了新的、更高的要求。培养新型的心理教师将是网络心理健康教育得以顺利开展的重要条件。

## 一、网络心理健康教育教师的角色定位

1. 教师起导师角色作用

网络心理健康教育信息极为丰富，为了避免学生迷茫，减少他们自由探索网络所需要的时间，教学的指导尤其重要，这就要求教师必须具备极强的信息辨别能力与获取能力，以辅导者、帮助者和领航员的身份引导学生正确地利用网络获取有价值的心理健康教育信息。在网络环境下，教师将由知识的传授者转变为知识的组织者，教师将主要从“教”的角色转变为“导”，把有需要的学生与相关的信息组织在一起，在引导学生的过程中，同时提供一种方法论性质上的指导和既有经验的借鉴，回答学生在学习探索过程中的任何疑问。因此，在开展网络心理健康教育中，教师应以学生发展为本，既关心学生吸取知识，又注重丰富学生情感、健全学生的身心、完善学生的人格，教学生学会做人。教师应是学生自我发展的促进者，心理困扰的排除者。应把学生当作学习的主体，改变单纯灌输的落后方法，让学生变被动接受和管理为主动参与，实行导向、导航、引导、指导、辅导，领着学生走向知识，指导学生自主运用心理健康知识维护自身心理健康。

2. 学生的合作者或助手

多媒体环境下的学习使教师的地位受到冲击，实现了真正的师生平等。师生关系更多的是一种朋友式的、合作伙伴式的关系。在协作学习模式下，教师可以以平等的身份与学生进行讨论和合作，共同解决学生在成长过程中遇到的各种心理问题，这样可以使教师与学生建立融洽的关系，还可以使教师了解学生的需要、学习特点、兴趣、个性爱好等，从而保证教师在网络课程资源建设中尽可能地从有利于学生的学习和心理需要出发精心设计与完善网络课程。教师可以充分利用网络论坛、新闻组、电子邮件等平台，通过组织、引发来调动学生积极参与讨论。以论坛为载体可以消除学生的羞涩心理，让学生尽力发挥、充分体验，充分发挥朋辈心理互助的作用。通过互联网，学习者不仅可以从网上下载本校教师的讲义和其他有关的参考资料，而且可以向本校教师或异地的心理教师提问、进行心理咨询等，以解决学生在学习或生活等其他方面遇到的心理问题。

3. 学习者和研究者

为了适应社会的发展，教师要不断地学习相关信息技术和本专业领域内的最新知识，并且要反复地对自己的教学进行反思和评价，分析其中的不足，提出改进方案。另外，教师还要从事一些与自己的教学有关的科学研究，从理论上提高自己的业务水平。

网络社会与传统社会存在着质的差异性，这些差异带给人们心理、道德、伦理、价值等方面以深刻的变化。因此，网络心理健康教育与传统心理健康教育在教育理念、模式建构、目标评价等方面都存在着不同的差别，从事网络心理健康教育的教师在学习和研究专业方面的问题时，还必须探究如何更好地开展网络环境下的心理健康教育。网络是把“双刃剑”，一方面给学生的学习、生活和工作带来前所未有的便利，另一方面又使学生遇到了更多的困惑，给他们的身心健康带来损害，许多学生因为沉迷于网络而患上网络综合征。因此，教师要开展网络心理障碍、成因和对策研究，以便有针对性地开展网络心理健康教育。

4. 信息资源的设计者、查询者或课程的开发者

在网络信息时代，知识不再是迟缓、有限、稳定的。随着竞争的日益激烈和社会环境的日益复杂，学生心理问题层出不穷，心理健康教育知识在不断地增加和更新。在网络教学中，教师从传统课程的实施者转变为课程的设计者和开发者。心理健康教育的信息化涉及资源库建设的问题。在网络教学环境下，教师把工作重点从课堂教学转到导修导学上来的时候，教师必须通过参与合作开发与制作网络教学资源，注重和精心搞好网络教学设计，以便指导学生如何获取有用的心理健康教育信息。教师不仅要具有独立的思考、教学能力与方法，而且要具有团结协作、合作开发与使用网络教学资源的素质，能够通过E-mail、BBS等网络技术帮助学生释疑解惑，并结合教学实际进行心理健康教育网络课程和教学软件的开发。

5. 心理咨询员

在网络环境下，从事心理健康教育的教师还应担当心理咨询员的角色。网络的出现，在缩短时空距离的同时，也拉大了人们之间的心灵距离。网络教育是一种师生分离的教育形态，由于时空的分离，如果没有足够的互动与交流，学生容易产生孤独、苦闷、无助的心理。学生虽然能通过键盘与网上其他伙伴进行快速的交流与联系，却往往不善于与周围的人建立良好的人际关系。同时，在激烈的竞争和纷杂的人际关系压力下，如何适应社会，实现自我价值与个体进行良好的自我调适，达到身心健康就成了种种矛盾冲突和不协调，使学

生面临着比以往任何时候都要多的心理应激，且网络环境中的多元文化也给学生心理带来很大的冲击，由此造成了众多的不适应，乃至各种心理障碍。由于目前学校内专业心理咨询员的数量还不能满足学生日益增长的需求，因此，担任网络心理健康教育的教师还必须担当心理咨询员的角色，及时解决学生的各种心理困惑或心理问题，帮助学生在心智方面健康发展。

## 二、网络心理健康教育教师的素质要求

在信息技术教育环境下，教师将由知识的传授者转变为学生学习的指导者，教学过程将由传统的传授知识变成学生发现信息、捕捉信息、加工信息、研究问题、增长知识的过程。在这一过程中，教师不再是单一的甚至也不是最主要的信息源，而是合理地调动、组织各种教学资源，发挥各自的优势，达到教学最优化的目的。网络教育中教师的角色发生了很大变化，网络环境下的心理健康教育工作也展现出与传统心理健康教育不同的特色，这些变化对教师的素质也提出了新的要求。

1. 具备较强的现代教育观念

现代教育观念强调在教育中应用现代信息技术和先进的教育理论，优化教学效果，强调对学生的学习需求和学习特点的研究，重视学生个性需求的满足，强调素质教育和创造性人才的培养，以培养学生“四大支柱”为教育的最终目的。现代教育观念不再只是单方面强调教，而更关注学生如何学习；现代教育观念要求教师不再只是知识的传递者，而是教学活动的设计者，学习环境的开发者，学生学习过程的帮助者、调控者和评价者；现代教育观念追求学生能力的全面发展，不只是认知能力的提高，而是个性和社会性人格和能力的全面培养。教师应在现代教育观念和现代教育理论指导下开展网络心理健康教育的教学设计和教学资源的开发。

2. 具备深厚、宽广的心理教育专业知识和技能

随着网络技术的蓬勃兴起和快速发展，一个更加灵活多样的求知和修养相结合的网络平台展现在心理健康教育工作者面前。在网络环境下，心理教师面对的是“N 代”青少年，这是一个令人惊叹而又难以捉摸的新生代，具有反传统、重时尚、个性鲜明、行为独立、富有怀疑精神及创造力等特点。对于这一代学生的心理及行为特点的把握将是教育成功与否的关键。促进“网络新生代”的心理发展，维护网童的心理健康，是学校网络心理健康教育的核心

旨趣。网络心理健康教育对象的多样性、网络教育环境的复杂性要求心理健康教育工作者要具备深厚宽广的心理教育专业知识和技能，了解不同教学对象的心理特点及教学需求，及时、有效地解决学生的心理问题。

3. 通晓电脑操作、网络技术

在信息技术时代，从事网络心理健康教育的教师除了要具备心理教育的专业知识和技能外，还要通晓电脑操作和网络技术，能利用最基本的文字处理软件来获取信息和交流信息，能利用简单的图像处理软件进行教学图片处理，能熟练地制作课件开展教学。掌握网络环境的利用，包括收发邮件、上网查询、电子资源利用等。学生的答疑、作业提交均可通过电子邮件的往来、网络课件平台中的答疑系统省时高效地完成，教师可以从学生的共性问题中了解学生的学习情况，根据学生学习情况，及时调整教学内容和教学重点。通过网络查询，教师可以及时了解本学科的前沿及相关资料。教师还应熟悉网络论坛的使用和管理，充分利用论坛强大的互动功能进行教学交往，熟悉网络课程资源的添加和管理，及时更新教学内容。总之，在网络心理健康教育中，教师必须掌握交流与沟通技能、浏览与查询技能、信息发布与网络参与技能，这样才能在网络时代对“N 代”青少年的心理健康教育中被学生接受和认可。

4. 具备突出的指导能力、较强的驾御能力和崭新的教学技能

在网络环境下，学生的学习具有很大的自主性和选择性，教师已不再是教学的主宰者，而是学生的向导和资源的开发者。教师要指导学生开展协作学习，指导学生充分利用网络资源开展相关的课题研究。在网络化的教学环境中，教师要熟练使用并能正确指导学生使用多媒体设备、在网上获取有用信息，能根据教学需要制作多媒体课件，能恰当地指导学生设计学习进度并检查每个学生。在网络环境下的心理健康教育，由于教学对象的复杂性和教育需求的多元性，教师应能驾御看不见的网上课堂，特别是在开展在线讨论中，教师要善于启发、引导学生，促使网络教学有序开展。因此，开展网络心理健康教育的教师要有突出的指导能力，较强的驾御能力和崭新的教学技能。

5. 富有创造精神

在充满挑战与机遇、开拓与创新的知识经济社会里，需要的是有创意、有批判性思考能力和灵活性强的人才。依靠创新人才的优势以保持社会经济发展的优势，已成为世界各国普遍选择的基本战略。只有具有创新精神和创新意识的教师，才能对学生进行启发式教育，培养学生的创造能力。在知识经济时代，学校心理健康教育已从预防性转向发展性，培养学生健康人格，促进学生潜能和创造性的发挥成为学校心理健康教育的一个重心。网络教学资源的丰富

性、网络教学对象心理特点的复杂性、网络平台为学校心理健康教育提供的空间的无限可能性，为教师创造性地开展学校心理健康教育提供了良好的机遇，因此，要求教师要具有创造精神，充分利用各种资源和技术开发网络心理健康教育教学资源，开展网络心理健康教育教学设计，构建新型的教学模式。

6. 具备较强的责任感和奉献精神

心理健康教育本身就是一项复杂的系统工程，而在网络环境下开展心理健康教育更增添了此项工作的难度。由于网络教育是不同于传统教育的一种新的教育形态，它对教师的素质提出了更高的要求。从事网络心理健康教育的教师既要有深厚的心理教育专业知识，能及时解决现实问题，又要通晓电脑操作、网络技术，及时解决网络传播中的问题，使网络心理健康教育不仅专业而且生动、富有吸引力和感染力。网络教学提倡学生自主学习。网络课程实施之后，并不意味着教师可以对学生放任自流，相反，教师对于学生的指导作用更为重要。因为面对着所要学习的知识和大量繁杂的信息，学生需要教师的指导去有效地进行选择和吸收。因此需要教师对学生的学习主动性、有恒性以及学习方式的个性化等进行监督、管理和评价。同时教师要对网络课程平台上学生的发言、教学意见和建议以及关于课程学习的问题和作业进行及时的反馈和中肯的评价。然而这种做法也极大地增加了教师工作量。此外，学生在学习和生活中遇到的各种心理困惑或心理问题，也需要从事心理健康教育的教师来解决，这无疑给教师增加了更大的工作量。因此，从事网络心理健康教育的教师要具有较强的责任感和奉献精神，只有这样才能焕发出激情和创造力，来富有成效地开展网络心理健康教育。

## 三、网络心理健康教育师资队伍建设

网络心理健康教育是新形式下一项富有挑战性的新任务。面对网络环境的挑战，心理健康教育教师角色的多元化和素质要求的提高，使得学校现有的心理健康教育教师出现了诸多的不适应行为。而且，目前这种相互分割，各自为政的网络心理健康教育模式已阻碍了网络心理健康教育的迅速发展，网络心理健康教育师资队伍的水平成为制约网络心理健康教育发展的瓶颈。因此，有必要通过多种途径开展网络心理健康教育师资队伍建设，来推进网络心理健康教育的发展。

1. 整合校内资源，组建一支由多学科教师组成的网络心理健康教育师资队伍

网络心理健康教育在教学形式、教学资源、教学方法、教学手段等方面不同于传统的心理健康教育。网络心理健康教育并不局限于单一的学科教育范围内，它是一种利用网络心理健康教育资源开展心理健康教育的新形式。因此，除了校内专业进行心理健康教育学科课程教学的师资外，还应整合多学科的教师，充分利用网络心理健康教育资源，开展心理健康教育的学科渗透，组织学生在网上就某些大家关注的问题进行讨论，引导学生走出心理困惑的沼泽，教师还可在网上开设心理聊天室，经常与学生进行沟通，了解学生的心理动态，及时进行心理疏导。另外，开展网络心理健康教育资源建设是一项复杂的系统工程，除了需要大量的教师参与资源的收集、教学课件的制作外，还需要懂网络技术的人员进行网络课程的开发和网站的维护等，因此，各学校应在主管领导的统筹管理下，激发校内教师的积极性，整合校内资源，组建一支由多学科教师组成的网络心理健康教育师资队伍。

2. 开展区域合作，构建校际间的网络心理健康教育教学团队

在网络心理健康教育资源建设中，人力资源的开发是至关重要的。人们只有掌握了一定的知识，才能够更有效地将资料、信息等转化为新的知识。拥有心理专业和教育技术专业的高等院校，从事心理健康教育的师资力量雄厚，教学经验和教学资源丰富，拥有较强的教育技术专业人才，建设网络心理健康教育资源有着独特的优势。长期以来，网络心理健康教育资源存在着低水平的重复开发现象，这不仅造成了资源的浪费，同时导致了发展的不平衡。因此，应提倡开展区域性的合作，组建一支由心理专业教师、教育技术人员构成的网络心理健康教育队伍，共同开发系列化的网络心理健康教育资源，开展系统化的网络心理健康教育。

3. 开展精品课程建设，建立全国性的网络心理健康教育教师联盟

为了进一步提高人才培养质量，教育部领导提出在全国贯彻落实 2001 年 4 号文件基础上，实施《高等学校教学质量与教学改革工程》（简称《质量工程》），在持续、健康、协调发展高等教育的同时，把提高质量摆在更加突出的位置。同时，从今年 4 月份开始，作为《质量工程》的先期启动项目，在全国范围内开展各高校的精品课程建设工作。精品课程建设是《质量工程》的重要组成部分。建设精品课程就是为了向课程要质量，向名师要质量。精品课程是由优秀的教学梯队、与时俱进的课程大纲及内容结构、先进的教学资源（含多媒体教学材料和实验资源）、由良好教学效果验证的特色教学方法等所

组成的体系来表征的。通过逐步形成一支以主讲教授负责、结构合理、人员稳定、教学水平高、教学效果好的教师梯队来推进课程建设。为了充分共享优质的教育教学资源，可组织一批在心理健康教育领域有影响的知名教授，开展系列化的心理健康教育类的精品课程建设，通过精品课程建设，培养一支能适应网络心理健康教育的优秀师资队伍，以精品课程网站为平台，共同开展网络心理健康教育。

## 第四节　网络心理咨询

互联网给传统的心理咨询带来了新的发展契机。网络心理咨询是近几年出现的新事物，虽然出现时间不长，但发展很快。一方面，现代信息技术引发社会交往方式发生重大变革，互联网及相关技术的日益进步和广泛普及，为网络心理咨询提供了基本的物质保障和条件；另一方面，现代社会人们心理问题日益增多，心理健康成为人们极为重视的问题。巨大的市场需求有力地推动了网络心理咨询的发展。

### 一、网络心理咨询概述

1. 网络心理咨询的含义

心理咨询是指受过专门训练的咨询人员运用心理学的理论、方法以及技巧，对在心理适应方面出现问题并企求解决问题的求询者提供心理援助的过程。广义的网络心理咨询是指来访者通过专业网站提供的信息，学习并掌握有关心理健康的知识和技能；主持网络的咨询者通过网站的各种互动功能，向来访者介绍心理学知识，提供心理咨询服务和心理援助的一种活动。而狭义的网络心理咨询是指以网络为载体进行的心理咨询，充分利用网络的优势，通过网络与虚拟身份的来访者进行有关心理咨询的信息互动过程。

2. 网络心理咨询的形式

网络心理咨询师和来访者以互联网为基本依托，以计算机为中介进行交流。这些交流分为非即时和即时两种。目前的网络心理咨询主要包括电子信箱咨询、网上聊天咨询、网络会议咨询等形式。

最常见的非即时交流是通过电子邮件来完成的。电子邮件是来访者和咨询师互动时采取的最常见、最普遍的方式。电子邮件相对传统意义上的邮件，具有更加方便、快捷的特点。以通信方式来进行心理咨询，特别适用于那些暂时不愿意暴露身份的来访者，对于那些较为拘谨、内向、不善表达的来访者，书信咨询有其突出的优点。如果咨询双方采用这种电子书信的方式来传递信息，交流思想，展开咨询活动，则可视为是传统意义上书信咨询形式的一种延伸。由于电子邮件更加方便、快捷，它就能够在一定程度上克服传统书信咨询由于信件往返周期长所引起的信息收集不畅的缺点。在书写电子邮件的过程中，来访者积极主动陈述自己的心理状况，可以起到情感倾诉和心理减负的作用。通过电子邮件进行网络心理咨询时，来访者和咨询师都有充分的时间考虑讨论问题，而没有需要快速思考的压力。

即时交流是指心理咨询师和来访者同时坐在计算机前，在同一时间进行交流互动。如即时文本交流、视频交流和 IP 声音交流等。

网上聊天是一种即时的聊天方式，形式主要包括文字形式的“聊天”和语音聊天两种。来访者只需和咨询者约定，使用某一网名，即可进入某一聊天频道进行交谈，如选择“私聊”方式，只有来访者和咨询者彼此之间知道对方的真实身份及谈话内容，来访者尽可以把平时不愿让别人知道的情况说出来，而不必担心自己的秘密被他人知道，所以，采用这种形式来进行心理咨询，不失为一种能实现即时对话、进行迅速的信息交流的咨询方式。

网上会议也可称作网络电话会议，使用网上电话会议程序来进行心理咨询，咨询人员不仅能对来访者的语言信息进行接收，而且可以通过对来访者的语音、语调、面部及体态上的表情变化的观察，收集到非常生动真实的最原始信息，这对于判断那些患有较严重心理障碍的个体的真实状况是十分重要的。通过网上的这种即时会谈的方式进行心理咨询，克服了距离和地域的限制，即使是相距很远的人也可以很方便地进行交流和咨询。

3. 网络心理咨询工作人员的组成

各学校的网络心理咨询室在服务时间上，可根据各自的具体情况确定网络咨询的答疑时间，有条件的可开展全天候 24 小时的值班服务，没有条件的可依据各自情况安排值班时间。目前，很多学校的网络心理咨询员都存在严重不足的情况。咨询工作人员可包括以下几类：①专职心理咨询人员；②邀请有关专家学者做客进行知识讲座；③招聘一些志愿者参与咨询管理，解答来访者一般性的问题。其中，尤其应当鼓励同辈咨询。同辈咨询指年龄相当者对周围需要心理帮助的同学和朋友予以心理开导、安慰和支持，提供一种类似心理咨询的帮助。具有心理专业的高校，除了要吸引和鼓励专业教师参与网络咨询外，还应充分调动心理专业高年级的本科生或研究生参与网络心理咨询。

## 二、网络心理咨询的优势

1. 一对多，大大扩展了心理咨询的时间和空间

传统心理咨询中咨询对象的范围受到限制，不管是门诊咨询、学校咨询室咨询，还是电话咨询，由于受专业咨询人员数目、精力限制，咨询的人数受到限制，一个老师或专家一次只能给一个来访者做咨询，电话咨询虽然方便，也为一对一咨询，且传统的心理咨询受时间和空间的制约，咨询活动不灵活机动。它受咨询双方有无时间、地点的远近、交通是否便利等因素影响，不能随时随地打破时间、地点的限制而展开咨询活动，与其相比，网络心理咨询打破受咨询人员与来访者之间的时空束缚，扩展了咨询业务的容量。咨询业务不仅可以在同一地区同一国家甚至可以延伸到国外展开，就如同面对面进行沟通。且无论何时何地都可以进行。来访者可通过发电子邮件等形式访问咨询人员，即使咨询人员暂时不在工作，咨询网站也会把来访者的电子邮件的内容贮存下来，稍后咨询人员仍可以通过网络与来访者展开咨询。这种样式突破了传统心理咨询中时间、地点、人数的限制，在很大程度上克服了由于目前咨询员偏少，来访者较多而带来的矛盾，从而极大地拓展了心理教育和咨询的时空，并为心理健康知识的迅速普及创造了条件。

2. 在平等的氛围中进行心理咨询不容易产生逆反心理

传统的心理咨询中咨询者和来访者的身份是不平等的，来访者被看做是弱者，是来寻求帮助的，而咨询者扮演着帮助别人解决问题的角色，大多数高校的咨询室都是这样的，在咨询过程中，咨询者的言谈举止、语气语调，稍一不注意就会使来访者产生逆反心理，从而产生阻抗；而在网络咨询中，来访者和咨询者在平等的氛围中进行交谈，相互讨论探讨解决问题的办法，不容易产生逆反心理。

3. 匿名的特性减少来访者的心理紧张和心理压力

传统的心理咨询来访者与咨询师面对面地交谈，有一定的心理压力，有些事情非常不想让别人知道，但是迫于解决问题的需要，不得不说出来；在网上，网络的虚拟社区使心理咨询更易被大众接受。这种隐蔽性让人们得以用不同方式探索他们无法在其他世界发掘的自我，又不必担心暴露在众目睽睽之下。来访者只需要一个虚拟的网名就可以与专家进行心理咨询，没有人知道你

的真实来历，也不必担心自己的秘密被他人知道，失去面子，从而减少了传统心理咨询中存在的心理阻抗，减少了心理压力，使咨询能顺利进行。

4. 便于来访者迅速、及时地获得信息资源

传统的心理咨询中，信息传递慢，沟通速度不高，不利于咨询双方信息快速流动，不能及时消除来访者的心理障碍。网络具有方便、快捷的特点，通过信息网络，咨询双方无论何时何地，多远多近都如同和身边的人聊天一样展开咨询，且避免了传统心理咨询中信息传递速度低，流通不方便的缺点。

5. 成本低

传统的心理咨询中，由于专家和学者数量的有限和职业本身的性质，进行心理咨询一般都要支付一定的费用，如果是路途遥远，还要花费一定的时间和精力，费用自然不用说。电话咨询中不可能几句话就能达到沟通的目的，因此话费的成本自然就比较高。而在网络心理咨询中，人们不用出门，无须支付交通费用，也无须支付心理咨询的费用，只需支付少量的上网费就可达到信息交流和解决问题的目的，成本比较低。

## 三、网络心理咨询的现状

从目前来看，全国有三分之一的高校建立了心理咨询机构和咨询室，对学生进行专门的咨询和辅导。但学生由于种种原因，或者怕去看心理医生，怕被别人嘲笑，或者不愿意将自己的问题告诉他人，自己有心理疾病却不愿意去看心理医生，进行心理咨询，这样就不能保证心理咨询的有效性，不能及时地解决大学生所存在的问题。

通过网上的搜索可以知道，目前国内外已有了一些心理咨询的网站，并且数目较多，如中国心理在线、网上心理咨询等，从表面上看，这些网站几乎涉及了心理咨询的各个领域，如学习心理咨询、发展心理咨询、性心理等，但实际工作中这些网站发挥的效用还不尽如人意。从内容上看，这些心理咨询网站上多为发展心理辅导和一般的人格测量，也有一些性心理方面的，但有关专家咨询和人格障碍咨询方面的涉及较少，满足不了大众的需要；从形式上看，多为用电子邮件进行心理咨询，而在线、即时的心理咨询较少。

综其原因，无非以下几个方面：一是由于目前专业咨询人员缺乏，在线咨询不能满足众多来访者的需要。二是由于资金的短缺，目前网上心理咨询的网站70%以上属私人性质，这些网站缺乏长期稳定的资金支持，而仅凭他们的

个人爱好在消极运转。心理咨询本身带有社会公益的性质，并非纯粹为了盈利，要维持一个心理咨询网站的基本正常运行，必须要有一定资金特别是社会公益事业的支持。三是由于网络硬件跟不上，没有充分利用好网络的交互性和即时性，设计出来的网站不太实用。

## 四、网络心理咨询构想及实施

1. 创建网络心理咨询系统工程

建立全国心理咨询网站、各省、直辖市和自治区心理咨询网络，以及其所辖市、县、乡镇甚至村的心理咨询网站或主页。对于各级各类学校来说，有条件的大、中、小学应该建立自己的心理咨询网，至少应该在大网站设立自己的心理咨询专题主页，为学生提供心理帮助。强大的心理咨询网站是进行网络心理咨询的前提条件，进行网络咨询，首先要有硬件的支持，所以必须迅速掌握网络文化及其技术，建立一批高质量、实用的网络平台。这需要我们的高校加强师资队伍建设，教师们也要顺应时代的需要，既要掌握好专业技能，又要精通计算机网络方面的知识，同时也需要一批有专业计算机技术的专家来负责网站的建设，力求心理咨询网站内容丰富，形式吸引人，界面美观且容易操纵。

2. 利用 BBS

BBS 是网上的论坛，我们可以充分利用这片天地，进行网上的咨询和讨论。学生和网民们将自己的心理问题和心理困惑以发帖子的方式发布在网上，请一些专家学者或心理学工作者给来访者回信，解决他们的烦恼和心理问题。如果当时不能及时回复，过后一定要尽快给来访者以答复，这需要有一定数目的心理咨询人员作保证。对大家普遍提出的问题，还可以请有权威的专家进行在线讲座或进行专题辅导，以解决公众的心理问题，引导人们去积极地生活。此外，还可开展匿名讨论，大家有心理上的困惑，可以请教专家或者相互沟通。

3. 创建心理咨询在线聊天室

我们可以根据来访者普遍存在的问题，将其分成几个大块，如学习心理咨询、情感心理咨询、人际关系心理咨询等，指派专门的人员负责。心理咨询人员根据自己的知识背景和兴趣能力，确定自己所擅长的方面，通过即时聊天疏导来访者，让他们自己认识到问题的症结所在，从而商定解决的办法和策略，解决来访者的心理问题。

4. 利用 QICQ 和泡泡等聊天工具进行网上的心理咨询

现在大多数的高校大学生和网民都使用 QICQ 和泡泡等一些聊天工具进行网上的信息交流，可以利用这一优势，开设专门的心理咨询 QQ 和泡泡，公开专家和心理咨询工作者的工作 QQ 和泡泡，通过即时聊天，给大学生和普通网民提供心理援助。在这些工具上往往只有一个网名，没有人知道来访者的真实身份，这就减少了传统心理咨询中的交往压力。

5. 公开校内心理咨询工作者和专家学者的 E-mail

学生们有什么学习、生活、情感上的心理问题和心理困惑，可以给专家或者心理工作者发送邮件。网络的匿名性可以不让来访者暴露自己的真实身份，减少交流的阻力，网络方便、快捷的特点也使信息周转的速度加快。当然，从事心理咨询工作的专家和心理咨询工作者必须有高度的责任心，有帮助他人的意识，为来访者提供真诚的服务，增强来访者的信任；学生们有什么不明白的问题也可与心理工作者相互交流，交换意见，以达到心理的平衡。

## 五、实施网络心理咨询应注意的问题

1. 充分利用网络的交互性、即时性优化网络心理咨询的平台设计

网络具有交互性和即时性的特点和优势，可以实现情感互动，网络心理咨询需要来访者和咨询者之间信息得到充分的传递和沟通，这样咨询者才能根据来访者的问题共同商讨解决的办法，以帮助来访者恢复心理平衡。因此，在网络心理咨询的平台设计上要考虑这些问题，通过在线聊天、心理咨询问答、网上讨论区等模块实现这些功能，在最大程度上保证咨询的效果。

2. 加强宣传力度让网络心理咨询深入人心

拥有了完善的网络平台，还需要加大宣传的力度。高校的心理健康工作者和思想政治工作者要引导和鼓励广大学生进行网上的心理训练和心理咨询，促进原有思想观念的转变，教会他们如何充分利用网络丰富的资源和便利进行自我教育，以积极的心态去寻求心理帮助，提高自己的心理保健能力和抗挫折能力，这需要学生、老师和社会的共同努力。

3. 大力促进应用心理专业发展，培养专业咨询人才

虽然网络心理咨询实现了一对多的咨询模式，一个咨询人员可以同时给多个来访者做咨询，但是，网络是巨大的，无论是高校的学生还是普通的网民，

数量都极多，他们所发的邮件和所提出的问题在同一时间都可能很多，这就必须保证有足够的专业咨询人员对他们所提出的问题进行及时的回复。如果不能及时回复，问题积压过多，滞留时间过长，就达不到解决问题的目的，也降低了来访者对咨询人员的信任度。在线聊天和在线咨询也是如此，同时登录网站的来访者也可能很多，这时必须有咨询人员来接待他们。因此，具备心理学专业的高校应大力促进应用心理专业的发展，通过教学改革促进心理咨询专业人才的培养，使他们能够胜任网络咨询，能够给来访者提供心理援助。

4. 增加资金的投入

在我国，网络心理咨询还处在初步的探索和研究建设阶段，无论是进行网络平台的设计建设还是培养专业的咨询人员，包括给咨询人员提供办公环境和应有的报酬，都需要投入一定的资金，这就要求国家、社会、政府、教育部门提高对网络咨询的重视，增加这方面资金的投入，也保证网络心理咨询的顺利进行。有条件的高校和中小学也应积极开发心理咨询网络平台，投入资金进行咨询人员的培训。

## 第五节　学生网络心理问题及其对策

随着信息时代的飞速发展，网络已经成为人们工作和生活离不开的工具与媒介，但是，网络在给人们的生活、学习和工作带来方便的同时，其无法回避的负面作用也是不容忽视的。过度使用网络必然对使用者的身体、心理、人际关系产生不良影响。在全球范围内，网络心理障碍者日益增多。

在我国，网民中35岁以下的青少年占82%，未成年人占17.3%。可见，青少年是网络使用的主要群体，网络已成为学习知识、获取信息、交流思想、建立关系、开发潜能、休闲娱乐的重要平台。过分沉迷网络已经严重影响了一些青少年的正常生活，甚至导致人格扭曲、学业失败、身心受伤害，给他们的家庭和社会带来许多问题。

### 一、学生常见网络心理问题

1. 网络成瘾

网络成瘾（internet addiction disorder，简称IAD），又称网络依存症或网络

成瘾障碍。1994 年，美国纽约精神病医生 Ivan Golberg 根据精神疾病诊断与分类手册（DSM - IV）中关于药物依赖的判断标准提出了“互联网成瘾症”。美国匹兹堡大学 Kimberly S. Young 将网络成瘾定义为在无成瘾物质作用下的上网行为冲动失控，表现为由于过度使用互联网而导致个体明显的社会、心理功能损害，并采用实证的方法对网络成瘾进行了定量研究。

美国 Kimberly S. Young 提出诊断网络成瘾的十条标准：①下网后总念念不忘网事；②总嫌上网时间太少而不满足；③无法控制上网的冲动；④一旦减少上网时间就会焦躁不安；⑤一旦上网就能消散种种不愉快；⑥上网比上学做功课更重要；⑦为上网宁愿失去重要的人际交往和工作、事业；⑧不惜支付巨额上网费；⑨对亲友掩盖频频上网的行为；⑩下网后有疏离、失落感。Young 认为，只要有 5 种以上就可以判断为网络成瘾。网络成瘾主要表现为网络游戏成瘾、网络交际成瘾、网络色情成瘾和网上信息收集成瘾。对学生来说，网络成瘾主要表现在网络游戏成瘾、网络交际成瘾两个方面。

网络游戏本身的趣味性、智力性、互动性和挑战性吸引了学生的积极参与。游戏的层层升级，充满暴力和血腥，满足了学生的竞争心理、渴求刺激的心理、宣泄情绪和获得成就的心理需要，从而使学生流连忘返。对于那些在学业上体验不到成功的喜悦，得不到同学、老师的尊重，但是个性中又有对于自我实现和成就感的强烈渴望的同学来说，网络游戏的出现适时地给了他们用武之地。为了获得成就感，达到心理平衡，他们就在游戏上投入大量的时间和精力进行各种技能的掌握和学习。而他们在下网后，有可能体验到一种失落，于是促使他们重新投入到网络游戏中，形成恶性循环。

网络交际成瘾者通过网络聊天室和各种聊天软件等进行人际交流，以虚拟空间的网络聊天室或以网络社群的人际关系取代了现实生活中的亲朋好友。网络交际成瘾者认为，网上交友比在现实生活中交友容易得多。Young 与 Rodgers 在研究中发现，若网络使用者的忧郁倾向越高，其网络成瘾情况就越严重。抑郁的人往往比较自卑，在人际交往方面有缺陷，而在网上能够找到“知己”，于是通宵达旦地上网与网友聊天。尽管这种闲聊对抑郁的摆脱不仅无益反而有害，但是上网让他们舒服，下网令他们失落，于是沉迷网络不能自拔。

研究表明，网络成瘾者总体主观幸福感水平较非成瘾者低，对生活满意度评价也更低；在消极情感上，网络成瘾者有更高的体验，并且有更高的社交回避和苦恼水平。

2. 网络孤独症

由于网络交往的广泛性、间接性、安全性，人们会被网络交往所吸引。过度沉溺于网上交往的学生，由于可以在网络世界里毫无拘束地放纵自己的感情，自由地与人交往，避害就利的心理促使他们将现实世界的情感移植到网络世界中。沉溺于网络交往的学生，可能在网络交往中投入更多的时间和精力，从而减少与现实世界同学、朋友与亲人的面对面的人际交流，终日与电脑终端打交道，导致与现实世界的人与人的关系的疏远，使家庭成员、邻居、同学朋友之间感情关系淡薄，导致个人现实人际关系的隔阂与疏远。学生对网络形成依赖后，会减少他们与人们直接的面对面的互动关系活动，学生因而丧失现实社会交往的技能，甚至有意识地逃避现实社会的交往，造成与现实世界的隔离，情感趋于冷漠。当他们在现实生活中遭遇挫折时，就会更倾向于到网络中寻求安慰，不再关心现实世界，自我封闭起来。一些学生一旦离开网络，回到现实社会的人际交往中，就会感到不适应，导致个人产生紧张、孤僻、冷漠等心理问题，心理上出现强烈的孤独感。

3. 人格障碍

人格障碍一般是指在没有认知过程或智力障碍的情况下，人格显著偏离正常。其突出表现是在特定的文化背景中，具有一种根深蒂固的适应不良的行为模式。这些行为模式相对稳定，对行为及心理功能的多个重要环节有影响，致使对环境适应不良。常常伴有主观的苦恼或精神痛苦以及社会功能和行为方面的问题。青少年过度沉溺于网上交往可诱发各种人格障碍，比较突出的有以下两种：

（1）反社会型人格障碍。

反社会型人格障碍是以行为不符合现实社会规范为主要特点的人格障碍。互联网上，不同国家的文化传统、思想道德观念和生活方式大不相同，其冲突十分激烈。网络的重要特点是具有共享性和匿名性、自由性和开放性。青年期是形成世界观和人生观的关键时期，网上西方文化中不健康的东西十分容易侵蚀青年学生固有的道德观、价值观和文化观，容易造成他们的行为与现实社会规范相悖离，如忽视社会道德规范、行为准则和义务，对自己的行为不负责任；行为未加深思熟虑，不考虑后果，常因微小的刺激引发攻击、冲动或暴力行为；无内疚感，不能从挫折中吸取教训；不能与他人维持长久关系，好责怪别人，强词夺理，或为自己的粗暴行为进行辩解；对政治冷漠，重者可能走上反动道路。

（2）双重人格障碍。

一般而言，一个人应该在不同生活场景中表现出自己的统一人格特点。由人格分裂引发的双重或多重人格是指在一个人身上体现出两种或多重人格，在不同时间与地点交替出现。部分网民在网上交际时，经常扮演与自己实际身份和性格特点悬殊甚至截然相反的虚拟角色；有的网民还同时拥有多个分别代表着不同身份和性格特点的角色。在这种情况下，很多网民都经常面临网上网下判若两人，或多重角色差异和角色冲突。当多重角色之间的冲突达到一定程度或角色转换过频时，就会出现心理危机，导致双重或多重人格障碍。

4. 网络自我迷失和同一性混乱

能否“悦纳自我”是心理健康的一个重要标志。青少年正处在自我认识、自我判断、自我评价发展的关键时期，他们必须在现实的人际交往中认识自我，发展自我，完善自我。网络的虚拟性及个体在网络中扮演的多重角色，使他们不能客观、正确地认识自我，也就谈不上发展自我。发展自我、完善自我的标志之一是个体的“我”与社会要求的“我”高度统一，就是人的社会化。但在网络中，由于真实自我的“隐退”，社会现实所要求的道德规范、规则在虚拟世界中被隔离、冻结，自我约束力不强的学生可以任意放纵自我，表现自我，而不会受到社会现实的惩罚。在虚拟的社会中，尽管青少年也在扮演着不同的角色，也存在自我的角色定位问题，但他们却是在与现实社会截然不同的情境中表现自我，做自己喜欢做的事，说自己想说的话，扮演自己理想的“真实自我”，逐渐形成了自我中心的心理。网络聊天和游戏使部分青少年沉迷在其中，不能自拔，忘记了现实社会中的自我角色，逐渐迷失了现实社会的自我。

## 二、学生网络心理问题的预防与矫正

1. 加强网络文化建设，优化网络环境

社会文化通过教育这一手段得以传承。任何个体的人格发展，都不可能是自发的，而是文化传承的成就，是社会教育和自我教育的结果。网络的发展必将培育出一种新的文化现象，即网络文化。良好的网络环境培育健全的人格，恶劣的网络环境造就有缺陷的人格。为了保障学生网络心理的健康发展，需要学校和社会多方力量共同优化网络环境，为学生提供一个良好的网络平台。建立一个较完善的 FPT 站点，并多装一些最新的软件以供下载使用和学习；在增加专业信息资源方面，可在校园网中多设一些权威性的专业学术站点的镜像，设立一些有实在内容的专业学术主页。这样，学生便需要更多时间用于专业学习，可减小网络性心理障碍的可能性。应利用一定的技术手段，建立网上监察机制，对网上不良信息进行过滤，确保网络文化的净化；积极组织优秀传统文化与先进文化上网，优化网络环境，以先进的思想与文化教育学生，适应网络时代的特点，改进学校的教育与管理，积极开展各种网络活动，培养学生鉴别是非的能力。

2. 促进网络在教育中的应用，增强师生在网络中的情感互动

因特网把各国的教育资源连接起来，供全球共享。即使是教育资源贫乏的国家或地区的人们也可以通过因特网共享到资源，学到更多的知识。因特网把文本、图形、图像、声音、视频和其他多媒体教学软件的先进技术有机地融合在一起，模拟现实环境，使学生多种感官并用，立体化接受信息，有利于知识的接受、理解和巩固。学校应加快网络教学资源的建设，推进网络教学的开展。在网络教学资源的建设中，应注意多开发高质量的网络课程或网络教学课件，激发学生的学习动机，吸引学生参与网络学习。

杜威曾提出过“教育即生活”的教育思想，认为参与教育就是参与生活。因为生活是自由的、自主的、生动的、开放的、充满感情的，因而教育教学也应如此。教学过程应关注作为独立个体、处于不同状态的教师和学生在教学过程中的多种需要与潜在能力的交互作用，不能忽视个体的情感因素及师生群体情感互动对学生创造性学习和健康人格塑造的作用。教学中的情感互动是指在教学过程中教师与学生之间、学生与学生之间相互表现出来的情感、态度、评价等方面的积极主动倾向和相互作用，体现了在教学中人与人的相互关系和积极的内心情感的交流，它在教学中具有极为重要的意义。增强师生在网络中的情感互动可减少学生在网络学习中的孤独感和抑郁。

3. 加强学生网络道德教育，促进其从道德他律走向道德自律

加强对学生进行网络道德教育，提高学生的道德品质素质，增强他们对网络信息的鉴别力，坚持用科学理论武装学生的头脑，使之树立正确的世界观和价值观；着力培养学生健全的人格和高尚的情操，使其在西方腐朽生活方式信息的诱惑面前，能够自觉地加以抵制。第一，要让学生知道沉迷于上网游戏、聊天、交友、恋情等的危害；第二，要让学生全面了解互联网，会正确使用互联网，学会筛选有用信息，提高自身抵制信息污染的能力；第三，全社会应加强正面引导，建立网上健康文明的道德规范，积极开展各种健康的网上活动，形成积极、文明的上网氛围。

4. 加强学生网络心理健康教育

重视和加强对学生的网络心理健康教育，使学生能够明确地认识到过度接触网络会对自己的心理和行为产生消极的影响，甚至会导致对网络的依赖和成

瘾；培养学生树立正确的网络心理健康观念，使学生了解各种网络心理障碍的主要表现、判断标准、产生原因、治疗和预防的方法，了解网络心理健康的标准，增强对自我的控制能力。学校要积极构建网络心理健康教育的阵地和渠道，开设网络心理健康教育课，定期或不定期地针对相关问题以及新出现的情况开设网络心理健康专题讲座，开展网上和网下的心理咨询，建立学生心理健康档案，建立学生网络心理健康问题监督和预警机制，培养学生乐观的生活态度和健康愉快的情绪。培养学生健全的人格倾向是学生网络心理健康教育的重要内容。第一，要培养学生活泼开朗的性格特征，使学生形成利导性思维倾向；第二，培养学生愉快的情绪倾向，引导学生体验生活的幸福感；第三，教给学生排除强烈的内心矛盾冲突的有效方法，使之人格健全。心理健康是个体的自我建构、自我完善的过程，根本的动力来自个体内部，源于个体的自我教育、自我约束和良好的人格倾向。因此，开展网络心理健康教育应充分调动学生的积极性，使他们及时掌握有关的网络心理卫生知识、塑造健全的人格，增强他们的自我保护意识，一旦发觉心理问题应及时寻求心理帮助。

5. 帮助学生在现实生活中培养良好的人际关系

长期以来，以学业、考试为导向的学校教育并不重视或者支持学生参加社会交往活动，现实的丰富多彩的人际关系被排斥在学生的生活之外。部分学生由于在人际交往的过程中受到挫折，在与现实生活中的人发生冲突后，他们就很可能躲到虚拟的网络空间里以回避挫折。一些自卑或社交焦虑比较严重的人，有可能在现实生活中的交往遇到相对较多的困难，而网络具有匿名、有限的感官接触等特殊性质，使他们在网上社交中容易获得成功。但是，当他们从热烈火爆的网上交往气氛中退下来，回到平静单调的现实生活中时，强烈的心理落差使得他们产生心理孤独。因此，应使学生明确网络交流并不等同于现实生活中的人际关系，现实生活中的人际交往是使个体能适应环境，适应社会，担当一定社会角色，形成丰富健全的个性的基本途径。通过开展团体与个别心理辅导，帮助那些具有交往障碍的学生提高人际交往能力，培养他们良好的交往心态，形成生活中良好的人际关系，及时调适各种异常心理。建立、健全和发展学生个人交往的现实社会基础，营造健康的个人社会化的环境，使学生顺利完成人格社会化的过程。

**参考文献**

1. 陈家麟，田宏碧．我国高校心理健康教育存在的主要问题及对策．扬州大学学报（高教研究版），2002（4）

2. 鲁洁．网络社会·人·教育．江苏高教，2001（1）

3. 李坚，唐燕儿．信息社会的心理健康教育发展之路——心理健康教育信息化．清华大学高等教育研究，2003（6）
4. ［美］Patricia Wallace 著，谢影，荀建新译．互联网心理学．北京：中国轻工业出版社，2001
5. 崔景贵．网络心理教育范式的构建策略．中国教育学刊，2006（7）
6. 贾雪梅，杨改学．网络课程建设与发展的若干趋向．现代远距离教育，2005（1）
7. 陈丽，李芒，陈青．论网络时代教师新的能力结构．中国电化教育，2003（4）
8. 石欧等．网络教学中的教师形象与职能转变，中国教育学刊，2001（5）
9. 宋凤宁，苏良亿，黎玉兰，方艳娇．高校网络教学中教师阻抗因素探析．江苏高教，2004（4）
10. 张尧学．扎实推进“质量工程” 抓紧抓实精品课程建设．中国高等教育，2003（9）
11. Young KS. Internet addiction：*The emergence of a new clinical disorder.* CyberPsychology & BeAvior，1996（1）：237～244
12. Tsai CC，Lin SSJ. *Analysis of attitudes toward computer networks and Internet addiction of Taiwanese adolescents.* CyberPsychology & BeAvior，2001（4）：377～83
13. Young KS. Internet addiction：*Symptoms，Evaluation，and Treatment.* Innovations in Clinical Practice：A Source Book. Sarasota，F：Pergaman Press. 1999（17）：19～31
14. 朱克京，吴汉荣．大学生网络成瘾的心理社会因素．中国心理卫生杂志，2004（11）
15. 严标宾，郑雪等．青少年网络行为与社会性发展的关系研究．应用心理学，2006（2）

# 第八章 健康理念、健康行为和健康人格

研究健康人格的问题，是为了通过对社会成员进行有效的人格培养，增进他们的健康和幸福。因此，获得和促进健康是研究和培养健康人格的最终目标。本章从健康领域的全局出发，阐明健康人格在健康领域中的意义和地位，并讨论与健康和健康人格密切联系的两个问题——健康理念的培养和健康行为的养成。

## 第一节 人格与健康

### 一、什么是健康

人们对健康的需求和理解随着社会的发展而不断地更新。最初人们将健康仅仅和身体疾病、死亡以及长寿联系在一起，认为健康就是无身体疾病，能够颐养天年、无疾而终。随着社会生活压力的增加和生活节奏的加快，以及人们对一些身体疾病的非生物医学病因的认识的加深，“健康”这一概念中融入了越来越多的心理层面和社会层面的理解，比较有代表性的健康定义有如下几种：

美国学者 M. R. 莱维提出了健康的 5 种含义：①具有增进健康的生活方式；②注意身体健康；③社会健康；④情绪健康；⑤精神与哲理健康。

杜伯斯在 1988 年提出了健康概念应包括 3 个方面：①健康是人类对其生活中产生的生物的、生理的、心理的和社会的刺激因素的系列、连续的适应；②健康是以连续体多维形式的适应；③健康代表机体适应的总体水平和外在表现。

美国学者帕森斯提出“健康可以解释为已社会化的个人完成角色和任务

的能力处于最适当的状态”。

台湾学者柯永河提出以“习惯”为关链词来定义健康：“良好习惯多，不良习惯少的心态谓之健康；而良好习惯少，不良习惯多的心态谓之不健康。”

1948年世界卫生组织（WHO）在其宪章中给健康下了一个定义，“健康不仅仅是没有疾病和衰弱的状态，而是一种在身体上、精神上和社会上的完好状态”。20世纪90年代，环境污染愈演愈烈，故在“三要素”基础上又加进了环境要素，强调躯体、心理、社会、环境四者的协调统一。WHO于1989年提出了新的健康概念，除了躯体健康、心理健康和社会适应健康外，还要加上道德健康，从而构建了健康的四个层次。

我国学者张铁民综合了WHO的健康概念内涵，1992年提出，“健康是人类的基本需要，是躯体的、心理的、环境的和行为的互相适应和协调的良好状态”。

目前，对于“健康”的理解，引用和赞同程度较高的是世界卫生组织1989年提出的“躯体健康、心理健康、社会适应健康和道德健康”四要素说。其中，躯体健康是指个体具有强健的体魄，良好的躯体功能，没有疾病。

心理健康按照《简明不列颠百科全书》的解释，是指“个体心理在本身及环境条件许可的范围内，所能达到的最佳功能状态”。心理健康的个体对环境、社会生活及自我有良好的适应状态。关于什么是心理健康的标准，通常有如下几点：良好的自我意识和自我发展目标、积极的生活态度、正确认识环境、良好的人际关系、情绪平衡和稳定、整合的人格、智力正常等。心理健康是实现社会适应健康和道德健康的基础。

社会适应健康是指个体能够适应社会生活和工作中的各种角色和责任的要求，能够结成良好的人际关系，能够在社会许可的范围内充分表达和满足自己的感情和需求，能够实施健康的社会行为，成为一个合格的社会成员。

道德健康是指个人具有基本的道德判断和执行的能力，不仅能够合理满足自己的利益和需要，也能够自觉维护他人的正当利益和需要，达到将个人利益与他人利益、社会总体利益协调兼顾的状态。

不管赞成上述哪一种健康的定义，人们普遍认为，个体的健康状态和健康水平在其生命过程中处于一种动态发展的变化过程中。这种动态的发展变化表现在两个大的方面：首先，个体的健康状态有可能在一段时间内出现某些问题，可能是躯体方面的，可能是心理上的，也可能是社会适应方面的，这时候我们就进入了不健康、亚健康或患病的状态。此时，我们既可能因为得到重视、医治、调整和帮助而重新恢复到健康状态，也有可能因为忽视、无知、得不到合适的医治、帮助和调整而使健康状况继续恶化。永远处于完美的健康状态的可能性是比较小的。其次，我们个人的健康在很大程度上受他人和社会健康的影响。个体的健康与社会的健康时刻处于一种互动的关系中，可能是彼此促进，也可能是彼此伤害，考虑个体健康的问题不能忽视社会健康因素的影响作用。

从上述健康定义的回顾和总结中不难发现，健康这一最初只用于个体的生存状态和生命状态的概念，现在包含了越来越多的社会层面的因素，甚至直接涉及和包括了社会健康。本书在讨论健康问题的时候还是更多地立足于个体的健康。

## 二、健康中的人格因素

在健康的四要素定义中，心理健康这一要素中的一个重要的方面就是人格健康。人格健康的含义和标准已经在本书第一章中有详细的论述了，这里只补充讨论人格因素对于个体的总体健康和幸福的获得的特殊作用，以加深我们对于健康人格的培养在个体健康水平的提高和维护中的重要性的理解。

### （一）人格与身体健康

健康的第一要素是身体健康。大量的心理学研究已经发现：人格因素对身体健康有显著的影响，这种影响集中地体现在人格因素与疾病的密切关系上。

对人格与疾病的关系的研究中最为人们熟知的是关于 A 型性格现象。A 型行为模式是攻击性、竞争性以及时间紧迫性的结合，这种行为模式可以预示冠状心脏病。在对 A 型行为模式进行测试后 8 年，急性心肌梗塞在 A 型行为模式的男性身上有很高的发病率，特别是在他们明显地感受到愤怒、明显地被愤怒控制并且经常愤怒时。Barefoot，Dahlstrom and Williams（1983）等发现：成年早期在攻击性量表上得分高的人比得分低的人在中年期罹患冠心病的临床几率要高 4 倍。

除了 A 型性格与冠心病之间的显著联系之外，研究者们还发现了一些与疾病密切关联的性格特质。1987 年，Fricdman and Booth-Kewley 把许多不同研究中的发现结合起来考察成果的一致性和相关的程度。他们评定了四种人格特质：焦虑，沮丧，愤怒\敌对\攻击，外向性以及五种疾病：冠状心脏病、哮喘、溃疡、关节炎和头痛。结果发现：四种人格特质都与冠状心脏病、哮喘和关节炎有关联；沮丧和头痛与溃疡强相关。焦虑和沮丧与五种疾病都成强相关。他们得出的结论是，一些不良人格特质的联合引起的疾病比单独一种不良人格对疾病的影响更为明显。

而顽强、勇敢、谨慎、乐观等人格特质则与良好的抵御疾病和从疾病中健康恢复关系密切。Kobasa 和他的同伴们经 3 年的纵向研究后发现，那些顽强勇敢的人即使承受很大的压力也比那些胆小的人得病的要少。近期的研究还发现，乐观的气质还能够降低那些健康的老年人患冠心病的机会。在一项对 1 000多名平均年龄在60 岁的健康的男性进行的 10 年的跟踪研究中发现：乐观的人得致命的心脏病以及非致命的心脏病和胸痛的比率都比较低。在另一项对 51 例心脏病手术的病人术后康复的研究中发现：乐观的人身体康复的每个阶段性变化（比如说能够从床上坐起来等）都要早于那些悲观的人，这些人在随后 6 个月中也很少心脏病发作。Friedman（2000）发现，对儿童期的谨慎小心的评估分数能够预示他们中年以及老年的幸存，这表明谨慎小心对健康有着长期预示作用。

### （二）人格与心理健康和社会适应健康

作为判断心理健康的一个重要标准，一个人的人格不健康，他的心理也就不可能健康，这是不言而喻的。不仅如此，根据自我统合人格理论，健康的自我统合的人格应有如下特征：第一，客观的认知与正确的自我意识。第二，乐观向上的生活态度与积极的情绪体验，具有较高的主观幸福感。第三，和谐的人际关系与良好的社会适应。第四，实践活动的积极主动性、创造性与自我效能感。不难发现，在健康统合的人格中，已经包含了心理健康和社会适应健康两个层面的所有方面。因此，人格健康作为心理健康的一个重要组成成分，对心理健康和社会适应健康的其他方面也有重要的影响作用。这一方面是心理健康的整体性使然，另一方面也是健康的统合人格必然会产生的效果。

从心理学家们的具体的研究结果来看，人格因素至少对个体的情绪和主观幸福感、人际关系适应和工作适应等方面具有特殊的影响作用。

### （三）人格因素与情绪和幸福感

大量的研究结果综合表明：个体的主观幸福感更多地依赖人格，并且认为人格可预测 10 年甚至 20 年后的主观幸福感，人们的情感体验不同更多的是由人格差异造成的。一项针对 1 100 名被试进行的研究发现：社会性、活泼等外向性特征产生正性情感，而焦虑、神经质等特质则产生消极情感，即外向性与积极情感、生活满意度有比较高的正相关，因而外向性人格可提高主观幸福感；神经质与消极情感有关，因而可降低主观幸福感。针对中国学生的研究也发现，人格特质是主观幸福感的重要预测指标：外倾者的主观幸福感要显著高于内倾者，情绪稳定者的主观幸福感要显著高于情绪不稳定者，不同的人格维度与主观幸福感的各个成分有着不同的关系，外倾能导致较高的幸福感水平，而神经质则降低幸福感的水平。

1. 人格因素与人际适应

大量的研究表明：外向者较高的幸福感部分是因为与朋友的社会交往带来快乐，外向者更懂得享受，因为他们具备出众的社交技能。比如，Ed Diener曾对美国伊利诺伊州立大学的学生进行了研究，并在4年后作为校友再次对他们进行了调查，结果发现，外向者生活过得更好。相对于内向者，外向者中结婚、找到好工作、交到一些新的或知心的朋友的可能性更大。外向者的人际关系更为密切，他们的朋友圈子比较大，并且更加热衷于应酬和社交活动，他们享受的爱戴和得到的社会支持也更多，而社会支持是快乐的一个重要来源。

2. 人格因素和工作适应

一些研究发现，人格中的动机系统与个体的胜任行为关系密切。比如Sheldon等人的实验证明：那些追求自我整合目标的个体会对他们的目标投入更多的持续不断的努力。也就是说，他们的努力不会很容易地逐渐消失，也能够更好地达到那些目标，并且能从这些自我整合的目标追求中获得更多的需要满足感，如自主性、能力、关系等。人格系统中行为目标的内容，个体达到目标的方式及实现目标过程中的成功与失败将影响人们的幸福感。

### （四）人格与道德健康

人格因素与道德健康之间也有着密切的联系。如巴西医学家马丁斯经过10年的研究发现，屡犯贪污受贿罪行的人，易患癌症、脑出血、心脏病、神经过敏等病症而折寿。他调查了583名被指控犯有各种贪污受贿、以权谋私等罪行的贪官与同样人数的清廉人员10年间的健康状况，前一组有60%的人生病或死亡，后一组只有6%。

总之，人格与健康之间有着十分密切的联系，人格的健康与否直接影响到一个人的总体健康状况。因此，健康人格的培养对于维护和提高个体的健康水平具有举足轻重的地位。本书前面的各章节已经对健康人格进行了详细的理论探讨，对健康人格培养的实践方法、活动内容和效果评价也作了详细的介绍，本章将对与健康人格的培养密切关联的健康理念和健康行为两个问题作一些探讨。

## 三、健康理念、行为与人格的相互关系

健康理念、健康行为和健康人格是健康科学中三个紧密联系的概念。人格作为表达一个人的独特的个性的心理学概念，通常表现为性格、气质、能力、信念等诸多个性心理现象。其中又以性格为核心的表现方式。一个人的人格中既包含了作为人格的倾向性和动力性的相对稳定的观念系统，也囊括了作为人格的行为风格、活动策略和实践方式的相对稳定的行为特征系统，一个人的人格发生了异常或障碍，常常能够在他的观念或行为中找到相应的问题。因此，讨论人格问题，必然要涉及观念和行为的问题。

根据自我统合人格理论，在健康人格的形成过程中，自我的统合是核心。这种统合既体现在自我内部的观念、情感和意志活动之间的协调统合，也体现在自我与实践行为的协调统合，以及自我与外部的自然环境、人际环境、社会环境之间的协调统合。自我要能够将这几个系统中的经验和体验统合协调起来，就必须获得健康理念并形成与这些健康理念相一致的健康行为。其中，健康理念为健康人格和健康行为提供科学的、健康的内在认知机制，而健康行为则能够将健康理念与健康人格所预期的个体自我与其心理系统、实践系统、社会系统之间的协调统合最终实现。我们探讨青少年学生健康人格的培养，就不能不关注对他们的健康理念的培育和健康行为的塑造。

青少年时期是一个人形成自己独立的观念和行为方式的关键时期，这一阶段的个体有旺盛的体力、精力和智力，处于身体和心理成长成熟的迅速发展时期，他们既有很明显的幼稚性，也有很强的可塑性；既容易受到积极正面的引导和教育，形成良好的健康理念、健康人格和健康行为，也容易受到消极的负性信息、榜样的误导和影响，形成不良的健康理念、不健康的人格和危害健康的行为。因此，在对青少年进行人格教育的时候，必须尽早给予他们健康理念的教育引导和健康行为方面的培养训练，全方位促进青少年学生健康全面地成长和发展。

人格特征既不是单纯的思想观念，又不是单纯的行为方式，而是认知与行为紧密联系的综合体或心理——行为结构。要培养这种内在心理和外显行为表里一致的结构，不仅要从内在思想观念入手进行认知教育，而且要从外在行为方式入手进行行为训练，只有把两种人格教育方式有机结合起来才能有效地促进学生人格特征的形成、发展。否则会出现过去道德教育中常常有的两个偏差，一是单纯强调道德观念和政治思想的认知教育，而忽视学生行为方式的训

练；二是强调具体道德行为的训练，而忽视道德理想的认知教育，结果都是使学生知与行脱节，难以形成完善的道德品质。

## 第二节　健康理念与健康人格

随着人们对健康的重视程度的提高，人们在自己的生活中越来越发现健康理念的重要性。近年来社会上流行着形形色色的关于健康的呼吁和口号，其中一个最令人警醒的说法是："不要让自己死于无知！"这个无知所指的还不仅仅是缺乏疾病和养生的常识，甚至是指忽视健康、糟蹋健康、听天由命等不正确的健康意识和健康观念。而这些健康方面的观念对于人格的形成和培养起着重要的认知先导的作用。因此，在青少年健康人格的培养工作中，必须重视健康理念的问题。

### 一、什么是健康理念

健康理念虽然是一个很常用的词汇，但是人们在使用这个词语的时候所表达的意思并不统一，也没有人给它一个明确的定义。概括地说，人们常在如下三种含义上使用"健康理念"一词。

一种用法是将健康理念用来指称对健康这一概念的总体理解，也就是认为"健康理念"就是"关于什么是健康的概括性的解释或理解"。如在《人文健康——立体化的健康理念》、《浅谈健康理念的更新及健康评估的新标准》、《健康内容体系与理念谱系》等文章中，健康理念就是指人们对于健康这一现象的各种不同的概括性的理解和观点。

第二种用法是将健康理念用来指称健康领域中的各种具体的观点、看法和知识。由于健康这一现象涉及许多个不同的学科领域、生活领域、生产领域和管理领域，健康理念的具体内容也就纷繁复杂、五花八门。小到日常生活中关于吃饭、睡觉的知识，大到各行各业中关于职工工作压力和福利政策等的人性化管理，凡是和人的健康相关的话题、观点、知识、经验、体会、看法等都纳入其中。如《管道直引水——引导健康理念》、《传播健康理念与医院特色相结合》、《健康新理念——全谷物膳食》等大量的文章都是在这个意义上使用健康理念的。

第三种用法是将健康理念理解为"健康的理念"，也就是只有那些正确的、有益于人的健康水平提高的、适宜的观念才能够叫做健康理念。在前面两种对健康理念的理解中，健康理念的内容有正确的，也有错误的；有科学的，也有经验的，甚至不科学的、谬误的。很显然，按照第三种理解，不论是对健康的概念的总体理解，还是有关健康的种种具体看法和观点，不是所有的与健康相关的理念都能够称得上是健康理念，只有那些符合特定时代人们对健康的内涵和标准的普遍理想、经由科学的，至少是经验的鉴定认为是有利于健康的维护、发展和提升的观念，才能被当时的人们确认为健康理念。很显然，健康理念是一个随着人们的认识的发展和时代的进步而不断积累、更新和完善的观念体系。比如《健康观念历史发展的回顾、反思与展望》、《医学模式的转变促进健康观念的更新》等文章就是在“健康的”标准上使用健康理念一词。

由于可以将健康理念理解为“健康的理念”，健康理念的使用范围大大超出了健康这一领域，人们把对各种事物、现象、行业等领域中的良好的、科学的、符合时代精神的、先进的思想和观点都纳入到健康理念的旗下，构成对健康理念一词的引申使用。由于已经超出了健康的领域，我们所讨论的健康理念中不包含这一理解。

综合上述对于健康理念的用法的分析，对应于本书中对健康行为、健康人格的理解，我们认为：对健康理念的概念可以作广义和狭义两种理解。广义的健康理念是指关于健康现象的各种理念。按照对健康理念的这一界定，健康理念是一个包含着广泛的具体内容，具有多种表现形式，可以从多角度、多学科同时进行透视的概念。狭义的健康理念仅指所有健康理念中正确的或科学的、有益于健康的各种理念。本章主要是在狭义的层面上使用健康理念这一概念。

**（一）健康理念的层次内容**

由于健康是个复杂的现象，涉及许多个不同的学科领域、生产领域、生活领域和管理领域，健康理念的层次内容可以有不同的界定标准。

按照健康理念形成的时间序列的角度，我们可以将健康理念按照它形成和发展的历史阶段进行划分：比如我们通常将健康概念按阶段分成古代宗教—哲学模式的健康观、近代生物—医学模式的健康观和现代生物—心理—社会模式的健康观。这样的划分可以帮助我们了解某一类健康理念的形成过程和变化趋势。

按照健康理念涉及的学科领域，我们可以将健康理念分别归入健康医学理念、健康保健学理念、健康心理学理念、健康教育学理念、健康法学理念、健康管理学理念、健康传播学理念、健康行为学理念、健康保险学理念等。每个相关领域中的健康理念又可以再细分下去，比如健康心理学理念中还可以分出健康人格理念、健康情绪理念等。这样的划分可以帮助我们理清健康理念的分支领域，有利于教育和管理工作者有针对性地开展大众健康指导和帮助工作。

从个体所拥有的健康理念的角度考察，我们通常会发现很少有人能将当前时代所有领域的健康理念都建立起来，形成一个科学、完整、全面的健康理念体系，但一般人都至少会形成如下三个层次的健康理念：首先是特定的健康概念——关于什么是健康的概括性的认识；其次是一定的健康标准——关于怎样的状态才是健康的判断和识别准则；再次是一些健康执行观念——关于怎样解决和健康有关的问题的相应知识经验和策略，与个体的健康行为直接联系在一起。需要指出的是：个体所形成的“健康理念”体系对于他本人而言是最正确的认识，而不一定是当前时代最合理或最正确的认识，因此健康教育和健康管理的工作之一就是教导社会成员形成科学的、正确的健康理念，矫正他们已经形成的关于健康的错误或不适当的理念。

对于目前的青少年学生而言，经过健康教育，他们至少应该对三个层次的健康理念达到如下的理解标准：

1. 第一层次的健康理念——对健康的概念有正确的理解

在了解健康概念的历史演变过程的基础上，掌握世界卫生组织等对健康的四要素说的定义，正确理解其中躯体健康、心理健康、社会适应健康和道德健康各自的含义。

2. 第二层次的健康理念——对健康的基本标准有相对准确的把握

能把握躯体健康、心理健康、社会适应健康和道德健康四个方面的具体判断标准。尽管关于这四个方面的健康的具体判断标准都有许多不同的说法，但是这些说法的基本内容是共通的，可以进行合理总结和全面的理解。如心理健康的标准就有美国学者坎布斯提出的 4 条标准、马斯洛提出的 10 条标准、许又新的 3 条标准、王登峰的 8 条标准、聂世茂研究了中国古代的心理健康思想总结出的 9 条标准等许多种提法。这些说法虽然数目不等、表述各异，但是大家一般都赞同心理健康的人至少要具有如下 8 条的标准：①了解自我、悦纳自我；②接受他人、善于与他人相处；③正视现实、接受现实；④热爱生活、乐于学习和工作；⑤能协调与控制情绪、心境良好；⑥人格完整和谐；⑦智力正常、智商在 80 以上；⑧心理行为符合年龄特征等。学生应该通过学习理解这些标准的具体内容和评价方法。

3. 第三层次的健康理念——掌握那些作为一个合格的社会成员和健康的个体在个人的生活和学习中必须了解和实施的对自己进行健康管理、执行健康行为的相关健康理念这个层次的健康理念最庞杂，既涉及不同领域的知识和观念，也涉及学生自己的生活方式和生活经验，常常由学生通过不同学科的学习、阅读报纸杂志、观看电影电视、和别人交流积累等方式获得。但是在相应的健康教育科目中应该都有具体内容方面的规定，比如体育教育、营养保健教育、心理健康教育等都有它自身的具体内容方面的设置。

**（二）健康理念的表现形式**

从健康理念的确定性的角度考察，健康理念的表现形式主要是健康意识、健康观念、健康知识和健康信念四种。健康意识是最笼统的具有高度个别性的健康理念，健康知识是最确定的具有高度公共性的健康理念，健康信念是最确定的具有高度个别性的健康理念。

健康意识是个体对健康现象和健康价值的觉知程度和苛求欲望的程度。个体的健康意识薄弱还是强烈，从主观愿望上决定了他能否获取正确和充足的健康理念以及能否主动地、有意识地成功获得健康的可能性的大小。健康意识强的人明白健康的重要性，对和健康相关的活动和信息关注程度高、参与热情高、成就动机高。

健康观念是个体对健康的种种具体看法和意见，通常是由个体在自己的健康相关活动中经过体验和概括而形成的认识结果。其中那些经由自己确认并坚信的观念成为个体的健康信念。形成健康信念的个体能够以这些信念为内部个人准则，自动执行与之相应的健康行为。

健康知识是经由人类对健康实践活动进行认识而产生，并经过一定的检验而形成的对健康现象的认识结果。健康知识可以是健康常识，也可以是健康科学，后者的科学性、正确性更高。健康知识作为间接经验可以经由健康教育和健康宣传直接被个体获得。

健康意识、健康观念、健康知识、健康信念等健康理念与健康能力的高度结合构成健康智慧，健康智慧是健康素质的完美表现，体现出个体既拥有良好的健康意识、正确的健康观念、充足的健康知识和坚定的健康信念，又知道怎样在健康实践中灵活、科学、成功地运用这些健康理念的潜在能力。从统合人格理论对健康人格的论述中，我们不难看出，健康智慧正是健康人格智能所要达到的最终目标。可见，相比完全自发的健康尝试，如果个体自觉重视健康、主动学习健康知识、形成正确的健康观念和健康信念，那么，他们就会在健康理念的指引下更有可能积极参与健康实践活动，促进健康统合人格的形成，获得健康智慧，达到身体、心理、社会适应和道德四个方面的全面健康。

## 二、健康理念与健康人格的关系

健康理念与健康人格的关系可以从如下三个方面进行理解：

第一，作为关于健康现象的健康的理念，健康理念是健康人格系统里的内部认知系统中不可或缺的内容。自我统合人格理论告诉我们，自我统合首先表现在自我内部的统合，关于健康的理念本身是我们头脑里关于健康这个现象的正确的、适宜的理念体系，但是这个理念体系与头脑中关于其他现象（如经济现象、历史现象等）的理念体系不同，它直接描述了包括我们的人格健康在内的躯体—心理—社会—道德健康这一整体健康系统的特点、标准和获得方式，解释了个体在他所处的特定社会历史条件和要求下成为一个健康人必须遵守的发展规则、需要形成的稳定的适宜的现实态度和相应的行为方式。如果个体的人格结构观念系统中的这些关于健康的理念本身就严重缺失，或者极不正确，或者不符合当前的社会需要、不能正确反映社会现实的要求，或者各种不同的关于健康的理念是非混杂、自相矛盾、虚假偏颇的话，很难想象在这样的理念体系的指引之下还能够希望人格达到自身内部的统合，更不用说指导自己的实践，并使自我与实践经验统合、符合社会适应要求和道德要求并使自我与外部统合了。因此，只有健康理念才能为自我统合的健康人格的形成提供正确的认知机制和目标内容，促进健康的、自我统合的人格的顺利形成。从这一点看来，健康理念对于健康人格系统中的认知内容和认知机制而言是至关重要的。

第二，健康理念中关于人格健康的含义、标准、内容和形成方式为自我统合的健康人格的形成和培养提供了直接的理论依据和指导。人格健康既然是健康概念中心理健康因素中的一个重要方面，健康人格的形成和发展自然应该遵循反映在健康理念中的有关人格健康的规律。这就要求个体能够主动接受健康人格理念的引导，依据健康人格的标准，采用获得健康人格的途径和策略，来指导自己的人格健康形成。因此，对于一个有自我教育能力的个体而言，要想拥有自我统合的健康人格，就必须主动按照健康理念中关于人格健康的相应理念的指导，自觉地对自己的人格形成和发展目标、过程和结果进行自我监督、自我教育、自我管理和自我反思。而对于没有成熟的自我教育能力的青少年学生而言，社会管理部门和教育、宣传部门也就需要按照健康理念的要求对他们进行健康有效的指导、教育和监督。

第三，只有具备了健康的自我统合的人格，才有可能最终实现健康理念中包括人格健康在内的躯体—心理—社会—道德整体健康。

无论是哪一个时代的健康理念，虽然都将为社会成员在当前的社会条件和要求之下获得全面健康的目标、标准、方法和策略传递给了他，但是如果个体的人格不健全，甚至发生人格障碍，不能通过自身的正常的学习、努力、实践来理解它、检验它、实现它，或者在理解、检验和实现的过程中发生错误、偏差，甚至严重扭曲的话，再好的健康理念也只能是一个空洞的愿望。正如我们在本章第一节中谈到的消极人格对健康的不良影响一样，糟糕的个体人格不仅不能使自己达到真正的健康，反而会从各个层面全面损伤自己的健康，甚至会因为一个人的人格障碍、畸形人格或健康不良使更多人的健康受到影响。

当前人们普遍接受的健康概念是躯体—心理—社会—道德全面健康的概念，这一概念基本上充分地反映了时代精神和人类健康认识的必然结果。此外，现代人的健康理念中还增加了“主动健康”、“生命自我管理”、“预防第一矫治第二”、“健—寿—智—乐—美—德大健康论”等与四因素全面健康概念理念相呼应的新的健康实践理念，这些健康理念反映出人们越来越全面、主动、自觉、协调整合地关注健康现象、理解健康现象、实践全面积极的健康活动和健康行为。在这样的健康理念的指导之下，一个人只有具备相应的健康人格，才能够达到这些健康新要求，达到真正的全面积极的健康状态。这就需要更新我们关于人格的健康理念，寻求健康的人格模式——自我统合的健康人格模式。

根据自我统合的健康人格理论，自我统合者是能够自觉地将自身内部各心理因素、自我与实践经验、自我与外部（包括社会文化、自然环境、人际等）协调统合的人，这些也正是与健康概念中所涉及的心理—社会—道德层面的内容高度吻合。他们所具有的特征如：第一，客观的认知与正确的自我意识；第二，乐观向上的生活态度与积极的情绪体验；第三，和谐的人际关系与良好的社会适应；第四，实践活动的积极主动性、创造性与自我效能感等。因此可以说，自我统合的健康人格完全能够达到实现全面健康的所有基本要求。只有自我统合的健康人格才能最终使每一个社会成员乃至整个社会将符合个体发展和时代精神的健康理念真正实现，达到个体和社会的共赢。

因此，健康人格的培养和教育工作应该给予健康理念足够的重视。

## 三、学生健康理念的形成和发展

对于青少年学生而言，获得健康理念的方式、途径和影响因素是多方面的。家庭、学校、社区、各类信息媒介（如书报、影视、网络等）都可以成为帮助青少年学生获得健康理念的渠道和途径。这些不同类型的信息来源对青少年的健康理念的形成和培养的方式也各不相同。

### （一）家庭是青少年获得健康常识的主要渠道

父母的健康理念对孩子有直接长久的影响。父母是孩子天然的老师。由于存在特殊的亲缘关系，孩子常常会将父母在健康方面的理念毫无批判地学习接受，并认为是理所当然的，青少年从父母的健康理念和健康活动中经过潜移默化获得健康理念是最迅速有效的方式。因此，如果父母在家庭生活和家庭教育中给孩子提供的健康方面的教导和影响不正确、不完善、不健康、不科学，那么孩子以后要矫正这些理念也会比较困难。

另一方面，由于家庭生活涉及健康现象的方方面面，从吃饭、睡觉、生病、保健，到情绪、性情、行为习惯、价值观念，到学习或工作职责、人际关系、道德责任无所不包，因此家庭是一个能够随时随地对青少年进行全方位健康教育的场所，亲子之间、家庭成员之间的一切交流和沟通的活动都可以是健康理念的教育时机。因此，青少年关于健康的多层次、多方面的基本常识常常来源于家庭。

这就提示我们，要重视家庭这个培养青少年健康理念的特殊的、天然的小环境，要通过宣传教育使广大家长一方面提升自身的健康理念，另一方面要增强对孩子进行健康理念教育的意识和自觉性。

### （二）学校是对青少年接受系统的、科学的健康理念教育的专业机构

家庭对青少年进行的健康理念教育虽然范围广泛，但是有两个明显的不足：一是科学性不够，二是自觉性不高。学校是专门教育人的机构，但我国的中小学教育多年来一直事实上是以语言和自然科学知识的传授为工作重点，除了传统的体育课和思想品德课之外，其他的教学工作很少自觉地涉及健康和健康理念的教育。但是近年来随着全社会和全人类对健康现象的重视和认识程度日益提高，许多中小学已经开始设置专门的健康教育课程，主要是心理健康课和少量的社会知识类的课程。体育、心理健康教育、社会学类课程、思想品德课成为向青少年学生进行健康理念教育的主要战场，面向全体学生进行系统的、专业的健康教育，其中健康理念教育是他们的重要任务之一。学校心理辅导工作也对个别学生起到了补充进行健康理念教育的作用，其他课程中开展的渗透式健康教育活动、学校有意识布置的健康宣传和濡染的环境等都能够对健康理念的教育起到良好的促进作用。

学校通过专门设置的体育、心理健康教育、思想品德教育等课程，可以对青少年获得正确、系统、科学、全面的健康理念起到其他任何途径都难以达到的效果。虽然这些系统的专门课程的学习目前基本上还是以传授相应的健康知识为主（除体育之外），但是这样经过严格的专业审查、由专业人员执教、组织青少年学生专门学习的教学活动，无论从学生的重视程度、教学的专业程度、知识的科学性系统性等方面都是其他途径无法媲美的，因此，这是青少年学生获得健康理念的最重要的途径。

### （三）社会教育系统在青少年获得健康理念的过程中的作用

包括各种信息传媒在内的社会教育系统在青少年获得健康理念的过程中起着特殊的作用。健康理念教育相比其他自然科学知识而言，对信息环境的要求更高。

首先，个体健康意识的强弱在很大程度上取决于社会健康意识的强弱。社会健康意识可以通过它的社会文化、制度、法规、环境设施有形无形地影响到它的每一个社会成员的健康意识。一个生活在社会健康意识较强的国家或社区里的社会成员，在平时的各种活动和各种环境中随处都可以接触到和健康相关的物质刺激和精神刺激，比如宣传标语、健康知识、健身器材和场馆、健康商品、健康书报、健康广告、健康权益制度、其他社会成员的健康言论和健康行为方式等，他的健康意识也就很容易得到激发、培养和提高。

其次，健康理念的内容涉及的范围和领域十分广泛，仅仅依靠家庭随机教育和学校有限的专门教育时间是远远不够的。如果一个社会的健康信息环境配置充足，社会成员就能够很方便通过书籍、报纸、杂志、电子制品、影视传媒和网络等途径获得自己需要的健康方面的正确信息，这对于社会成员掌握各个领域里的健康知识有很大的帮助，也是从课堂和家庭里获得的健康理念一个非常必要的补充和扩展。社会教育系统中可以用的资源非常广泛，比如可以利用医院对病人和病人家属做健康理念的宣传和教育，可以利用公检法系统对公众进行道德和法规方面的宣教，可以利用社区的信息公告栏宣传健康理念，可以配置健身场地和器械，可以利用网络开展健康方面的调查、访谈、讨论……

社会教育系统对青少年健康理念形成和培养的作用虽然既不像家庭教育那么稳定，也不像学校教育那么规范，但是它可供受益的青少年的数量之大、可利用的社会组织和教育方式的形式之多、涵盖的学科领域和行业领域的范围之广、可以发生影响作用的时间和地点之无限，却是家庭教育和学校教育无法取代的。反过来说，正是因为社会教育系统有这样的特点，导致它可能是最难以控制、组织、系统化的一个教育系统，如果青少年健康理念教育中的社会教育系统一旦失控或者组织不当，轻则事倍功半，达不到既定的教育效果，重则反而成为加重、误导，甚至散布关于健康现象的不健康的理念的途径，对家庭教育和学校教育的教育效果起着抵消、对抗和扭曲的效果。因此，在考虑对青少年学生进行健康理念教育的时候，利用社会教育系统的影响力是不能忽视对这个系统的组织和监控的。尤其值得注意的是：网络和电子音像制品市场的健全运营机制不仅对青少年的健康成长和健康理念的获得意义非凡，而且还能够有效地抑制青少年出现网络成瘾、电子游戏成瘾等直接依赖电子信息市场的问题行为的发生。

### 四、人格教育与学生健康理念的培养

健康理念与健康人格之间的密切关系要求我们在对青少年学生进行人格教育的时候应该关注学生相应的健康理念的培养。在人格教育中进行健康理念的教育和培养不仅要求我们在人格教育中主动培养学生关于人格健康方面的健康理念，知道怎样的人格是健康的人格、哪些人格特征是健康的人格特征，并矫正关于人格的错误、不健康的理念，而且对于有关健康的其他方面的理念也应该给予关注，教育工作者需要时刻记住：健康的人格是统合协调的人格，不可能存在脱离了其他方面的健康而能够单独存在和培养起来的孤立的健康人格。

在常用的人格教育的途径和方法中对青少年学生进行健康理念的培养可以采用多种方式：可以采用故事法、讨论法等在人格辅导课中传授健康理念；可以在人格咨询和治疗中通过认知疗法有针对性地矫正或建立与来访者问题相关的健康理念；也可以采用名言警句、板报、雕塑等环境布置法传递健康理念；还可以利用多学科渗透的方法在其他学科知识的教学中传授健康理念。

## 第三节　健康行为与健康人格

世界卫生组织 1992 年的一份报告指出，全球大约有 60% 的死亡与不良的行为和生活方式有关。我国与行为生活方式相关的死亡占 47%。另据我国多个城市和地区对中学生和大学生的调查，我国青少年学生中存在大量影响他们的身心健康的不良行为，主要有吸烟、酗酒、饮食无度、睡眠问题、缺乏锻炼、生活无规律、不良性格和行为方式等。可见，要想促进青少年学生的身心健康发展和健康人格的形成，健康行为是一个不容忽视的问题。

## 一、什么是健康行为

健康行为是健康行为学的研究对象。要想更准确地理解什么是健康行为，我们需要首先解释一下什么是健康相关行为。

健康相关行为指的是人类个体与群体的与健康和疾病有关的行为。生病了去住院治疗、为了增强体质而坚持锻炼身体、培养自己均衡适度的饮食习惯、接受心理咨询专家的意见等都是健康相关行为。按照健康相关行为对人的健康是发生促进作用还是破坏作用，健康相关行为可以分为促进健康行为和危害健康行为。促进健康行为是个体或群体所做出的客观上有益于自身或他人的健康的行为，而危害健康行为则是个体或群体所做出的客观上有害于自身或他人的健康的行为，也有些学者称之为健康危险行为、健康危害行为、健康不良行为、不良健康行为等。

大多数学者将健康行为定义为“个体或群体用于维护和促进健康的任何活动”。可见这实际上就是指上述的健康相关行为中的健康促进行为。本书也采纳这种定义，将健康行为定义为健康促进行为。

根据这一定义，我们可得知，健康行为包括这样三个方面的基本含义：①健康行为是躯体健康外在的、有利于健康的行为表现。这一含义体现了健康行为的基本出发点和基本功能——必须有利于健康行为主体的健康状况的维护、改善与提高。②个体、群体和社会行为之间没有负值的行为作用。这就意味着任何一个个体或社群的健康行为都必须在顾及自身的健康状况的维护、改善和提高的时候，同时兼顾其他的个体和社群的健康状况，不能以损伤别人或别的社群的健康为代价来维护自己的健康。也就是说那些仅仅在单方面孤立地考虑个体或群体的某一主体的健康目标的健康相关行为如果有损于其他人的健康，就不能算作是健康行为。这体现了现代健康概念躯体—心理—社会—道德完整统合的思想。③个人的角色和行为变换的统一性。健康行为不仅要同时考虑行为主体的健康与其他健康主体的健康之间的静态的相容，还要符合健康行为者的社会角色变换与其相应的必须发生的适应性行为变化之间的一致性和和谐性。这一含义强调，作为一个整体的社会的人，当人们的角色、身份、处境等发生变化的时候，他的健康行为应该自觉作出相应的调整，人们对他的健康行为的要求也应该有一定的调整，体现了个体自身健康行为的发展变化应该与个人和社群的成长、变化和发展过程保持同步和谐发展的关系。比如，一个正常的健康的儿童可以依赖父母或社会免费提供可口的、有营养的饮食来保证健康成长，社会允许他们实施较多的健康求助行为，这对于没有独立生活能力和独立经济来源的孩子而言是正常的、受赞许的健康行为；反过来，如果一个孩子饿了不会要吃的、渴了不会要喝的，却是不利于健康的行为；然而，对于一个健康的成年人而言，如果他还保持着总是依赖别人或社会免费提供饮食来满足自己的生理需求的行为习惯的话，就一定是不健康的行为了，因为他的角色、年龄、社会责任都已经发生了巨大的变化，因此，社会不可能来赞许一个健康成年人的这一类饮食健康求助行为了。

**（一）健康行为的分类**

健康行为可以按照不同的角度作多种分类。

1. 按照健康行为的实施者来分

按照健康行为的实施者，可以将健康行为分成团体健康行为和个体健康行为。

团体健康行为是指社会团体作为行为主体而采取的旨在保证公众健康的活动。比如医疗小组的灾后义务医疗支援活动、健康物品或用于健康服务的资金的捐助活动、健康知识宣教活动、职工定期进行健康检查活动、更新社区健康设施的工作等都属于团体健康行为。团体健康活动在维护和提高全社会的健康水平、完善社会健康制度、健康文化、健康机构、培养社会成员的健康意识、优化健康环境、提供健康资讯、倡导个体健康行为等方面发挥着重要作用。团体健康行为的目标和任务是实现全民健康，也就是每一个社会成员都应该有良好的健康行为，达到自身的全面健康发展。离开了团体健康行为，个体健康行为的实施水平和实施效果会受到极大的限制和影响。

个体健康行为是指个人作为健康行为的主体而采取的旨在保证自身的健康的活动。为了维持或者提高目前良好的身体状况和避免疾病，人们可能会采取多种多样的健康行为，如生病的时候去求医问药、按照保健要求及时注射疫苗、坚持锻炼身体、遇到挫折时自己自觉地调节情绪、生病或超胖时自觉控制饮食等都是个体健康行为。所有健康工作的最终效果要通过每一个社会成员的健康行为最终实现。因此，个体健康行为是衡量一个国家、民族和社区的健康事业成效的终极标准。如果个体的健康行为不能建立起来，群体和社会的健康是不可能真正实现的。一个健康的民族必定是一个大多数成员都健康的民族，一个健全的社会必定是一个大多数成员都健康的社会。一般而言，健康意识强的个体能够主动寻找健康知识，培养自己的健康习惯，在自己的生活、工作、学习和人际交往中实施更多的健康行为；而那些健康意识薄弱的个体则有可能实施较少的健康行为，比如只有病得不能下地了才去看医生等。本章讨论的主要是个体健康行为。

2. 根据健康行为的表现来分

根据健康行为主要表现在躯体方面还是社会心理方面来分，可以把健康行为分为内在健康行为（如饮食睡眠行为）和外在健康行为（如保持情绪愉快、建立和谐的人际关系、人格统一、有自知之明、适应环境、胜任工作等）。

（1）内在健康行为。按照内在健康行为的具体内容，又可以将它分成以下几类：

①基本健康行为。基本健康行为指日常生活中一系列有益于健康的基本行为，如均衡合理的饮食营养、适量科学的体育锻炼、充足的睡眠等。

②戒除不良嗜好。在这里，不良嗜好指的是对健康有危害的个人偏好，如吸烟、酗酒与滥用药品等。戒烟戒毒、不酗酒与不滥用药品等属于戒除不良嗜好行为。

③预警行为。预警行为指对可能发生的危害健康的事件预先给予警示，从而预防事故发生并能在事故发生后正确处置的行为，如各种与生活安全和生产安全相关的预防行为：驾车使用安全带，高空作业使用防护网，接触传染性病人注意隔离措施的使用，突发性灾祸如火灾、水灾、坍塌、急病等情境下的逃生、自救和他救行为等。

④避开环境危害。这里的环境危害是广义的，包括了人们生活和工作的自然环境与心理环境中对健康有害的各种因素。可以是积极地防御和减少危害因素，比如防治环境污染等，也可以是消极避开这些环境危害，如远离污染的环境等。

⑤合理利用卫生服务。指有效、合理地利用现有卫生保健服务，以实现三级预防，维护自身健康的行为。它主要包括求医行为和遵医行为，是指人们感到不适，或察觉到自己患有疾病时，主动寻求科学可靠的医疗帮助的行为；遵医行为指个体在确诊患有疾病后，积极遵从医嘱，配合治疗的一系列行为。

（2）外在的健康行为。外在的健康行为至少包括如下的内容：

①健康自我意识行为——对自己的心理意象和行为效果的自我觉知、自我接纳、自我控制和社会比较的行为。

②健康情绪调控行为——对自己的情绪的调节控制行为和对应激的积极应付行为。

③健康人际行为——建立和维护良好人际关系的行为和有效进行人际沟通活动的行为。

④健康角色行为——符合和积极承担自己的社会角色行为规范的健康行为。

⑤健康自我效能行为——对自己当前从事的社会活动和任务的积极参与和从实践中获得经验和自我效能感的健康胜任行为。

⑥利他行为——对其他社会成员给予帮助和增益的行为等。

总之，人们的健康行为涉及社会生活和个人生活的方方面面，其具体的内容丰富而复杂，需要我们给予全面的理解和关注。

### （二）健康行为的判断标准

某一行为是否能够纳入健康行为的范围，可以根据行为是否具备如下的特征进行判断：

1. 个体或团体行为有益于他人以及自身的健康

健康行为一定是那些能够同时维护健康行为主体以及其他主体的健康的行为。不损伤自己的健康却损伤了别人的健康的行为不能判断为健康行为。

2. 个体行为表现的科学性和规律性

只有符合科学规律的行为才可能带来促进健康的实践效果，违反科学性和规律性的行为，即便行为意图是积极的、希望促进健康的，其实际效果也一定对健康有损伤。虽然这种损伤不一定总是立即发生，可能积累一段时间后它的消极效果就会显示出来被主体意识到。同时，符合科学性的行为必须建立合理的规律并长期执行才能够切实起到促进健康的作用，一次性的健康行为、无规律的健康行为都不是真正意义上的健康行为。

3. 外在的表现行为和内在思维、动机、能力的协调一致

知、情、意、行的协调一致是健康行为能够自觉执行和坚持下去的必要条件。比如利他行为是一种道德健康的行为，如果行为者心里并不是出于利他的动机而是为了做给老师、家长看，或者对利他行为本身就是抵触或拒绝的，或者心有余而力不足，好心办了坏事，都会使利他行为的最终表现走样、扭曲，甚至损伤了自己和别人的健康。因此只有知其然、乐其然、能其然的意在促进健康的行为才能成为真正稳定自觉的健康行为。

4. 个体行为能表现出容忍和适应

健康的个体行为应该在健康的范围内具有一定的灵活性和变通性，以适应不同的对象、情境、角色和客观条件的变化。僵化固执的健康行为虽然在特定的场合和条件下能够起到促进健康的作用，最终会因为过于狭隘和刻板而不能

适应个体的健康发展，甚至会成为个体下一阶段发展的障碍和瓶颈，从原来的促进健康行为变成危害健康行为。

5. 学习和工作上的创造力表现

健康行为应该能够促发个体在学习、工作等社会责任和社会活动中的创造力，有益于个体精力充沛、情绪快乐、智慧高效地面对生活、学习和工作中的问题，这些都是个体能够更有创造性地解决问题的有利条件。

6. 行为动力定型

行为动力定型要求个体的健康行为能够达到高度自动化、习惯化的水平。这样的健康行为不仅不容易因为受到不良因素的影响而消退和丧失，而且能够成为稳定的自动发生的和保持的行为方式，对个体的健康起到长期有效的作用。而那些没有建立动力定型的不稳定的促进健康的行为则很容易变异成为健康危害行为或者失去健康促进的作用。

7. 团体或个体的行为取向

团体或个体的行为取向皆有利于兼顾健康水平的提高或在健康行为水平之上。成为健康行为的最低标准是绝不能是危害健康行为。总的来说，危害健康行为可以分为以下四类：

（1）不良生活方式与习惯。生活方式是指作为社会主体的人，为生存和发展而进行的一系列日常活动的行为表现形式，人们一切生活活动的总和。不良生活方式则是一组习以为常的、对健康有害的行为习惯，包括能导致各种成年期慢性退行性病变的生活方式，如吸烟酗酒、缺乏运动锻炼、高盐高脂饮食、不良进食习惯等。

（2）致病行为模式。致病行为模式是导致特异性疾病发生的行为模式。比如我们前面提到的 A 型行为模式——一种与冠心病密切相关的行为模式，核心表现为不耐烦和敌意；C 型行为模式——一种与肿瘤发生有关的行为模式，核心行为表现是情绪过分压抑，自我克制，爱生闷气等。

（3）不良疾病行为。疾病行为指个体从感知到自身有病到疾病康复全过程所表现出来的一系列行为。不良疾病行为可能发生在上述过程的任何阶段，常见的行为表现形式有疑病、恐惧、讳疾忌医、不及时就诊、不遵从医嘱、迷信，乃至自暴自弃等。

（4）违反社会法律、道德的危害健康行为。如吸毒、性乱等危害健康的行为属于此类行为。这些行为既直接危害行为者个人健康，又严重影响社会健康与正常的社会秩序。

属于上述 4 类健康危害行为的肯定不可能是健康行为。

## 二、健康行为与健康人格的关系

健康行为和健康人格之间存在明显的双向互动关系。

一方面，健康人格促进个体健康行为的形成、维持个体健康行为的稳定和规律、指导健康行为的灵活变通和适应性改变。健康人格对健康行为的形成、维持、适应性改变的良性促动作用既可以表现为健康人格系统中的具体的健康信念和自我效能感对健康行为的影响，也可以表现为健康人格中行为方式、个性特征、人际适应等因素对健康行为的影响。这两个方面的影响都可以从现代关于健康行为改变的理论和实践研究中得到广泛支持。例如，根据健康行为矫正领域中广为采用的健康信念模式理论，个体能否改变旧的、不健康的行为，向形成新的健康行为方面转化，取决于个体的健康态度和健康信念中的四种健康信念：①感知到的疾病易感性，即个体认为不健康行为给他带来的总体危害，以及该行为导致其自身出现疾病的几率和可能性；②感知到的疾病严重性，即个体认为不健康行为所导致的疾病会给他带来多大程度的身体、心理和社会危害；③感知到的行为转变的好处，即个体对改变不良行为所带来的好处的认识和评价；④感知到的行为转变的障碍，即个体感知到的行为改变可能带来的身体、心理和金钱方面的不良影响。当感知到的行为转变的好处大于坏处或障碍时，行为的转变成为可能；否则个体则可能依旧维持原有的不健康行为。而保护动机理论则强调个体在健康行为建立的过程中能否建立自我效能感是健康行为改变的关键因素。亲密信任的人际关系以及这些重要关系人员的健康意识和健康习惯在个体的健康行为改变的合理计划、合理行动理论中得到了肯定和重视，这些人提供的健康信息和健康榜样是个体的健康主体规范中的标准信念和遵从动机的直接来源。而在后来的健康行为改变的多阶段理论和新近的全面考虑健康改变的社会生态因素的理论中，个体的自我强化方式、个性差异、对社会和环境评价与反馈的接受都纳入到影响健康行为改变的重要考察对象中来。我们几乎可以看到人格中所有的方面都对健康行为的形成和改变发生明显的影响作用。

另一方面，健康行为为健康人格的形成和发展提供实践经验的准备与实践过程的验证和实践结果的展示。健康行为对于健康人格的形成和检验有着不可替代的价值。首先，健康行为和健康习惯是个体的健康人格中的行为方式系统的直接来源。我们常说："播种行为，收获习惯；播种习惯，收获性格；播种性格，收获命运。"可见，个体身上表现为人格系统中的那些成熟的、稳定的行为方式，最初都是由具体的、经常发生的各类典型行为经过动力定型的建立和稳定而最终沉淀下来的。这种关系在人格的特质理论中体现得很明确：按照奥尔波特的观点，每一种人格特质并非只和若干特殊刺激或反应相联系，而是相对概括和持久的。由于人格特质对行为有概括化的作用，人们在行为方面会产生广泛的一致性，这样特质行为就有持久性和相应的跨情境使用性的特点。健康行为对积极的人格特质的作用也不例外。只有当个体具有一类典型的健康行为并能够稳定持久、具有跨情境变通使用的特点的时候，我们才会认为个体具有某种健康的人格特质。具备积极人格特质的健康人格对于各种健康行为的形成和改变能够起到显著的促进作用，因此会导致更多更广泛的健康行为的发生和稳定，使得健康的个体能够在自己的个人实践、社会实践和环境适应中通过大量的健康行为充分地实践、发展和展现自身的健康人格，并通过良好的人际关系和有效的健康榜样行为成为促成其他社会成员的健康人格和健康行为的良性发展影响因素。

可见，健康人格的培养与健康行为的养成是两个同步关联、相辅相成、共同进展的过程。

## 三、学生健康行为的塑造

### （一）青少年健康行为塑造的具体任务

对于处于成长期的青少年学生而言，良好行为习惯的形成和健康行为的获得包括两类重要的相互联系的任务。

第一类任务是新的健康行为的培育和形成。这中间既包括原来缺失的健康行为要补充形成，也包括将原有的适应过去的角色、年龄和任务的健康行为及时根据新的角色、年龄和任务进行调整和更新，以防蜕变成为健康危害行为。

青少年期面临着大量的健康行为的学习和巩固任务。首先，在学校教育中，每个教学年龄段都有明确的学生健康行为守则规定着这一个年龄段的学生应该形成的最基本的健康行为方式，比如小学生行为守则、中学生行为守则、各个大学的大学生行为规范等，学生对这些行为守则中列举的健康行为的获得，主要通过学校教师进行常规的提醒、训练、教育和监督，这些健康行为主要适用于在学校的知识学习、师生交往、同学共处和常规作息与劳动活动。除了学生健康行为守则之外，在学校环境中，大量的涉及竞争与合作、利他和自利、自我意识和社会比较的健康行为并没有明文规定，需要靠学生和教师在实践活动中去总结、反省、检验并形成具有个性化色彩的健康行为。其次，在健康行为守则之外，还有许多健康行为和健康行为习惯是没有明确提出的，包括在家庭中由父母引导和监督的日常生活、和亲人朋友等的人际交往活动，也并没有明确的学习标准和形成程序。

这些没有规范和规定的健康行为常常容易被学生、教师和家长忽视，每个学生的具体执行水平也有很大的个别差异。但是，其中涉及年级提升和角色转变带来的原有健康行为的及时更新现象却有可能被有经验的教师关注到。因为这样的问题常常是一个年龄段的学生陆续成批出现，或者根据教育经验很容易在某个固定的年龄段的某一类特殊学生身上出现，比如小学升初中时有学生会出现学习方法和学习习惯的不适应、青春期的学生容易出现一些典型的问题行为等。这类问题由于涉及面广，有一定的规律性，需要我们跟踪考察，给予重视。

第二类任务是原有的不良的健康危害行为的矫正。尽管大量的健康行为的建立不容易引起关注，但是学生身上一旦已经发生了问题行为，倒是比较容易引起教育工作者、家庭和社会的关注的，因为这样的行为一般会产生明显的健康危害——要么影响了学生自己正常的学习、生活和交往，要么有可能带来其他人或社会利益的受损。引导这样的问题行为向健康行为转变常常需要进行一定的特别辅导，甚至是专业的、长期的帮助、监督和矫正，比如戒烟、戒毒等。

### （二）培养青少年学生的健康行为需要注意的几个方面

健康行为的培养与健康理念的教育不同，它是必须以落实到每个学生的实践活动中去，能够让学生真实地表现出稳定、持续的健康行为为目标的，因此它对操作、训练过程与结果的科学性、个别针对性、效果的真实性要求很高。健康理念的教育可以集体教学、集中测查，而健康行为的培养中，集体教学和集中测查的有效性更低、难度更大。仅仅依靠集体学习和训练的方式是远远不够的。

1. 要注重对学生进行健康行为判断标准的教育

注重对学生进行健康行为判断标准的教育不仅是因为健康行为的建立不可能避开健康理念的学习，学生只有知其然、信其然才会自觉接受健康行为的学习和训练，只有懂得健康行为的总体判断标准才能够了解健康行为的执行要领，最终形成稳定的健康行为，更重要的是因为大量的健康行为在教师和家长的引导下基本建立之后，还需要一个稳定、巩固和定型的长期过程，这个过程中学生的自我监督是很重要的。学生只有自己掌握了健康行为的判断标准，才能够在家长、教师不在场的更广泛、更真实的情境中自觉地执行和矫正自己的健康行为。这样才能够达到知、情、意、行的真实统一，获得真正长久、灵活、自觉的健康行为。

2. 实施个性化的健康行为教育

同样的健康理念，根据不同学生的不同的遗传素质和人格特点，在转化为健康行为的时候，其具体的形成过程、意识强度、难度、需要的时间和练习监督的次数、适用的对象和场合、最终的有效程度都是各不相同的。不应该也无法强求健康行为有人人适用的标准培养模式，把人当成泥团来塑造。因此，在健康行为培养中应该坚持使用个性化目标、个性化策略和个性化评价。比如要求某男生在三个月的时间内做到完全不吸烟，可能对于某一个女生而言，一个月就可以做到了。

3. 建立激励学生健康行为的敏感性常规机制

不论是新的健康行为的形成，还是原来的问题行为向新的健康行为的转化，个体的健康行为的获得不仅取决于指导者的水平、策略和耐心，取决于行为学习者自己的态度、智慧和毅力，还需要大量的良性环境教育和评价机制。这里面包括家长、教师、亲人、朋友和同学的鼓励、赞美、关系、帮助，也包括合理设置的奖励和惩罚规则；既包括良好的物质环境暗示和刺激，也包括健康的精神环境因素的引导和熏陶。如果能够给青少年学生建立一个系统、全面、立体的常规激励机制，能够对他们实施的健康行为方面的进步和成绩作出敏感的反馈，对于他们健康行为的学习、提高和改进是很有好处的。

4. 充分利用社会教育力量

“一个人一生做一件好事是容易的，难的是一辈子做好事，在任何地方都做好事！”这句常言道出了健康行为的突出特点之一就是持久稳定性。如果学生仅仅是在学校、在家里、在监督提醒下才能做出健康行为，从某种意义上讲就已经是健康行为教育的失败了。在这里，社会教育力量和团体健康行为的健康利用是十分必要的，除了前面讲到的动用社会教育力量传播健康理念以促进学生健康行为的获得、建立敏感的健康激励机制等之外，还可以充分开展团体健康行为的宣传、实施、奖励，发动全社会的力量增加学生健康行为的正面影响，努力消除对健康行为的消极的、与正面教育互相矛盾互相抵消的负面影响，最大限度地促进青少年学生获得更全面的健康行为，帮助他们健康成长。

## 四、在人格教育中促进学生健康行为的养成

健康行为与健康人格之间的密切关系要求我们在对青少年学生进行人格教育的时候应该关注学生相应的健康行为的塑造。在人格教育中进行健康行为塑造的教育和训练可以从下面几个方面考虑：

首先，在人格理论课中教会学生辨认健康行为和健康危险行为，了解健康行为的功能和健康危险行为的危害和后果，并讨论或告之健康行为自我培养的方法、策略和测评技术，使一部分学生学会自己主动进行健康行为的自我教育、自我塑造、自我监控和自我评价，至少能够通过教师和同学们的常规帮助基本达到健康行为的养成。

其次，对于那些阶段性或成批出现的典型的问题行为可以利用专题讲座、教育专刊或专题讨论等方式先行预防，以集体集中辅导和个别教育相结合的办法力求达到事半功倍的效果。

最后，对于个别的、零星出现的健康行为矫正或培养的问题和学生，可以利用专家咨询、心理辅导、认知和行为改变法等给予耐心、及时的个别教育和训练。

**参考文献**

1. 郑雪．健康人格的理论探索．华南师范大学学报（社会科学版），2006（5）
2. 陈少华，郑雪．整体与部分之和———种整体论的心理学模式．自然辩证法研究，2000（8）
3. 吴晓雷，冯维．我国近年来大学生心理健康教育研究成果与问题探讨．重庆职业技术学院学报，2005（10）
4. 吴炫．论健康人格与完整人生——否定主义美学的人文实践之一．江西社会科学，2006（11）
5. 田玮莉．论高校学生行为与健康．中国成人教育，2005（10）
6. 张忠华．论中国传统文化的心理健康教育价值．现代大学教育，2005（5）
7. 黄俊官．论独生子女健康人格的培养．玉林师范学院学报（哲学社会科学版），2006（4）
8. 郑雪．社会心理学．广州：暨南大学出版社，2004
9. 孙福川．论健康伦理学及其基本理论架构——“九大理论”视野中的健康伦理．医学与哲学，2005（10）
10. 郭亨贞，谢旭，王怡．刍议现代健康概念的分层．西北医学教育，2006（2）

11. 戴祖明．“全民健身”计划与培养身心健康观．体育与科学，1995（6）
12. 张涛．从健康观的演化谈预防保健道德．中国医学伦理学，1996（3）
13. 陈晓婷．健康概念初探．中国健康教育，2003（1）
14. 闫万军．健康概念的演变及其价值取向．学术研究，2006（1）
15. 姜巍．健康和亚健康的概念．社区医学杂志，2006（6）
16. 祖光怀．健康教育多元化和归元—赋权—控制模型．中国健康教育，2002（1）
17. Wolinsky，F. D.．立体健康观．吴群鸿译．国外医学社会医学（分册第六卷第3期）
18. 杨忠伟．人类健康概念解读．体育学刊，2004（1）
19. 李太宇，曹鹏飞．西方国家心理健康概念的界定对大学生思想政治教育的影响．辽宁师专学报（社会科学版），2006（2）
20. 周燕．析心理健康标准研究中存在的问题——兼评中西方心理健康观．教育研究与实验，1996（4）
21. 刘华山．心理健康概念与标准的再认识．心理科学，2001（4）
22. 金勇，郭力平．心理健康观的历史演进．心理科学，1998（5）
23. 袁云娥，吴小苏，谭燕．亚健康概念及其研究进展．中国医院，2004（4）
24. 佐斌．中国传统文化中的心理健康观．教育研究与实验，1994（1）
25. 郑雪．人格心理学．广州：广东高等教育出版社，2004
26. 何心展，陈传锋，沈斌表．不同阶层心理健康观念及需求状况的调查研究．应用心理学，2002（2）
27. 申荷永．社会心理学：原理与应用．广州：暨南大学出版社，1999
28. 陈巧云，刁素建．当代大学生健康观念和健康意识的调查研究．湖州师范学院学报，2002（3）
29. 谭家祥．健康观念历史发展的回顾、反思与展望．蛇志，2006（2）
30. 尚晓映，刘桂芳，示羊．健康观念再论．山东医科大学学报（社会科学版），1999（4）
31. 成民铎，李华荣，汪晓阳．健康内容体系与理念谱系．山西大学学报（哲学社会科学版），2005（2）
32. 艺恬．美国人健康理念新变化．食品与生活，2005（7）
33. 冯霞平，吴凤喜，张凤红，刘蓓．某城市居民健康观念卫生习惯及生活方式现状调查．解放军预防医学杂志，1999（4）
34. 龙之荣．浅谈健康理念的更新及健康评估的新标准，湖南科技学院学报，2005（5）
35. 卢秀安，曹梅静．现代心理教育．广州：广东高等教育出版社，2002
36. 陈建文，王滔．社会适应与心理健康．西南师范大学学报（人文社会科学版），2004（3）
37. 文新．外国人的健康菜单——30种健康理念巡礼．中华养生保健，2005（10）
38. 常永才．文化与心理健康观念的研究：分析的框架与意义．内蒙古师大学报（哲学社会科学版），2001（4）
39. 杨菊贤．现代生活方式与亚健康．中国全科医学，2001（7）

40. 景怀斌．心理健康观念对心理症状的影响研究．心理科学，2003（5）
41. 王小燕．医学模式的转变促进健康观念的更新．山东医科大学学报（社会科学版），2000（1）
42. 胡樱，饶克勤，王增珍．几种健康相关行为的家庭聚集性研究．卫生软科学，2004（3）
43. 林丹华，方晓义，李晓铭．健康行为改变理论述评．心理发展与教育，2005（4）
44. 王志琳，姜飞月．健康行为改变中的社会认知因素：HAPA模型述评．医学与哲学（人文社会医学版），2006（7）
45. 吴浩生，张春和，黄一燕，王廷哲．深圳市青少年健康相关行为的调查．中国热带医学，2006（9）
46. 李淑娇．对大学生健康意识和健康行为相互关系的探讨．学习月刊，2006（8）
47. 张金霞，高茗，马尔健，吴英，陶芳标，王敏．2003年合肥市青少年危害健康相关行为监测结果．疾病控制杂志，2004（2）
48. 王超，马迎华，李幼莉，张新，张冰，郭新军，王静．北京、河南新乡部分中学生健康危险行为相关研究．中国预防医学杂志，2006（1）
49. 白刚．大学生健康不良行为与身心素质弱化因果探析．吉林体育学院学报，2005（1）
50. 曾丽萍，徐锦华，程杰，刘淑惠，杨敏，张海平．东莞市城区中学生健康相关危险行为现状．中国学校卫生，2005（1）
51. 常春．健康相关行为．中国健康教育，2005（9）
52. 王超，马迎华．青少年健康危险行为研究与干预现状．中国健康教育，2005（11）
53. 郭亚文，徐大麟，周祖华，周月芳，刘洪雷，张泓．上海市静安区中学生健康相关行为监测结果分析．中国学校卫生，2006（4）
54. 张丹，汤先伟，范康敏，杨永建，刘峥华，赵德基．沈阳市城区高中生健康相关危险行为现状．中国学校卫生，2006（5）
55. 马骁．影响健康相关行为心理因素的基本理论．江苏卫生保健，2002（3）
56. 傅善来，姚正鸣．论健康生活方式．上海预防医学杂志，2001（4）
57. 泛珠三角地区九所师范大学联合编写．现代心理学．广州：暨南大学出版社，2006
58. 周鸿羽．网络环境下中小学心理健康教育的新视点．浙江教育学院学报，2006（5）
59. 权丽华．大学生网上人格异化现象探析．甘肃科技纵横，2006（6）
60. 李华香，宋迎秋，余喜．大学生健康状况与人格特征相关研究．河南预防医学杂志，2006（6）